AESTHETICS
AND
MODERNITY

Essays by Agnes Heller

美学与现代性

阿格妮丝·赫勒论文选

〔澳〕约翰·伦德尔
(John Rundell) /编
傅其林 等 /译
郝 涛 /审校

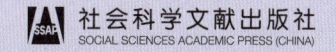

社会科学文献出版社
SOCIAL SCIENCES ACADEMIC PRESS (CHINA)

Aesthetics and Modernity: Essays by Agnes Heller

Copyright © 2011 by Lexington Books

Published by agreement with the Rowman & Littlefield Publishing Group through the Chinese Connection Agency, a division of The Yao Enterprises, LLC.

本书为国家社会科学基金重大项目"东欧马克思主义美学文献整理与研究"（15ZDB022）的阶段性成果

致　谢

以下文章已经出版过，本书中这些文章在出版社的允许下再版。

《艺术自律或者艺术品的尊严》初版于 *Critical Horizons*，Vol. 9，Issue 2，2008，第139~158页。

《情感对艺术接受的影响》初版于克劳斯·赫尔丁（Klaus Herding）和伯纳德·史杜弗劳斯（Bernard Stumpflaus）编《悲怆、影响、感觉——艺术中的情感》（*Pathos, Affect, Gefühl. Die Emotionen in den Künsten*, Berlin：Walter de Gruyter，2004），第244~259页。约翰·伦德尔补充编辑。

《欧洲关于自由的主流叙事》初版于吉拉德·蒂兰提（Gerard Delanty）编《当代欧洲社会理论手册》（*Handbook of Contemporary European Social Theory*, London：Routledge，2005），第257~265页。

《现代性的三种逻辑与现代想象的双重束缚》初版于 *Thesis Eleven*，Number 81，2005年5月，第63~79页。

《绝对陌生人：莎士比亚与同化失败的戏剧》初版于 *Critical Horizons*，Vol. 1，Issue 1，2000，第147-167页，这是从约翰·伦德尔编《时间是断裂的：作为历史哲学家的莎士比亚》（*Time Is Out of Joint：Shakespeare as Philosopher of History*, Lanham，MD：Rowman & Littlefield，2002）中提炼出来的新版本。

《希腊诸神：德国人和古希腊人》初版于 *Thesis Eleven*，Number 93，2008年5月，第52~63页。

《自我再现和他者再现》初版于瑞纳·鲍勃克（Rainer Bauböck）和约

翰·伦德尔编《模糊的界限：移民、种族、公民权利》(*Blurred Boundaris: Migration Ethnicity*, European Center Vienna/Aldershot, Ashgate Publishing, 1998)，第341-354页。European Center Vienna 授权出版。

《何以为家?》初版于 *Thesis Eleven*，Number 41，第1~18页。

我还要感谢阿格妮斯·赫勒，我们虽然横跨三个大洲仍保持着友谊。我还要感谢大卫·罗伯茨、彼得·墨菲和彼得·贝尔哈茨对这个项目的支持和帮助。

也再次感谢丹尼尔。

阿格妮丝·赫勒的审美之维
（代序）

傅其林

2019年7月19日下午，当代著名思想家阿格妮丝·赫勒（Agnes Heller）在匈牙利首都布达佩斯附近的巴拉顿湖游泳时，不幸身亡。5月12日，是她90岁的生日。两个多月后，她戏剧般地离开人世，令世界瞩目。她原定于2019年11月访问澳大利亚的学术计划永远搁置了。

赫勒1929年出生于匈牙利首都布达佩斯，父母均为犹太人，父亲死于集中营后，母女俩相依为命。大屠杀的经历对她一生的工作和思想产生了重要影响。二战后，她信奉犹太复国主义，相信救赎来自锡安山，于是计划去巴勒斯坦。但是十七八岁时，她改变了主意，上了布达佩斯大学，学习化学和物理。在听卢卡奇关于谢林、黑格尔等文化哲学的课中，她虽然不懂所讲的东西，但是开始理解世界上最重要的事情即大屠杀，于是从自然科学转向人文科学，抛弃了居里夫人的理想而跟随卢卡奇，成为一个哲学与匈牙利文学专业的学生。赫勒1947年加入匈牙利共产党，两年后被开除，1954年再次被接受，但1958年因"错误与修正主义思想"又一次被开除。1956年的匈牙利事件对她的生活构成了重要影响。在卢卡奇的影响下，赫勒在60年代后期和70年代初期与其丈夫费赫尔（Ferenc Fehér）、乔治·马尔库斯（György Mákus）、瓦伊达（Mihály Vajda）、塔马斯（G. M. Tamás）、弗多尔（Géza Fodor）、拉德洛蒂（Sándor Rádnóti）等形成了"布达佩斯学派"。1973年赫勒被批判犯有左倾与右倾错误，并因此失业。1977年，在朋友的帮助下，她与丈夫费赫尔移居澳大利亚，在拉托堡大学讲授哲学与社会学。1981年获莱辛奖。1984年，她应聘为纽约社会研究新学院政治学与社会科学研究生院的哲学教授，从1988年起为阿伦特哲学讲座教授。1995年获阿伦特奖，2005年获松宁奖，2010年获歌德奖章。2007年，赫勒第一次访问中国，2018年再次到四川大学参加东欧马克思主义批判理论国际会议，其系列演讲与大会主题发言给中外学者留下了极为深刻的印象。

作为卢卡奇的学生、助手和同事，作为布达佩斯学派最重要的哲学家，在过去50余年中赫勒始终对美学持有浓厚的兴致。1950年赫勒发表的第一篇论文就是《别林斯基的美学研究》，最近几年她还出版了最新著作《永恒的喜剧》《当代历史小说》等，她将美学置于其社会哲学、伦理哲学、历史哲学之中，以切入当代社会的核心问题。她的美学是其哲学的基础，考察她的美学的基本维度可以把我们引向她的思想的核心观念——多元主义的文化政治学。本文试图从不同的维度来讨论赫勒的美学以阐发美学在其哲学和文化政治学中的地位，诊断美学从"马克思主义复兴"到后现代的马克思主义范式的转型。

一　社会美学之维

赫勒把美学视为一种现代文化现象，考察其社会基础。她在马克思和韦伯对资本主义社会的研究基础上改变了康德提问的方式，正如她的老师卢卡奇在年轻时所做的那样。在当代人文学科中显得愈来愈重要的社会哲学，提供了一条理解美学的路径。美学就是社会哲学的一部分。韦伯关于世俗化、合理主义、文化价值分化的理论以及马克思对现代社会结构和生产力动态发展的考察为赫勒的社会美学研究奠定了基础。

马克斯·韦伯作为一位德国的新康德主义者，借助于宗教世俗化和文化分化的阐释把康德立于哲学人类学之上的美学转变为社会人类学和社会美学。赫勒继续完成这项工程。在《文艺复兴时期的人》中，赫勒以韦伯的概念阐释文艺复兴时期的审美和艺术现象。文艺复兴时期的代表性人物的思考和感性牢固地根植于犹太-基督教传统中，但这绝不是回归于古代，而是具有世俗化的特征。在世俗化过程中，人的概念和理想成为社会的、个体的、动态的，不是纯粹依赖于超验而是依靠世俗感性。结果，审美和艺术出现了并作为一种自律的文化被人们接受。在赫勒看来，"文艺复兴时期的宗教特征是消解教条：宗教多种多样、丰富多彩，似乎说信仰如今不再严格了，而是'自由的'，人们可以自由选择"（Heller, 1978: 12）。宗教的变化导致了神话的人性化以及人的神化。一方面，亚当、摩西、圣母玛利亚、普罗米修斯都是活生生的形象；耶稣和苏格拉底的融合是最抽象的同时又是最可以触摸的形式。另一方面，人能够改变自身提升到神灵的地位，如米开朗琪罗作品的人类主人公就是神圣的形象。由于世俗化，对社会启蒙者来说，宗教激情就被审美激情所取代："不断出现的艺术渴求在建筑、壁画中得到表达，宗教经验转向了艺术经验，后者取代了前者。当《圣母怜子图》（*Pietà*）的艺术价值开始显得重要时，就不再是宗教狂热而是审美欣赏引起中产阶级去凝神观照《圣母怜子图》。"（Heller, 1978: 68）世俗化促进了审美和新型社会个体即中产阶级出现的有效性。一旦这个阶级当权，美学就是新型社会结构的必要元素。赫勒和她已故丈夫费赫尔认为，美学作为哲学体系的相对独立的一部分，"是资产阶级社会的产物"，"它的存在关乎这种认识即资产阶级社会本质上是充满问题的。"（Fehér and Heller, 1986b: 1）不过，在文艺复兴时期，美学不是资本主义问题的象征，而是人的本质性潜能的表达。赫勒认为，艺术是世俗世界中的对象化形式之一："艺术是人类的自我意识，艺术作品一直是'自为'物种本质的载体：并且这不止在一方面。艺术作品始终是内在性的：它把世界描述为人的世界，即人创造的世界。"（Heller, 1984a: 107）

赫勒的美学与韦伯的文化分化的范式密切相关。在《日常生活》中，她从哲学视角阐释了这些文化对象化。但是赫勒借助于黑格尔的主观精神、客观精神和绝对精神的区分和卢卡奇的对象化范畴把韦伯的文化分化理论发展成为人类学-社会的区分理论。在这本著作中，她从日常生活、社会结构、高雅领域等人类对象化视角考察美学。用她自己的术语说，她把物种-本质对象化区分为三个领域，一是日常生活领域即自在领域，二是包括艺术、哲学、宗教、科学等在内的文化价值领域即自为领域，三是制度领域即自在自为领域。美学作为自为对象化领域的一部分，它归属于整个人类学-社会领域。赫勒把美学置于社会结构之中，考察它与其他自为对象化、日常生活领域和制度领域的关系，构建了一种作为社会美学的

"规范性美学"。

赫勒解释了美学与作为对象化共有的五个特征：（1）提供人类生活以意义，（2）完成两种重要的社会功能，即使社会结构合法化和使自在对象化领域去实质化，（3）是同质的，（4）具有它的"规范和规则"，（5）吸收并体现了文化的剩余（Heller，1985：106-108）。赫勒在此明确地是从社会学视角阐释美学。的确，美学不同于其他自为对象化，因为它具有自身的"规范与规则"，形成了相对的自律。赫勒认为："存在一种广泛的共识，审美的、科学的和宗教的意象在现代性过程中分道扬镳了，当人们'审美地做事'、'科学地做事'、'宗教地做事'的时候，遵循完全不同类型的规范或规则。"（Heller，1988a：152）美学在重复性、发明性、直觉性等思考或行为方面涉及日常生活领域，后者是前者的基础。艺术与日常生活不可分离。审美地观看事物的方式的前提、原创框架不仅仅内在于日常思维的异质性复合体之中，而且"审美经验一直呈现在那种复合体之中"（Heller，1984a：108）。不过，美学不同于日常生活，因为它悬置了日常生活的特殊性，表达了人类自由的水平。因而，拥护艺术与生活统一的先锋派理论在赫勒看来是充满问题的。比格尔所认为的现代艺术始终被制度化的艺术制度理论也是如此。赫勒认为，即使包括创造、接受、传播在内的艺术活动需要某些制度条件作为基础，在现代性中艺术制度化形势日趋明显，但是所有这些都不意味着艺术的制度化。赫勒明确地表达了审美领域与其他领域的复杂关系，并由此揭示了人类的社会美学的规范性。

马克思关于现代社会结构和生产力动力的理论也奠定了赫勒美学的基础。她目睹了现代科学与技术对艺术产生的影响。文艺复兴时期艺术的动态特征是由于科学与技术。在佛罗伦萨易变和威尼斯静态之间的差异，实质上在于，在佛罗伦萨工业资本在社会占据统治地位，而在威尼斯商业资本占据支配地位。工业资本不是保守的而是革命的，"生产不断的革命化导致了生产关系的持续转型。它不断'突破'发展道路中的限制。"（Heller，1978：42）工业文化的普遍性导致了艺术风格变化，艺术想象也在多种艺术技能基础上发展。大写的艺术就是这种普遍化的结果。在现代性中，科学与技术模式变得更为强大。根据赫勒的理论，在现代性过程中，有两种主要的想象制度：历史想象和技术想象。科学是单一的占支配地位的想象制度："技术想象与思想把一致性真理理论提升到唯一统治性真理概念的地位，因而科学也被提升到支配性的世界解说的位置。"（Heller，1999：70）1997年，赫勒指出："技术想象是面向未来的，它偏爱问题解决的心理态度，把一致性真理理论视为理所当然的，它随目的/手段的合理性运作，它把事物——人和自然——视为客体，它信赖进化论、知识的积累，它喜新厌旧，最强调功利性和效率。"（Heller，1997）技术想象对现代审美活动产生了重要影响，已经渗透到许多文化之中。现代阐释学也与这种模式相关："对阐释实践来说，阐释对象的领域的不断延展在某种意义上跟随着技术逻辑，因为，虽然古老的东西被解释被理解，但是新的解释对象始终要去寻找。在某种意义上，一种解释对象总是能够被耗尽的，只有新的解释对象才能真正推动阐释实践本身的发展。"（Heller，1999：73）

赫勒对现代高雅文化或艺术的重构也类似地跟随马克思的逻辑。面对休谟《论趣味的标准》所体现的高雅艺术的明显悖论，赫勒认识到现代性的潜力并把这些潜力转变为她的社会美学。这些潜力之二就是技术的和社会功能主义的特征。她认为，一方面，艺术判断是对一件艺术品在自身样式中是否完美的评价。"完美"在这里表示做得好、恰当、成熟（Heller，1999：123）。赫勒认为，这种判断被技术想象引导着。另一方面，在现代性中社会功能发生了变化。在前社会结构安排中，人占据社会等级的区分决定其履行的功能差异，这样高层阶级就是高雅文化的人，他们对艺术的判断也是由于他们在社会等级中的地位所履行的功能。与之相反，在现代社会结构中，人在社会上履行的功能决定其在社会等级中的位置。知识分子就是履行为趣味提供标准功能的阶层。这种功能不是祈愿的，因为它被知识分子获得的地位所规定。因而"好趣味本身是一种功能"（Heller，1999：124）。某些作品被抬得很高，因为它们具有无限阐释的潜力，履行着产生意义、唤起怀旧和亲密之情感的功能。赫勒不同于法兰克福学派某些成员，她抛弃了现代科学和技术与社会结构的否定性认识，发现有必要在重构当代美学过程中挖掘其潜力。

赫勒从她研究和教学多年的社会学和社会哲学方面思考美学，呈现了美学和社会的深层次关系，阐释了现代美学的规范性基础，美学在上帝缺失的世界实质上是社会性的。她在与马克思、韦伯、卢曼、哈贝马斯等人的对话中重新阐释美学，事实上是在重构美学。当然，她的美学的重要意义不仅仅是这个维度。

二 作为历史哲学的美学

赫勒也把美学置于历史哲学之中,美学从这个角度获得新的阐释。历史哲学是赫勒的核心思想之一。在《文艺复兴时期的人》中,她已经注意到文艺复兴时期面向过去和面向未来的时间概念。后来她出版了《历史理论》(1982)、《碎片化的历史哲学》(1993)、《现代性理论》(1999)、《时间是断裂的:作为历史哲学家的莎士比亚》(2002)等著作。在阐释历史哲学的过程中,她频繁地涉及美学的问题,当处置美学时她也诉诸历史哲学的话语。

赫勒在以往丰富的历史哲学资料上设立了她自己的历史哲学理论与话语。她把人类历史意识区分为六个阶段,包括美学在内的每一种对象化是其历史意识即历史性的表达。赫勒认为:"历史性的最首要的问题就是高更的问题:'我们从哪里来','我们是什么','我们到哪里去?'"(Heller,1982:4)第一阶段主要是集中于起源的非反思的一般性(generality)意识,其表达形式是神话,在神话中时间是无限回复的,未来、过去、现在没有分别。第二阶段是体现在特殊性中的一般性意识,在这个阶段,古希腊悲剧、圣经、古代哲学等对象化形式被区分开来。在第三阶段,非反思的普世性(universality)意识占支配地位,在中世纪具有普世神话和理想的特征。第四阶段是在一般性中反映的特殊性意识,历史的理想时间消失了,文化的法则不断发生变化:时间是文化,"艺术在现在的深度里旅行。"(Heller,1982:20)第五阶段是世界历史意识。第六阶段是反思的一般性意识或者后现代意识,赫勒的美学就立足于这个阶段。

第五阶段是世界历史或反思普世性意识,赫勒把现代美学具体地聚焦于此阶段。在这个阶段不再有复数的历史,仅仅有大写的历史。历史是一种宏大叙事,因为它成为包含人类过去、现在、未来的普世性意识。赫勒写道:"所有的历史意识表达历史性,但是只有反思普世性意识包含着相同东西的总体的自我反思。历史哲学就是反思的普世性的哲学。"(Heller,1982:220)在这个阶段,出现了从最后问题出发的像基督教那样的救赎意象。这是高级现代主义的特征:"'高级现代主义'以未来赋予现代性的合法性。"(Heller,1999:8)与普世神话相反,这种普世性在现实时间里理性地得以反思,因此它既不是宗教的也不是神话的,而主要是历史哲学的。

这种历史意识对美学产生了重要影响:"世界历史意识不断使趣味普遍化,并使之成为趣味判断的主题。艺术作品在它们融于时间的能力方面得到考察。艺术被视为历史的产物。"(Heller,1982:24)事实上,赫勒对现代美学话语的理解就是建基于这种历史哲学的。她和费赫尔认为,除了康德之外,"从黑格尔到谢林、克尔凯郭尔、卢卡奇,每一种重要的现代美学同时是一种历史哲学"。(Fehér and Heller,1986b:5)一方面,美学是现代资本主义时代的表现,是反思的普世性的历史意识。史学奠基在这些美学体系的有机体中,不是它外在的身体。资本主义充满问题的历史特征内在于现代美学和艺术作品之中。美学始终在活动和对象化的类型等级中定位艺术和艺术活动,这种"定位"是思想家关心资本主义社会问题的功能。青年谢林把美学置于哲学等级最高点具有时代的因素,黑格尔把美学置于其绝对精神之中是对世界历史危机形势的经验教训的表述。因而费赫尔和赫勒认为,如果美学作为一种史学学科要忠实于其自己的原则,那么它不得不根据既定的概念把各种艺术组织为一个等级。结果,各种艺术的审美价值取决于美学家的哲学体系,这种哲学体系也是一种历史哲学。根据这种美学,在某些时期,人们能够以某些艺术样式创造出历史地再现有效物种价值的作品,而在另一些时期,在既定的艺术样式中不能创造出这些艺术作品来。另一方面,现代哲学美学具有救赎的特征。它立足于历史之现在,最终为未来而无视了现在,结果它是一种乌托邦。现代美学家如黑格尔、谢林、克尔凯郭尔、阿多诺、卢卡奇等把美学视为完美未来的镜像,视为未来幸福和自由的蓄水池,即使有些人投射到过去。由于现代美学是大写历史的再现,所以其叙述本质上是宏大的:"其设想是总体性的宣称。"(Fehér and Heller,1986b:21)卢卡奇所提倡的"马克思主义复兴"仍然是内在于这种美学范式之中的。

费赫尔和赫勒不仅讨论现代美学的历史特征而且批判现代美学,揭示其悖论。他们认为:"真正具有史学精神的美学是足够傲慢的,它足够坚信其普遍的组织安排的原则,仅仅借助创造历史时期的等级就来形成艺术和艺术分支的等级。"（Fehér and Heller，1986b：7）黑格尔把抒情诗置于其体系的最高点，认为资本主义是最适合未来的绝对精神的；卢卡奇把史诗和戏剧抬得更高因为它们是世界形势危机的体现；对阿多诺来说，抒情诗和音乐被提升到很高的位置，这是"否定辩证法"的史学判断；克尔凯郭尔高度礼赞莫扎特的《唐璜·乔万尼》，认为它是所有音乐的王子和模范。结果，美学是有等级的，最终具有其判断之价值和偏见或较高的"错误率"，虽然它宣称成为人类性的："哲学美学仍然在它自己的立场和层次特殊性或'艺术作品个体性'之间形成了一个距离。"（Fehér and Heller，1986b：21）费赫尔在另一篇文章中说，从一种特殊的历史哲学中推出一种美学理论没有什么错误，但是从黑格尔到卢卡奇所有代表性的艺术理论都成为经典文化的顽固的支持者："这些理论家草率地抛弃所有与他们严格的规定和经典不和谐的新作品，简单地从其审美伊甸园中把这些作品驱逐出去。"（Fehér，1986：69）在赫勒和费赫尔看来，从黑格尔到阿多诺的美学具有"激进普遍主义"之特征。它是辉煌的，但是1968年之后"激进普遍主义成为历史"（Heller and Fehér，1991：5）。

费赫尔和赫勒从历史哲学角度思考了批评哲学美学，并主张没有抽象的大写艺术而只有具体存在的艺术的归纳艺术批评。归纳艺术批评追求新颖性，是新的永恒的回环，在日常、时尚领域运动，其范畴也来自时尚领域。因而它没有超越哲学美学的局限，没有避免审美判断的"错误"。尽管它具有弱点，但是费赫尔和赫勒认为，归纳艺术批评比最重要的哲学美学为现代艺术的接受做出了更多的事。总之，正是从历史哲学出发，费赫尔和赫勒揭示了美学的悖论，并从后现代历史意识即反思的一般性意识方面重构美学。

赫勒从反思一般性意识来理解艺术及其艺术阐释学。她考察了文学艺术作品尤其是莎士比亚戏剧中的历史哲学。虽然文艺复兴时期的自然哲学缺乏时间范畴，但社会哲学却不是这样。赫勒认为，各种时间概念已经存在："作为时间点的时间，作为社会事件的持续性和持续性意识的时间，最后作为节奏的时间。"（Heller，1978：173）所有这些时间意识都在莎士比亚作品中得到表达，因此赫勒将莎士比亚视为"历史哲学家"。

赫勒把对莎士比亚戏剧的解读上升到艺术理论。诗性真理是始终在现在："无论什么时候悲剧上演时——或者我们阅读它时——它始终是现在的时间。"（Heller，2002：369）赫勒也把喜剧现象阐释为绝对现在。喜剧的本质是不可决定的、异质的、偶然的："所有喜剧经验是绝对现在时间的表达。"（Heller，2005：13）赫勒的激进阐释学也是如此，激进阐释学意味着在日常意识的水平上普遍地接近历史："阐释学和过去形成对话关系。激进阐释学也是对话的：它是全球性责任走向过去的中介。它接近过去不仅是为了找出以前历史行为、对象化、机制的意义、景观、价值，而且是为了发现它们和我们之间共同的东西。"（Heller，1982：46）艺术作品作为阐释对象是无时间的，即使所有艺术作品是历史的产物，但是"解释把无时间的对象化翻译为解释者的时间和空间"（Heller，1982：163）。

赫勒抛弃了卢卡奇的救赎的历史哲学，失去了对弥赛亚的浓厚兴趣，也就是说她信赖绝对的现在，这是后现代的历史意识或者本质上是偶然性的意识："后现代人接纳火车站上的生活。也就是说，他们接受绝对现在的生存。"（Heller，1999：9）这种意识带有去掉了本雅明救赎观念的"震惊"的特征，"这是来自宇宙－目的论丧失后的自觉"（Heller，1993：6）。事实上，赫勒的后现代性理论立足于现代审美经验之上，正如波德莱尔所宣称的，"现代性是短暂的、易逝的、偶然的，这是艺术的一半，另一半是永恒和不变。"（Baudelaire，1964：296-297）她以同样的话语表达了美的概念："美的概念，如果它要设定一个世界和一个家，它既不属于柏拉图视域的崇高的高度，也不属于狄奥尼索斯的崇高的深度。它也不属于无时间的形式领域，也不属于历史的过去或者乌托邦的未来。古代的形而上学和现代历史主义由于把美理解为现在世界的他者，所以也不能为这个概念留下此岸的栖息之所。"（Roberts，1999）无疑，这不是宏大叙事的历史哲学而是破碎的历史哲学。她的这种思想对我们理解其道德美学和政治美学也是很重要的。

三 道德美学的转型

赫勒在伦理学或者道德哲学中关注美学问题，在美学中关注伦理问题，试图在面对激进后现代主义或高级现代主义的困境中寻找美学在伦理学中的根基。事实上，她继承了卢卡奇的美学模式，特别是完成了卢卡奇在一生中没有完成的方案。罗伯茨（David Roberts）认为，由于已经切断了联系美和艺术的结点，卢卡奇在1914年设想了美的理想的哲学基础的三重建构：形而上学的、思辨发展的和伦理的。前两者仅仅在说明这种历史事实，即美的概念拥有哲学的家："第三者，对这个基础的伦理兴趣没有写。它设定了等着被修复的空白之处，阿格妮丝·赫勒用康德确定了这个位置。"（Roberts,1999）但是赫勒把现代性的话语模式转变为后现代性的话语模式，建构了一种人格的伦理美学，它的特征是立足于美的交往美学。

赫勒认为，在文艺复兴时期，美学和伦理学是彼此关联的："直到15世纪末期，人们还没有意识到，美和善、美和功用、善和功用也许存在着矛盾。"（Heller,1978:246）尺度（measure）和美也是彼此预设的，尺度的概念包括伦理学和美学，都呈现在日常生活中。显然，美学在文艺复兴时期不像在古代那样具有伦理学基础。在赫勒看来，美作为日常生活的有机部分，作为社会道德性、社会生活和"尺度"得以凸显的形式之一，当这些都消退之时，美的理想就出现了。因而，"只要城邦的结构赋予了人们生活以某'形式'，道德习俗赋予人类行为以某形式，美的概念就不可能是抽象的。"（Heller,1978:252）美学和伦理学的关系也能在尽善尽美（*Kalokagathia*）这个概念中见到。如果美和尺度占统治地位，那么爱就是日常生活的美的一部分。因此，在文艺复兴时期美、爱和伦理学联系着现实生活，这是赫勒道德美学的"理想范型"。赫勒始终试图为美奠定伦理的基础。据此她批判了"审美的生活"，因为引领这种生活的人仅仅试图把他自己的日常存在转变为"为他存在"，结果"他缺乏对他人需要的同情"（Heller,1984a:268）。与之相反，赫勒的美的概念是和谐的，具有对称性互惠的特征，也就是说，她对美的阐释是交往美学。

正是从这个视角，赫勒重构了康德的美学，尤其是讨论了以《判断力批判》为模型的文化话语。赫勒认为，康德在纯粹审美判断的推论中强调了社会性，特别是主体经验和印象的可交往性。他也设想了羡慕和喜爱野花之美的形式的孤独者的意象。孤独者没有沾染社会但是孤独者对野花的沉醉仍然是其道德感的孪生情感。考虑到趣味基本上是判断感性伦理理念的能力，所以为趣味奠基的现实教育仍然促进道德理念，陶冶道德感。虽然康德认为，罪恶也能够是崇高的，但是道德善应该被视为崇高的。因此赫勒认为：“各种审美判断（不仅是趣味判断）都应该与善（和道德）有密切联系，因为它们不是严格意义的行为，不引发严格意义的行为。这是它们间接地不是直接地具有道德意义的原因。它们也为道德之人（为善良之人）增添了审美的维度。”（Heller, 1993：144）伦理学与美学在影像方面具有共同之处。由于男男女女形成了审美判断，所以他们就是其所是。这样，他们更好地了解世界而拥有一个世界。审美判断表达了社会的社会性，即形成了人性的世界。这个世界融合了观众和演员的态度，他们不是相互模范而是彼此尊重。这就是本真的交往。因此康德的美学是奠基于伦理学基础之上的。他的午餐讨论会就内在于这种模式之中。在午餐讨论会上，参与者避免了自己的私人的德性而给我们展现了交流与人类关系。对主人和客人来说，都有设定的伦理规则。具有趣味的人不得不彼此欣赏。康德讨论了午餐讨论会的沉默的神圣性和职责。赫勒认为，康德的午餐讨论会是人与人之间的交谈。每个人应该为他人承担责任，这种责任涉及其人格伦理学。这是最高的感性/伦理的善，"一种本质的真实"（Heller, 1999：133）。虽然康德的文化话语在宏大叙事衰落中面对经验和理论的困难，但是赫勒认识到康德美学的积极意义并将康德视为她的维吉尔。不过，她不仅仅阐释康德的审美理论，而且集焦于他的所谓伦理美学的文化话语，这种文化话语是以审美判断为范型的。在上述分析中我们可以看到，在后现代很重要的一种新型道德美学萌生了。

道德美学是她的《人格伦理学》第三部分的主题。她以通信来往之形式分析了美的和崇高的性格。赫勒表达了以下的观念：（1）美的和崇高的性格都是人格伦理学的代表；（2）虽然美的概念和形而上学的家与艺术分离了，但是美能够在日常生活的人格中寻找到它的新家；（3）虽然美的性格和崇高的性格具有各自的人格，但是赫勒在美的概念下最后能够使之和谐相处。因此，笔者认为，赫勒的道德美学是奠基于她对美的理解之上的。在美中也是在爱和幸福之中。赫勒认为，美的性格是和谐的性格。"和谐"不是古希腊的雕塑式的和谐，也不是马克思的全面发展的普遍的个体，而是意味着开放性和自由，自由的平衡是和谐，和谐就是美。因此，美的性格是柏拉图意义上的和谐性格，也是康德理解力和想象力自由和谐游戏意义上的纯粹美的表现。不过，它具有道德的基础：美是善，因为"美，和谐的性格自己呈现给他者、观察者"（Heller, 1996：246）。一个人的自由的和谐是给他人的一份礼物、一份赠品。美的性格也是存在的、历史的：它是一种"扔"，一个偶然的个人。虽然这个人把他/她的偶然性转变为命运，但是这种命运不消除偶然性。因此美的性格的和谐不是古代的而是现代的。古代的和谐来自命令/服从关系。相反，赫勒的美的性格是像四重奏一样的和谐："在四重奏里，一种乐器在其他乐器后能够占据先导的地位演奏乐章，甚至独奏。因此它在现代和谐心灵里发生：一种乐器能够独奏一会儿，然后其他的乐器将接着进行。"（Heller, 1996：256）美的性格显示了自由、开放性，显示对他者的责任。这意味着"现代性的宇宙论视野的恢复"并协调了"实践理性和自由感"（Constantinou, 1999）。与之相对，崇高的性格是崇尚超越感性，强烈地寻求痛苦，寻求内在心理的失衡。崇高的性格与自我和世界搏斗，它是忧郁的。它也是人格伦理学的对象化，是男人的原型，然而美的性格是女性的原型。虽然美的和崇高的性格在人格伦理学方面是不同的，但是它们能够和谐相爱："毕竟，忧郁的性格是非悲剧时代的悲剧性格，它们内在的动力、激情或者哀婉不能把它们引向暴力事件，它们至少会获得朋友们的同情的欣赏，这些朋友在没有辉煌的世界中已经维护了它们的辉煌意义。"（Heller, 1996：295）但是它们都没有过一种审美化的生活，因为它们具有道德的根基。瓦伊达正确地说道，赫勒的人格伦理学是"在我们的选择行为中见出道德性的源泉的伦理学"（Vajda, 1999）。美为彼此揭示了对称性互惠。因而美的概念离去了，但是美仍然存在："性格的美呈现于日常生活之中。"（Heller, 1996：275）美拥有自己的新家；虽然在晚期资本主义的单向度中，美的性格越来越少，但是它仍然是可能的。这"可以构成为现代性的奇迹，赫勒的神秘的想象"（Constantinou, 1999）。赫勒对美的礼赞显示了她试图颠覆后现代主义崇高的统治地位。罗伯茨说："美成为崇高的面纱，更准确地说是浪漫崇高的面纱"，"崇高意味着美的永远的深渊一样的阴影，只有对崇高的迷恋最清晰地显示出对后现代主义的浪漫的情绪"。（Roberts, 1999）利奥塔把崇高的概念普遍化："崇高也许是艺术感性概念特征化的唯一模式。"（Lyotard, 1989：200）因此，赫勒人格伦理学的道德美学定位于当代文化之中，同时也联系着康德早期关于美的和崇高的性格是平等的观念。

赫勒借助于尼采和康德的话语构建了伦理学和美学的关系，以避免尼采、福柯等激进后现代主义者所迷恋的伦理学审美化和美学的非道德性。赫勒的人格伦理学"真正包含了普遍的姿态但是肯定没有包含普遍主义的解说"(Constantinou,1999)。它是一种后现代反思的一般性意识的对象化。并且,它是解决后现代文化和美学的困境,克服晚期资本主义社会的悖论的重要入口,因为只有在具有美的或崇高的性格的条件下,美学才得以可能:"我怕,如果没有美的和崇高的性格就没有解释对象,因为没有解释者就没有解释对象。"(Heller,1996:274)罪恶本质上取决于人格的选择。因而如果青年卢卡奇思考的问题是"艺术作品存在——它们如何可能",那么赫勒持续的是:"好人存在,他们如何可能?"(Heller,1988a:7)"人格伦理学存在——它如何可能?"她的提问方式和回答显示了其哲学和美学向后马克思主义范式的转型。

四 作为文化政治学的美学

现代美学的诞生有其政治基础。在某种意义上,美学从来不是"纯粹的"而是意识形态的。《审美意识形态》的作者伊格尔顿正确地说:"审美范畴在现代欧洲占据着重要性,因为它在谈论艺术时也在谈论其他事情,那些事情是中产阶级为政治领导权而斗争的核心事情"(Eagleton,1990:3),虽然审美范畴经常对这种领导权构成了强有力的挑战。对赫勒来说,现代美学在文艺复兴时期作为一种自律领域是奠基于政治学特别是形式民主之上的。从1381年起,政府掌控在优良公民手中,中产阶级的要求相对得到满足。然后,不可抵制的文艺复兴文化的高潮随着圆屋顶的象征出现了,这种圆屋顶是拉娜(Art di Lana)委托布鲁内勒斯基(Fillippo Brunelleschi)建造的。赫勒说:"1425年,当这个建筑被竖立在领主广场(Signoria)时,艺术获得了其公民权利,独立地成为有德性和价值的形式。"(Heller,1978:50)委托一件作品的公民和接受委托的艺术家之间的关系也发生了变化。资产阶级认识到,如果他们感到需要把他们的视野和经验对象化,就必须把艺术家作为一个和他们平等的个体看待。他们只需给出所完成的事情的普遍的框架性任务,具体的内容完全取决于个体艺术家的自己的想象力。正是由于这种民主产生了最伟大的艺术作品。

但是不仅局限于此。在现代性中，存在一种逻辑，这种逻辑强调动态的政治平等和民主。传统的阶层和阶级被废除，社会被原子化，人被视为偶然之人。赫勒认为，至少原则上在各种制度中有一种平等机会来竞争职位。这样，她处置了高雅艺术或者高雅文化的悖论。她把休谟的观念解释为：趣味的标准不是建基于艺术作品的客观标准而是被具有好的趣味的文化精英者不断建构的。休谟的精英主义和民主化相冲突。民主集中于平等的理念，呈现出超越政治平等走向实质平等的趋势。在实质性民主中，所有人是平等的信条可以读成为没有人比别人更好："事实上，没有人的趣味比别人更好。"（Heller，1999：121）如果一个人宣称说他的趣味比别人更好，那么他就是一个精英主义者，不合格成为一个好的民主者。因而正是精英主义者勾画了高雅艺术和低级艺术的界限，但在一个民主的世界，每一个人的判断都是重要的。结果，高雅艺术作为文化的第一个概念就被消解了："文化的第一个概念被谩骂为不是民主的，考虑到每个人的趣味都同样重要。"（Heller，1999：122）即使高雅艺术的概念是充满问题的，但是赫勒没有废除它，因为这个概念的废除也是站不住脚的、不公正的、不民主的，结果导致极端的相对主义。费赫尔也同样指出："高和低、浅和实质、深刻和空虚的区分的完全消解是文化保守主义创造的文化障碍的虚假的超越。这种超越是合法的、激进的，因为它认可了每个人自我创造的平等的需要、平等权利；但是更重要的是，它是一种虚假的超越，因为它把所有自我创造的行为都视为平等价值的行为——也有潜在是专制的集体主义观点。"（Fehér，1986：72）赫勒认为："极端文化相对主义和我们的正义感是矛盾的。"（Heller，1988b：47）既然每一种趣味都重要，事实上就趣味而言，多数人不能起决定作用，因而那些区别高雅艺术和低级艺术之人的趣味也是重要的，也就是说，信赖严格经典或者趣味标准的那些人的趣味同样是合理的。所以，高雅艺术的礼赞和谩骂都是趣味区别的权威的特征。正如在本文第一部分所谈及的，赫勒为了避免高雅艺术的悖论挪用了现代技术想象、功能主义特征、阐释学的想象，重新建构了高雅艺术，最终消解了趣味的精英主义。建立于无限解释之上的高雅艺术新概念在现代意义上是民主的。

不过，在现代性中也存在着极权主义国家。极权主义政治权力的观念作为意识形态被浸入到现代文化之中，也融入美学之中。极权主义政党获得权力之后立即开始在极权主义政党的意象里形成国家,"使整个社会总体化"(Heller,1999:105),甚至对人类文化的需要进行专政。赫勒认为:"在一个政治社会,在极权主义社会更是如此,一切都是政治的,对统治者和被统治者都是如此。那就是为什么政治和非政治文化的分化是不可能的原因。"(Heller,1983:203)极权主义政治学影响了文本的解释:"意义和文本没有什么关系,而是和统治者的解释相关。它强迫地规定,这种解释始终是真实的,而且是唯一真实的解释。因此文本解释的平等权利被禁止了。"(Heller,1983:188)赫勒从后现代的平等和民主的视角明确地批判了这种政治美学。

赫勒的政治美学的另一个维度是对康德的政治美学的阐释。赫勒把共和国作为最小可能是乌托邦的政治模式,认为共和国的某些特征首先被康德勾勒出来了:"政治学的方式、他对'非社会的社会性'的批评,他对共通感的强调,他把判断力归属于政治学的位置,他关于再现和参与的融合的设想,这尽管很模糊,包括其他的,都已经宣布了共和国的主题。"(Heller,1987:188)卢森堡和阿伦特是这种政治模式的理论家。在赫勒看来,这种模式是民主的和平等的:个人做出选择和做出决定,独立于他作为政治或社会团体的参与成员做出的选择和决定;它设想每个人的需要结构是唯一的;这种模式融合了直接民主和间接民主。所有这些都说明了没有支配性的"对称性互惠的再生产"(Heller,1987:197)和"自由人群的共同体",在这个共同体中"自由是最高的价值"(Heller,1984b:100),这就是民主理念的实现。

根据这种政治哲学,赫勒阐释了美学或者建构了她的政治美学。包括美学在内的文化是现代性中最重要的关键词之一,因为它不仅是人类的陶冶,而且被用来描述现代性的语言和问题,被用来探寻治愈这个病态世界的良方。虽然现代文化发展了官僚的意识,但是它创造了政治的理想。赫勒认为,康德的《判断力批判》和《实用人类学》讨论的不是超验的主体而是共通感,这也是政治哲学的呈现。作为交往的审美判断,作为社会的社会性的工具,它融合了观众和演员的态度。它表达了与非社会的社会性相对立的人性世界,因为在这个世界,自由和自然都没有被工具化。康德的美学内在于存在着民主的多元主义之中:"人性作为社会的社会性文化是关于精致的事情,它是多方面的多元主义。"(Heller,1993:146)审美多元主义是立足于政治平等之上的。当某人断言"X 是美的"时，这个趣味判断实质上是宣称普遍的有效性，因为它不仅对我来说是美的而且对任何人来说也是美的。在赫勒看来，"这是多元主义，因为'我'说着'我们'的话。"（Heller，1993：149）如果一个人说 X 是丑的，那么多元主义就要求他们相互尊重彼此的判断，避免自我主义。结果，"康德排除了趣味的悖论"（Heller，1999：133）。因此，罗伯茨得出结论："反思判断及其愉悦的能社会化的、共享的、公共的特征为阿格妮丝·赫勒所称的康德的超验的政治人类学，自由、平等、博爱的共和国铺设了道路。"（Roberts，1999）

康德的午餐讨论会在现代性中形成了文化话语，它也是以《判断力批判》为范型的。它也是具有对称性互惠的多元主义的表现，因为参与者不得不具有彼此共享的意图并确保多样性：他们使趣味精致化，深化判断力，领会新的东西，在关注他者中进行实践。当然人们会认为康德的美学或者文化乌托邦和休谟的一样，是精英主义的，因为不是社会的每一个成员都可以进入午餐讨论会聚会，这在民主的时代是不合适的。不过，赫勒认为，康德的乌托邦是现代社会的乌托邦，是没有等级和出身地位的社会即偶然性社会的乌托邦。换言之，康德的精英主义不是和现代民主相对抗而是一致的。在典型的大众民主中，精英集团仍然存在，因为有被其他人仿效却又不能成为一样的某些群体。因此，和被斥责为非民主的休谟的趣味理论相反，康德的文化在深层意义上是民主的："午餐聚会的精英主义者是民主的乌托邦，因为民主没有这种或类似的知识分子-文化精英主义者就不可能存活。没有他们，民主的现实是一个僵死的身体政治。纯粹经验的民主本身是一种模仿，是民主理念的纯粹的影子。"（Heller，1993：159）意见交流的自由、平等和互惠性就产生于这种文化话语："平等机会的模式、理念以纯粹的形式体现在对话的文化之中。"（Heller，1999：131）我们把康德的美学视为他政治的乌托邦即共和国是有道理的。赫勒在许多著作中对美的考察也是承续了康德的观念，正如罗伯茨评价赫勒的著作《美的概念》时说："罗蒂说，它在崇高的与美的政治学和道德性之间界定了张力、范式的对立。一个是竭力突破社会世界的束缚。另一个不是变革现存世界而是通过理性论辩改革现存世界，使之导向更人性和公正的社会秩序，其最高的善就是对话。显然阿格妮丝·赫勒所立足之处是：

指向康德共和国的美的空间。"（Roberts，1999）

总之，赫勒的政治美学与社会美学、历史哲学、道德哲学密切相关，它立足于现代性的价值范畴即民主和平等之上，批判了从现代产生的极权主义美学。从她的美学中，我们可以目睹共和国的镜像，在一个被上帝遗弃的世界中，美和对称性互惠呈现了这种镜像。赫勒美学内在的多元主义文化政治学使她的批判理论和美学实现了从马克思主义复兴到后马克思主义范式的嬗变。

参考文献

Benjamin, Walter. (2002) "The Work of Art in the Age of Its Technological Reproducibility", in Micheal W. Jennings (ed.), *Selected Writings*. Cambridge, Massachusetts, and London, England: The Belknap Press of Harvard University Press.

Baudelaire, Charles. (1964) *Baudelaire as a Literary Critic*, Trans. Lois Boe Hylsop and Francis E. Hylsop. University park, Penn.: The Pennsylvania State University Press.

Constantinou, Marios. (1999) "Agnes Heller's Ecce Homo: A Neomodern Vision of Moral Anthropology", *Thesis Eleven*, Number 59, November: 29-52.

Eagleton, Terry. (1990) *The Ideology of the Aesthetic*, London: Basil Blackwell.

Fehér, Ferenc. (1986) "What Is Beyond Art?", in Agnes Heller and F. Fehér (eds.), *Reconstructing Aesthetics*, Oxford: Basil Blackwell.

Fehér, Ferenc and Agnes Heller. (1986a) *Doomsday or Deterrence?* Armonk, New York, London, England: M. E. Sharpe, Inc.

Fehér, Ferenc and Agnes Heller. (1986b) "Necessity and Irreformability of Aesthetics", in Agnes Heller and F. Fehér (eds.), *Reconstructing Aesthetics*, Oxford: Basil Blackwell.

Heller, Agnes. (1978) *Renaissance Man*, Trans. Richard E. Allen, London, Boston, Henley: Routledge and Kegan Paul.

Heller, Agnes. (1979) *On Instincts*, Assen: Van Gorcum.

Heller, Agnes. (1982) *A Theory of History*, London: Routledge and Kegan Paul.

Heller, Agnes. (1983) *Dictatorship Over Needs* (with Ferenc Feher and Gyorgy Markus), Oxford: Basil Blackwell.

Heller, Agnes. (1984a) *Everyday Life*, trans. G. L. Campbell, London, Boston, Melbourne and Henley: Routledge & Kegan Paul.

Heller, Agnes. (1984b) *Radical Philosophy*, Trans. James Wickham, England: Basil Blackwell.

Heller, Agnes. (1985) *The Power of Shame: A Rationalist Perspective*, London: Routledge and Kegan Paul.

Heller, Agnes. (1987) "The Great Republic", in Ferenc Fehér and Agnes Heller, *Eastern Left-Western Left*, Cambridge, New York: Polity Press.

Heller, Agnes. (1988a) *General Ethics*, Oxford: Basil Blackwell.

Heller, Agnes. (1988b) *Beyond Justice*, Oxford, Boston: Basil Blackwell.

Heller, Agnes. (1991) "The Unknown Masterpiece", in *The Grandeur and Twilight of Radical Universalism*. New Brunswick, NJ: Transaction Publishers.

Heller, Agnes. (1993) *A Philosophy of History in Fragments*, Oxford and Cambridge, MA: Blackwell.

Heller, Agnes. (1996) *An Ethics of Personality*, Cambridge: Basil Black.

Heller, Agnes (1997) "The Three Logics of Modernity and the Double Bind of Modern Imagination". www.colbud.hu/main/pubarchivel/pl/pl-Heller.pdf.

Heller, Agnes. (1999) *A Theory of Modernity*, London: Blackwell Publishers.

Heller, Agnes. (2002) *The Time Is Out of Joint: Shakespeare as Philosopher of History*, Lanham, MD: Rowman & Littlefield Publishers, Inc..

Heller, Agnes. (2005) *Immortal Comedy*, Lanham: Rowman & Littlefield Publishers, Inc..

Heller, Agnes and F. Fehér. (1991) "Introduction", in *The Grandeur and Twilight of Radical Universalism*, New Brunswick, NJ: Transaction Publishers.

Lyotard, Jean-François. (1989) "The Sublime and the Avant-Garde", in Andrew Benjamin (ed.), *The Lyotard Reader*, Oxford: Blackwell Ltd.

Turner, Bryan S. (1992) "Can Modernity Survive? By Agnes Heller", *Contemporary Sociology*, Vol. 21, No. 1 (Jan.), 128-130.

Roberts, David. (1999) "Between Home and World: Agnes Heller's the Concept of the Beautiful", *Thesis Eleven*, No. 59, 95-101.

Vajda, Mihály. (1999) "Is Moral Philosophy Possible at All?", *Thesis Eleven*, Number 59, November: 73-85.

目 录
Contents

阿格妮丝·赫勒：现代性、美学与人类境遇
——一篇解释性的文章 ………………………… 约翰·伦德尔/1

美的概念出了什么问题？ ……………………………………… 34

艺术自律或者艺术品的尊严 …………………………………… 52

情感对艺术接受的影响 ………………………………………… 71

玩笑文化与公共领域的转型 …………………………………… 85

当代历史小说 …………………………………………………… 98

西方传统中具身的形而上学 …………………………………… 110

欧洲关于自由的主流叙事 ……………………………………… 135

现代性的三种逻辑与现代想象的双重束缚 …………………… 147

绝对陌生人：莎士比亚与同化失败的戏剧 …………………… 163

希腊诸神：德国人和古希腊人 ………………………………… 181

自我再现和他者再现 …………………………………………… 194

何以为家？ ……………………………………………………… 208

索　引 …………………………………………………………… 227

阿格妮丝·赫勒：现代性、美学与人类境遇

——一篇解释性的文章

约翰·伦德尔

《美学与现代性》一书收录了阿格妮丝·赫勒近期的大部分学术作品，它们立足于同审美主题相关的不同样式，如绘画、音乐、文学、喜剧、接受美学以及审美样式在西方传统中的具象。这些文章源于赫勒以各种方式对古典美学、文艺复兴时期的美学以及当代美学的深爱和欣赏。她对于美学的热爱体现在她所有作品之中，不仅体现在她未发表的关于亚里士多德的学位论文中，还体现在《文艺复兴时期的人》（Renaissance Man）中，更延续到她最近的著作，如《时间是断裂的：作为历史哲学家的莎士比亚》（The Time Is out of Joint: Shakespeare as Philosopher of History）、《永恒的喜剧：艺术、文学和生活中的喜剧现象》（Immortal Comedy: The Comic Phenomenon in Art, Literature and life）以及《美的概念》（The Concept of the Beautiful）等著述中。[1]

赫勒最近关于美学的作品专注于发现现代性历史语境下文艺作品的复杂性及其令人担忧的现状。现代性的一个最主要同时是动态化的属性是，它促使对真、善、美的传统统一体加以分化，这种统一体从柏拉图时期就受形而上学家的青睐。赫勒提出一个问题：我们是否应该放弃关于美的至高理念，进而能够接受甚至拥抱关于美的概念的分化与多元性，或我们是否应该摒弃分化和多元性来建构美，也就是说，重构真、善、美的三位一体结构。尽管对赫勒来说，提出这样的问题会受到误解，因为这是一个形而上的问题，本身就意味着没有确切的答案。她相信，不

只是美学和现代性的关系需要重新审视，就连这些术语被建构的方式也要重新进行追问，这也是她在这些论文中为她自身设定的双重任务。她并非出于现代性本身对她的震撼而承担这项任务，而是出于对现代性的可能性以及陷阱的一种持续性的批判性认知而对自身提出挑战。这些陷阱包括现代性对财富、名声和权力的无节制、无选择的积累和消耗，以及它创造性的新罪恶，如极权主义和原教旨主义。在所有"固定的东西都烟消云散了"（马克思）的世界中，关于现代人在哪里能找到他们的家园——也即关于意义空间的问题也浮现出来了。现代性焦躁不安的境况，并非必然导致普遍的无家可归、无意义可寻。恰恰相反，正如赫勒所言，偶然的现代人一定会在任意构成现代性的地方寻觅到家园。她认为，在众多的现代性归属当中最让人们感到归属感的就是现代民主文化，尽管它也有错漏、有局限性，面临归属性争论，还有所谓高雅文化的冲击，我们说它最能让人们感受到归属感不是因为它承诺给人们一个本真的经验，而是因为借助于它我们和美学及艺术作品建立的关系不同于我们与作用和功能、市场以及政治辩论所形成的关系。对赫勒而言，每一个当下是不同的，皆存在积极的可能性。

本书收集的文章突出强调了这些陷阱与可能性，同时这些作品也突出了她的著作当中的四个相互交织的主题，这四个主题贯穿于这些关于美学和现代性的论文作品当中，也与赫勒早期的学术研究——现代性境遇相互关联，特别是她提到的偶然多维度和极权主义的两种样态；哲学人类学，尤其是涉及需要、情绪和情感，它们与价值以及合理性形式的关系；与审美的和文学的样式相关的关于美的概念；男人与女人在现代的、异化的境况中的或者一个对她而言并非让人满意的世界中的可能的伦理定位或归属。

本文不仅要介绍这些主题如何与收集在本书中的论文保持一致，而且要讲述它们是怎样与赫勒更广泛的研究领域相联系的。也就是说，本文致力于介绍她近期的美学作品，尤其是关于美的概念、艺术作品的概念、文学样式的概念，以及她持续关注的现代性以及现代性的多维性或者现代性的多样化等因素，是如何与她的哲学人类学、价值理论以及她近期作为对现代性境遇回应方式的"归属感"相联系的。[2]

现代性的时间视域

对阿格妮丝·赫勒来说，可以得以论证的是，现代性的独特性质能在两段历史时期内得以重建。她还认为这两段典型时期是文艺复兴和后现代。用《哈姆雷特》及她关于莎士比亚著作标题的说法，它们是"断裂的"，因为它们突出地表现出张力、焦虑和悖论，这些又是人们经常地解读现代性的方式。她从两个视角分别介入了对这些"断裂时代"的研究，这两个视角同时显示了她自己的学术轨迹，从致力于研究西方马克思主义向致力于研究后马克思主义嬗变。她在对"后现代态度"的明晰定义中清楚地表达了对后马克思主义的研究。[3]她第一次系统性的对文艺复兴时期的阐释见于《文艺复兴时期的人》这部著作，这部作品的写作所使用的语言是马克思式的现代性史学的语言方式，又独创性地使用了两条超越马克思阐释界限与视野的路径——一条是历史路径，另一条是文化路径。无可否认，在《文艺复兴时期的人》开篇对文艺复兴的分析，尤其是对佛罗伦萨的分析中，直接使用了马克思的表述方式。贸易、手工业以及商业在工业化的良好进程中向前推进并不断伴随着持续的、暴力的阶级冲突。[4]

然而《文艺复兴时期的人》除了它与马克思著作错综复杂的潜在关系和文艺复兴意味着现代性的诞生以外，还有更多值得注意的内容。在赫勒的研究中至少还强调了三个维度，这三个维度也是她在研究文艺复兴时期哲学和美学蓝图视野的一部分。首先，她对文艺复兴的民主形式颇有兴趣。她指出，以佛罗伦萨为例，就形式标准而言是民主的，并且就其参与过程而言或者至少对于合作实体而言，它实践了直接的民主形式。[5]第二，赫勒认为，通过一种新的、动态的人类图景，经济语境与政治语境在本质上是相伴相生的。正是在这里，赫勒对马克思唯物主义的批判露出端倪。对赫勒而言，动态性的图景不只是意识形态的反映或者表现形式；图景内在于动态性过程本身。第三，这种内在动态性绝非被目的论推动。赫勒认为，文艺复兴不是一个而是许多故事和叙述，这是发展不平衡性所导致的结果，至少就此书而言如此。换言之，围绕文艺复兴至少存在三个充满斗争的历史：一个围绕那不勒斯王国，一个关于谦和而威严的罗马教皇世界，还有一个坐落于锡耶纳、佛罗伦萨和威尼斯的城邦。她认为，关于城邦的第三个历史时期是关键性的，她在研究方面的侧重点显示出她的理论偏见（以伽达默尔的观念来说）——动态性以及关于这个动态性的由历史过程建构的论证或者游离于作为一个整体的人类情景主题中，或者作为一个参与了建构社会分化早期现代形式的专家。

换句话说，就文艺复兴时期的社会行动者而言，第三种历史观点涉及对新领域、价值和新视野的阐释和创造。赫勒认为，这是文艺复兴的中流砥柱，这不是在物质生活中发现的，而是在它自我表达的文化形式即历史性中发现的。赫勒认为，对于不平等历史和文化阐释的观念由如下构想表达出来："人类最矛盾的理想自身无法被阐释，除非通过动态的人的概念这一方式。"[6]从赫勒的知识框架以及此书的作品来看，《文艺复兴时期的人》显示出她对由人类学意义激发的现代性动态境遇图景形成过程的持续性关注。

在赫勒更近期的著作中，她第二次借助于"断裂"——后现代——来强化她对现代性动态图像以及由这种动态图像建构的人类自我图像的感知。对她而言，后现代不是一个时代而是一种视角——通过这种视角，关于现代性的问题可以通过新的方式进行追问，从而瓦解历史的目的论图像，并代之以突出偶然性的图像。偶然性观念现在与她的动态性图景相伴相生。赫勒认为，后现代视角的吸引力在于它放弃了宏大叙述中的历史性真理观念。而是说，关于现代性，她以苏格拉底式的观照现代性的方式将她自身视野中的后现代认定为"对现代性自身的自我反思意识"。在这种方式当中，"即使知道，也是微乎其微"[7]。对赫勒而言，这种针对知识是由历史发展积累起来的观点的批判性态度同时意味着由目的论建构的过去、现在与未来的关系被瓦解了。由此她认为，留给我们的只是当下的偶然性。

为了捕捉到新偶然性的独特境遇，赫勒在其对莎士比亚《威尼斯商人》与《奥赛罗》的研究中对有条件的陌生人与绝对的陌生人做出了区分。这些新的结构模式不单单是历史意义中的后现代结构模式，而且同时包含了文艺复兴的现代性因素。对赫勒而言，这个区分重点突出了他们的存在境遇与条件，从他们的存在性视角来看，有条件的陌生人可以被视为被他们原本隶属于的家庭、国家或者地位所抛弃的人。她在《绝对陌生人:莎士比亚与同化失败的戏剧》("The Absolute Stranger: Shakesptare and the Drama of Failed Assimilation")一文中指出,他们自己的重要性核心以及他们的个人身份,都可以作为一种面向家乡的存在性旅程而维持下来,即使他们被不理解他们的人或没有加入他们的旅程的人认作陌生人。正是家的形而上的确定性——陌生人曾经离开而且有一天或许会返回的地方——确保了东道主群体与有条件的陌生人之间的相互自我感知。[8]

对赫勒而言,绝对陌生人面临的境遇就完全不同了,因为他们没有一个可以回归的家。绝对陌生人的旅程是一个与家以及过去分离的过程。在这种情况下,绝对陌生人的存在体验与意义就会直接指向以至于被他们所期望归属的东道主群体所定义。赫勒对绝对陌生人的观念源于这种体验的特殊性和现代性的诱惑力,因为这种经历就是错位和分离。与滕尼斯或者甚至是席美尔的视角不同,赫勒并没有将这种经历视为一种文化危机的表征,而是提出现代存在境遇是一种充满各式各样可能性的世界。在这类世界当中,命运或者某种预定的归家旅程不能从出生开始算起。[9]

这种类型的开放式偶然性对她而言是某种类型的自由。然而这种自由是自相矛盾的,因为它是现代性的基础,但是缺乏基础来支撑自身。同样即使按照自由是由自身的各种行为所创造的意义来说,它依然是空洞无物的。正如她所言,"如果自由意味着其在社会偶然性中诞生,那么这种自由是虚无缥缈的,毫无意义的。实际上,被抛入自由与被抛入虚空二者完全等同。但是这个虚无(我们在上面谈到的偶然性)有其存在的意义,因为它承诺所有人(men and women)可以平等地享受自由,不存在预设的终点以及目的阻碍他们通向自我创造的自由之路。无论从逻辑的还是本体论的意义上来说,社会偶然性的空洞自由成为其他自由的条件,同时也是自我-创造奴役的条件。"[10]这种自由没有宏大、救赎、重建希望和梦想的幻觉。在这个意义上,对她来说,这种自由是后-乌托邦式的自由。[11]

尽管如此,这个关于自由的"虚无"概念并非无迹可查。如果,正如赫勒在《现代性理论》(*A Theory of Modernity*)中所陈述的那样,自由对现代性而言是没有基础的基础,那么也就是说,自由的价值定位是不存在的。如此,现代境遇的独特之处就在于关于自由意义与参考价值的论证——这些论证曾经赋予了自由表面上的形而上学确定性,这种确定性现在被抛弃了。而依据她在本书收录的《欧洲关于自由的主流叙事》（"European Master Narratives About Freedom"），自由是作为文化记忆的归属——共享的文化本源来发挥作用的。换句话说，对自由的阐释必须包括体现自由自身发展的漫长历史——自由在神话、故事和小说中的发展历程。与此同时，自由在现代性之前就已经拥有漫长的历史了，在圣经以及古希腊和罗马哲学中就存在关于自由的故事，这些神话、故事与虚构的事情在当今被用来建构自身的叙事。从后现代对历史态度的角度来看，重建历史的人从故事讲述者提供的价值出发将历史重新建构为一种叙事，而不是以技术进步或者道德进步的理念为基础将历史归咎于元叙述，也并非从根本上将历史重新建构为严重的错误史。

然而这些叙事并没有在现代性中只构建一种自由的版本，而且它们也并非被局限于仅仅关注自由的领域中。赫勒的自由价值是现代性理论的一部分，现代性理论强调现代社会的偶然性和复杂性——在现代社会中，家庭成员、社区成员和地位群组成员都归入不同的以及充满竞争性的现代叙事当中，或者被这些现代叙事所取代。赫勒也将这些现代叙事称为"逻辑"。正如她在《现代性理论》和《现代性的三种逻辑与现代想象的双重束缚》（"The Three Logics of Modernity and the Double Bind of Modern Imagination"）中所阐明的那样，存在三种上述类型的现代叙事——科技、以功能分配和财富货币化为基础的社会分层以及政治权力。科技叙事将现代性等同于工具本质的转变所带来的进步，以功能分配和财富货币化为基础的社会分层叙事则强调工作任务与技巧的专业化与多元化，同时将市场理解为现代性的源泉。政治权力同时包括自由制度与政府机制，政府机制包括权威机制、强制性机制并创造了极权主义机制。这些逻辑或者叙事并非组合在一起形成了一个整体，它们之间也没有相互还原，也不存在终极的目的或者价值。我们现在回到《文艺复兴时期的人》的一个主题：关于现代性的轮廓是不均衡的。在赫勒的构想中，这些逻辑相互竞争并创造了张力，这些张力经常性地使一种或者其他某些逻辑陷入瘫痪的状态。在她的思想观念中，极权主义和原教旨主义不仅仅是整体化的工程，而且正是它们区别对待了现代性的复杂性。[12]

另外，根据赫勒的观点，这些逻辑或者说叙事受到两种关键性以及动态化文化（技术文化与历史文化）的影响并通过这两种文化结合起来以取得优势地位。在赫勒看来，智能化、数量化和中立化的冷漠态度与上述提到的技术文化完全一致，正如西美尔在《大都市与精神生活》(*Metropolis and Mental Life*)中所描述的那样。这种态度就是，现代性中关于空洞自由叙事的表现，尽管是过度的表现。历史文化通过提供某种文化记忆可以凭之为合法性或者正义正名的资源赋予政治权力、功能分配和货币化以意义与深度。民族国家以及民主和极权主义的政治形式借助于历史文化来建构历史性的叙事与故事，虽然这么做不仅仅为了获得合法性。这么做同时是理解它们自身的一种方式。在赫勒看来，政治权力同一般性的权力一样，需要一种解释学的敏感性——权力需要自我理解、自我阐释、自我叙事的能力。

对赫勒来说，偶然的、空洞的自由意味着，所有的自由皆可以创造出来，从美学的和文化的自由到经济的、技术的和政治的自由都是如此。自由本身不会提供任何内容，不存在任何超验性建构的目标方向，存在的仅仅是单个的具体示例阐释，比如一个人可以成为艺术家，也即建立了自身同一件艺术作品关系的人、一个消费者、一个技术专家、一个资本家、一个民主主义者、一个极权主义者或者原教旨主义者——甚至成为某个具备上述多重（并非全部）身份的人。自由的内容是被自我构建的叙事所填充的。[13]

同时从历史角度来说，陌生人的偶然性成为一种来源于并定位在大都市的经历，包括文艺复兴时期的城邦。现在即使不考虑定位问题，这种偶然性的境遇也已经成为现代性的普遍化境遇。在这个意义上，她提出我们都是绝对的——或者更恰当地说——偶然性的陌生人。绝对陌生人的经历和定位在现代性的多重叙事中就是偶然性的经历。当一个人叙述他自己的故事的时候，他会用到至少一种——通常情况下多种——现代性叙述。

赫勒的批判人类学

赫勒认为，世界创造在需要和需要视域的阐释和创造的语境中发生。对赫勒而言，这里提到的需要并非精神层面的需要，它们由社会所诠释，也就是说，这种意义上的需要在社会层面上分层或者集聚，分层或者集聚的依据是需要获得满足或者没有获得满足、享有优先性或者没有优先性。

每一个社会都会建构由社会创造的需要集群,以及它们自身的满足或者不满足这些需要的方式。[14]

绝对陌生人所经历的现代偶然性通过需要视野的开放性与分散性产生,这对于赫勒而言,意味着一种强化的虚无主义意识或者甚至是永不休止的躁动不安。换言之,现代语境的偶然性本质意味着,比如说,自由的需要结构与诠释成为开放性的。[15]这种文化开放性也可以在制度与社会语境的层面上复制,这意味着人们为了满足自身的需要可以从一个语境转移到另外一个语境。但是,现代社会以及相关的制度无法满足所有的需要,无论是个体需要还是社会需要。这对于赫勒而言就意味着,现代性并不是一个令人满意的社会。[16]需要和可能得到的满足之间的沟壑和经历不断加深。此外,那些建构不同的极权主义、恐怖主义与原教旨主义现代性的动力机制也可以将需要归咎于社会的行为主体。在这类语境之下,现代性被构建为针对需要的专政体制,这种体制的目的就是掌控对需要的诠释进而将现代性去分化或者单一化。

那么说到这里可以意识到,我们现代性的"领域"(Denmark)并非一切如意,这种意识促使赫勒对现代性的不尽人意产生了焦虑。对这种感觉的认知非常重要,它开启了赫勒作品的第二个主题——批判人类学。如上所述,赫勒的批判人类学直接指向主体被概念化的方式。尼采发起的对形而上学条件的批判衍生了对理性优先性的批判——理性优先性设定了理性的纯粹性并使之脱离感性与情感——这让感性与情感成为附属于理性法则的次要特征。关于这种批判的结果,赫勒在某种程度上赞同尼采,就是说它削弱了形而上学条件的分量以及其作为第一原因、超验性指称或者纯粹范畴的重要性。赫勒对形而上学也进行了同样的批判,然而她对形而上学的批判并没有导致主体或者主体性的消亡。不仅如此。赫勒认为,对形而上学的批判提供了一个重新追问主体性问题的机会并通过某些方式强调了他者之间的复杂以及多元多变的关系——这种关系并不能通过语言、角色或者现象学体验完全概括出来。

对形而上学的批判同样伴随着对设想出来的理性(或心灵或精神)优越于身体观念的批判。赫勒在她对精神/肉体问题的批判中重新建构了三种版本。在她考察了所有的主张肉体依附于灵魂或者说理性的经典形而上学理论之后,她根据不同的哲学优先性以及结果划分了三种不同的版本。

第一种版本是"肉体作为灵魂外在表现的版本",这个版本概括了柏拉图式的以及犹太教-基督教传统。在这个版本当中,灵魂处于优先至高的位置,被视为不朽的、纯粹的与理性的。肉体被视为可朽的、不纯粹的,是被感觉与激情所控制的。灵魂被提升为第一原则,并被转换为大写的理性,这种理性作为一种超验的宣言找到了通向现代观念之路(康德)。另外一个说法是,灵魂消失了,剩下的是现代唯物主义的新形而上学——神经科学或者基因密码。在第二种版本中,"肉体处于灵魂的枷锁之中",对第二种版本的研究,赫勒专注于枷锁的影像——在这影像里,肉体被视为难以驾驭的。与柏拉图式的传统恰恰相反,这种版本将肉体视为可以约束的、可以驯化的、可以控制的、可以管理的。赫勒指出,这个版本在后形而上学时代被转换为一种关于责任与权利的叙述。在这种叙述中,肉体不再为错误行为负责,为之负责的是一种抽象的思想或者法律。或者说,肉体要么被一种抽象的思想或者法律所规范,要么被破坏。在第三种版本中,"肉体是作为灵魂外在表现的说法"源自亚里士多德的形式质料学说传统——肉体是借助于形式形成的。也就是说,肉体是被雕刻、被带入生命的——在这个过程当中,内在本质(比如艺术家的灵魂、年龄以及主体性)得以彰显。在当代思想之中,这种镜像顽固地保持着自身的统治地位并转换为社会化主题。我们出生于这个世界并被塑造,这个塑造过程所展示的并非某种本质而是我们的社会环境。也就是说,这个塑造是以实现某些功能为目的的。

在形而上学传统中,情感、情绪和肉体都被贬低为"附属品",赫勒对这种假设提出了质疑,但她质疑的方式不同于弗里德里希·尼采、马丁·海德格尔、米歇尔·福柯或雅克·德里达等哲学家们的方式。可以肯定的是,赫勒对究竟是什么建构了人的存在的质疑急需重新设想,并且要摆脱形而上学传统的设定。但是,依据赫勒的理解,对这个质疑重新设想的依据并非它是什么(或者它不是什么,在海德格尔式或者德里达式的意义范畴中)或者将其视为福柯所谓的抵制力量,而是主体的行为方式。在《情感理论》(*A Theory of Feeling*)一书以及《西方传统中具身的形而上学》一文的语境中,赫勒总是表现了这种"后形而上学式"的态度。虽然她的态度更倾向于社会中心式的、以行为主体为取向式的以及后功能主义者式的特征,更少体现出解构主义式的或者谱系式的特征。[17]

对赫勒而言，从人类维度的有利视角出发——这种视角包括主体与他者的关系以及主体的社会语境，也就是说并不是相互疏离的视角——关于具身的问题与情感以及价值问题息息相关。赫勒认为，情感不仅仅展现出主体的内在生命；它们同样是主体与他者进行接触的第一站，而且社会性语境的建构需要集群作为支撑。

对赫勒而言，一种感觉状态是一个自我关涉某物的状态，自我关涉某物的方式或者积极或者消极，或者肯定或者否定，或者主动或者被动。这种状态是感觉、思考、认知与这三者外在表现的统一体。[18]上述类型的关涉是一种感觉状态的内在建构性因素。情感所关涉的"某物"可以处于比较醒目的位置或者也可以处于比较隐蔽的位置。此外，情感只有在它们从社会需要（"给定的具体文化的习惯系统"）的视角产生评估的时候才能发挥它们自身的功能。[19]换句话说，随着感觉状态变得越来越复杂并不断表现出多样性的特征，它们就被等级化和语境化了。情感是感觉的一个分支，它们是认知-情景化的感觉——在这种感觉当中，情景一直是由对某种情感事件的道德评估构成的。这类语境化与等级化的发生依据是以价值为导向的范畴——此范畴存在于所有的文化当中，感觉不能脱离它们而发挥作用。[20]

感觉可能被驱动而发生或者未被驱动。它们或许停留在某种被动的感觉状态当中，或者被激活为某种姿态，或者表现为某种论辩，甚至是玩笑。[21]在上述所有的情感状态当中，某种价值（评估）视角被创造、被制定出来并被利用。价值视角为最初的不安与不满的感知赋予了内容并提供了缓解方案。如果我们稍微换一种说法的话，价值是某种想象的视野，包含感觉的行为通过这个视野被引导、被评估。正如我们在这里看到的那样，对赫勒而言，绝对陌生人即使没有家、没有一个地方去论证以及打趣，或者休息以及沉思，他们也绝非空洞、绝非毫无内容。[22]

现在让我们立刻来分析价值视角的构成。

正如赫勒在《情感理论》（第一版和第二版）、《日常生活》以及收录在本书的《情感对艺术接受的影响》中所提出的那样，我们要区分第一秩序价值世界与第二秩序价值世界。第一秩序价值为那些需要集群化、等级化的感觉提供一个围绕它们的焦点，借此焦点，感觉、情绪甚至是希望结合在一起。这种价值提供了连接内在生命与外在世界的桥梁。第一秩序价值是我们的自然归属（home）。我们被抛入价值之中，也就是说首先（对赫勒而言），这类价值成就了我们的社会先验性。此外，这类价值并没有释放出神圣性的气息（韦伯将这类价值诠释为指向最终目的的价值）。但可以肯定的是，它们拥有认知上的以及理智上的连贯性。更准确地说，对赫勒而言，这类价值在本质上是理性-实用的。她的价值理性版本并没有涉及认知的标准或者内在于价值自身的终极目的，理性和具身与感觉不可分割。在她的版本中，价值理性所涉及的是遵守规范和日常生活规则的能力，它有三个构成要素——分别是习俗、日常语言和人为的客体（包含使用这些客体的规则以及对自然环境的利用）。在这种情况下，遵守日常生活的规范和规则同遵守上述价值是不可分割的。进一步说，这是第一秩序价值的领域——我们非常熟练地游走在我们被抛入的特定日常生活之中。日常生活就是此在（Dasein），就是我们的本体论境遇。但是，赫勒的观点与海德格尔的观点不同，日常生活绝不是非真实的，它具有引导性。日常生活为我们提供了最初的语境，在这个语境当中，我们学着用实用主义的方法在它的规范和规则中遨游。这种实用主义的生活方式要求我们在此语境中学会三种不同类型的思维模式——重复性思维、创造性思维和直觉性思维。

同样重要的是，日常生活更恰当地说是为我们提供了可以凭之进行道德活动的价值范畴，我们通过这种价值范畴去区分好与坏、对与错等等。这些价值通过三重方式赋予生活以意义。第一，这些价值本身就是富于意义的；第二，它体现了价值导向性之二级范畴的正面意义；第三，它们形成世界图景（world pictures）并展现为故事与叙述，这些故事与叙述为日常生活的理所当然本质提供合法性。换言之，它们提供了方向性的范畴，我们凭借这类范畴引导世界。严格来说，它们为生活提供的意义同时包含积极与消极。它们提供了第一个具有公共意义上（在维特根斯坦的意义上）的框架，在这些框架之中，私人想象力的创造得以安置和理解，即使此框架并不能使想象力充分发挥。[23]

赫勒将我们实用主义式的和以道德为引导式的在日常生活第一世界中的行为能力称为"理性合理性"。理性合理性是指遵守日常生活规范和规则的能力，同时也指以同样的方式遵守其他语境或者领域的规范和规则以及有效利用日常生活规范和规则的能力。理性合理性的合理性在于它的内

11 在一致性以及我们有能力使用这种一致性。正是在这个意义上，我们一直从日常生活的视角进行活动、鉴别、直觉、发明和判断。在这种意义中，理性合理性是特殊的、具体的，因为这种合理性为我们指明的方向定点是日常生活。总之，作为我们第一家园的日常生活也因此并不是一个非行为和非思想的世界。更准确地说，日常生活是特定行为和感觉、思考、评估以及具身化或者外在表现的特定模式的结合体。[24]

但是，这种价值视角的第一秩序世界自身可以再次从价值视野的立场剥离出来并受到批评，这使得价值的第一秩序世界格外引人注目。赫勒还建构了另外一种模式的合理性。她提出，这种模式可以用来进行批判性的鉴别。凭借这种鉴别模式，我们以某种价值（并非出自或者定位于日常生活，而是出自或者定位于文化领域的价值）作为基础进行判断或者评估。对赫勒来说，文化——或者说文化领域——为人类生活提供了高于日常生活的意义，并且这种类型的意义将生活导向同质的而不是异质的行动和思维模式，如宗教奉献、艺术、小说写作或哲学实践。在此，这种特有领域所建立起来的规范和规则不同于日常生活中呈现的规范和规则。同样重要的是，在赫勒看来，文化也可以为日常生活提供合法性，或者对日常生活进行批判。赫勒提出，这种类型的思维模式所能给予我们的是创造力、想象力以及良好的判断力。赫勒凭借她的理性合理性的整体概念来聚合或者有效利用这些能力。在这种意境中，价值方向出现于两个层面。我们首先被抛入作为我们自然归属的日常生活的"第一秩序"价值之中。但是我们同样拥有第二归属（home）或者说方向性定位。文化领域为"第二秩序"的自反性提供了能力，在这个自反性当中，日常生活的价值或者那些人们以理所当然的方式使用的价值被其他价值彰显出来。

在文化领域中使用理性合理性对价值进行批判的活动可以是静态的也可以是动态的。在赫勒的观念中，前现代社会中的文化批判是静态的，因为日常生活与文化通过终极价值达成一致性并获得意义，这种意义与日常生活的规范和规则一样都是理所当然的——甚至比日常生活的规范和规则显得更加理所当然。然而现代社会的理性合理性是动态的，因为在赫勒看来，不仅日常生活中被视为理所当然的规范和规则可以被评估，就连价值本身都可以被评估——价值不再是终极的存在。第二秩序的价值抽象概念可以通过排他性的方式或者普遍性的方式凸显第一秩序的价值。从排他主义的视角出发，源自排外与社会封闭立场的价值被赋予优先性与有效利用并实际上反过来对日常生活进行批判以及确认自身。从普遍主义的视角出发，源自包容性与社会对他者的开放性的价值被赋予优先性并被有效利用。但是，这对赫勒而言并非意味着上述两种视角是相互关联的；更准确的说法是它们都是对普遍性的解释，只不过二者相互对立。不同的价值作为经验共性出现，它们在现代文化中变得普世化并被嵌入其中。正如上文所示，赫勒在《欧洲关于自由的主流叙事》以及其他很多作品中指出，自由成为那样一种普世化的第二秩序定向价值，因此而拥有源自圣经的、古希腊的以及罗马传统的对自身的诠释，这些诠释在西方传统中作为竞争性的诠释存在。现代性，包括文艺复兴的现代性在多重叙事的语境中继承了这种具有竞争性的第二秩序价值传统并将其转化为没有根基的基础。

对赫勒而言，现代性中还存在另外一个可普世化的第二秩序定向性价值，即生命价值，她对这个价值的态度更加模棱两可。诚然，在自由价值的庇护之下，生命价值等同于生命机会的均等，而且这成为正义宣言的基础。此外，赫勒提出自由价值与生命价值绝不是非理性化的价值取向。如果它们是非理性化的价值，那么从自由价值到非自由价值，从生命价值到死亡价值（或者说毁灭构想或者说大屠杀构想）仅仅一步之遥。正是在这里，赫勒对"生命"（作为一种确定的普遍化范畴）的模棱两可态度出现了。[25]

批判的指向性超越了日常生活的存在经验，特别是在现代性的错综复杂之中。价值为现代性的自反性提供了方向定点，如上所述，赫勒对后现代的态度表明，价值并非被遗弃或者变得无关紧要；更准确地说，赫勒提出，后现代思维的自我反思意味着对自由以及真理悖论的思考一直在进行，从未停止过。她将这种后现代的第二秩序的价值自反性归结为"反思的普遍性意识"[26]。赫勒认为，自由价值的动态第二秩序自反性不仅可以如哈贝马斯所提出的那样通过论辩的方式得以阐明，而且可以在其他的反思性样态中得以阐明。她提出，比如说，戏剧现象与玩笑文化相比公共话语的理性理想状态而言更能成为公共领域的范式。

玩笑经常被视为次等文学样式，除非作为某种无关紧要的偏题形式，玩笑与政治领域丝毫无关。在赫勒的新近著作《永恒的喜剧》的视域当中，她论证到玩笑绝不是微不足道的文学样式而且不应当与公共领域分离，不应当像哈贝马斯式版本当中那些更为形式主义的方式脱离公共领域那样。[27]在赫勒对这种文学形式的探讨当中，她从古希腊的视角（在这种视角当中，戏剧对现代时期而言是拥有自我意识的、哲学化的存在）研究了玩笑形式中的喜剧化与政治实践、本质的关系。喜剧与玩笑为某种想象的公民政治社群提供了基础，这些公民不仅仅感到他们对共同体的持续性负有共同责任，而且同时让他们自身成为学会发声与聆听的参与者——他们轮流坐庄、相互欣赏并将理性与情感结合在一起。玩笑和戏剧现象衍变为一种同日常生活以及自我的反思性、远距离关系。对赫勒而言，玩笑是一种理性合理性的反思性推理模式。正如她所说，笑本身就是一种判断，我们的笑源自某个价值立场，即使我们并没有意识到这种立场的存在。[28]正如她所言，一个良善的玩笑出于正确的理由释放了理性的本能。

因此，赫勒将玩笑（jokes）与笑（laughter）的作用与部署视为第二秩序自反性的重要模式，通过这个模式自由的价值或可被激活。喜剧现象象征着一种明确的或者含蓄的认知、脆弱以及开放。正是通过这些特质，喜剧现象才能借助于民主想象来建构选举式的亲和性。民主人格应当具备笑的能力，这个能力不仅仅包括笑他者，而且包含自嘲，换句话说，就是同他者一起自嘲的能力。喜剧的自我反思性在于开放性而非封闭或者不公。封闭或者不公会使喜剧沦为荒诞、会让笑变得残酷。

正是在这里可能发生一种转变，这种转变会将日常生活中例如愤恨、嫉妒、猜忌和强烈性欲等的小罪恶优先化，并让它们变成一种可能的视角、一种具身或者行为模式，这会将他者转变为一个沉默的客体。这个他者存在于一个封闭的世界中——一个不存在其他视角而只由一种视角所组成的世界。诚然，正如赫勒尽可能指出的那样，人类的性格是一个由相互矛盾的情感状态所组成的平台整体，其中的大部分情绪我们经常性地通过姿态、举止、言语或者做事来体验或者表达出来。在她的脑海当中，良善的人或者会消解或者可以说会感受到（这里强调的重点在感觉上）羞愧或者负罪感，从而因此可能会表达歉意以及从另外一个价值立场（这里包括承认对另外一个人所可能产生的伤害）出发来重新评估他的立场。

当罪恶占据上风的时候，就不存在承认对另外一个人所造成的伤害。罪恶的胜利，在赫勒的眼中，绝不仅仅是单纯的错误认知。它是一种仅仅观照自身的、封闭的评估立场，这种立场渗透在日常生活的方方面面。所以，它在戏剧、悲剧和故事当中也随处可见，在这之中，很多人物被设定成为某种典型——他们的小罪恶衍生出激进的罪恶行为或者在他们的行为当中，罪恶就是目的本身。但是，小罪恶与激进罪恶不仅仅存在于日常生活领域或者戏剧和小说的世界中。正如赫勒在很多场合中所指出的那样，罪恶（特别是激进罪恶）在特定的现代范畴中成为刻意为之的行为或者制度化的存在，比如恐怖主义、大屠杀、种族灭绝、原教旨主义的社会制度——这些甚至成为政治权力的想象或者逻辑的一部分。日常生活中出现的罪恶，戏剧、悲剧和小说中描写的罪恶，极权主义、原教旨主义的社会结构所制度化的罪恶都在提醒着我们，正如赫勒提醒我们的那样，"这个世界一直以来都是一个危险的地方，以后也是如此。"[29]

美学与现代性，美与家园

在偶然现代性的复杂语境中——专业领域的分化与发展以及特定的做事方式——美学的命运如何呢？在分化的现代性以及偶然陌生人的生活中是否留有审美体验的空间呢？当人们的生活和行为方式可能指向或者可能并非指向自由价值的时候，这尤其成为一个问题。人们很可能被引导指向现代性的罪恶和缺陷以及它的广泛需求之中，这让人们在追求财富、技术控制以及权力的过程中吞噬大众以及大众的劳动果实。

在她为上述困境寻找答案的过程当中，赫勒回归到由现代性境遇所引发的两个重要议题以及它们的无秩序状态——无家可归与家园。依据现代美学的问题境遇，关于美的概念的命运，对赫勒而言，是无家可归的典型案例，而且这个概念与关于各个领域或者世界的分化以及专业化的论争有内在的联系——在这种情况下，特指美学领域的分化以及自主化。赫勒提出，将注意力放在艺术自主性的议题上有助于掩饰以及弱化无家可归的问题。她强调，自主性可以用关于尊严的概念替代，这可以再次带来美学化的家园体验，但是只能在一个非常特定化的方式之中达成这种体验。

赫勒在一种偶然性的存在（这种存在不仅仅指功能、权力甚至是政治游戏）语境中直接回应这些问题。现代存在性也需要证实以及要求偶然陌生人之间的某些友好社交性的基本条件，这些陌生人之间的相互交往或许本着"友好相待"的态度。[30]赫勒对这种关涉他人的友好态度的关注表明赫勒提供的答案都与她的批判人类学相关。即使抛开功能性的、非功能性的以及政治的诠释、形式以及生活方式不谈，绝对陌生人境遇的偶然性自由同样可以从其作为一个整体人的立场来建构——作为一个整合了情绪、感觉、知觉、思维、具身和评价的人。

对赫勒而言，相比通过财富、名誉和权力的积累所表现出来的排他性自由，自由的普遍性以及所伴随的人类作为一个整体的图景注定变现为自我与他者的一种关系。赫勒在《道德哲学》中是这样来表述此类关系方面的，"当一方给予，另外一方并没有接受的时候，关系不存在。当一方仅仅给予，另外一方仅仅接受的时候，关系存在，但是互惠关系不存在。最基本的伦理规范之一，如果并不是最基本的，就是互惠关系比非互惠关系更为可取。如果你拿了某些东西的话，那么你也应当给予某些东西。这在所有的社会安排框架当中都是如此，无一例外。"[31]

这种相互的互惠性图景为赫勒的美学理论提供了背景性支撑。对赫勒而言，美学并不涉及美学创造的本质或者连美学接受都没有涉及。更准确地说，她的重点放在这种对称性互惠关系的美学体验上。赫勒提出，美学意味着作为一个整体的人的主体可能会构建一个与"其他"（other）的关系，这里的"其他"特指艺术作品。这样的话，审美体验并非仅仅定位于文化领域之中，它同样被体验为一种态度，受到理性合理性的方向性引导。这就是第二秩序阐释、叙述和故事的态度。它一方面或许对艺术作品的创作有所影响，另一方面，同样重要的是，它是我们与艺术作品关联或者建构关联的方式，同时也是艺术作品与我们建构关联的方式。[32]另外，特别是在绘画和音乐的体验方面，赫勒坚持，情绪和感觉以一种更为普遍的方式同体验和关系性的问题存在内在关联。

自柏拉图将美的概念建构为良善、真理和美的三位一体的一部分以来，为了发展她的关于美学以及我们如何与艺术作品建立联系还有艺术作品与我们的联系的论证，赫勒描绘了一个关于美的概念的谱系学轮廓。在这种形而上学的传统叙事当中，外在美与美本身是不可分割的。正如赫勒所强调的那样，这种形而上学开始于美本身的理念并设定，所有美的事物都必然分享了美本身。[33]在形而上学传统中，这种分享原则也同时被引导指向一种整体体验的理念——作为一个整体的人来体验自身，这个整体的人通常经过爱或者厄洛斯（性爱）传统表达自身，经常性地与友爱理念关联。这种整体体验的理念同样将宇宙（被视为有序体系）与社会以及人联系起来。换言之，在神圣机制的协调下，在艺术家、艺术接受、社会和宇宙之间存在整合性和持续性，从古希腊和古罗马时期到18世纪皆然，尽管从文艺复兴开始，动态主义开始内生。正如伽达默尔所特别提示的那样，"为了理解关于美的问题的有效背景（或许艺术问题也一样），我们必须记住，对于希腊人而言，只有宇宙的神圣秩序才能展现美的真实视野。这是希腊美的理念中的毕达哥拉斯因素……在《斐德罗篇》中，柏拉图为我们展现了对人的命运的神秘描述，与神圣的存在相比，他自身的局限性就是与身体感官生活的世俗负担绑定在一起。"[34]

在形而上学行将消亡以及以经验主义为导向的世界取得胜利的时候，这种相互交织不再存在了。[35]几乎所有的事物都可以成为美的，因为在最高原则之中不再存在一个统一的关于美本身的理念。"对美的（切身体验）的异质性同对美的体验的整体特性（情欲的或者准情欲的）之间的差异性出现了"[36]。其结果是美的概念开始出现一种自发的以及缓慢的解构过程，这个过程与价值导向的内容以及结构相关，也同作为整体的人类个体的理念相关。从文艺复兴开始，价值方向就一直处于被批判的境遇当中。毫无疑问，即使是在文艺复兴时期，旧柏拉图版本［包括普罗提诺（Plotina）的作品］都是被菲奇诺（Ficino）和米开朗琪罗这类人物所表述的。对这类人物而言，审美体验与美的概念绑定在一起，美的概念自身又是与作为整体的人的概念绑定在一起，至少依据良善、真理和美的三位一体构想而言是如此。在这个形而上学的构想当中，最高原则是情欲或者说经常性地被视为神圣的性爱。

神圣中的超验性以及超验的参照点的丧失意味着，美的概念变得无家可归。这个问题在现代哲学和审美学的历史当中已经很明显地通过"艺术"理念得以解决，这一观念成为弥合异质性与统一性之间差异的最高原则。"艺术作品"作为"美本身的唯一真实具象"出现。[37]换言之，"艺术"出现了并且分裂为从表面上看相互关联的两种风格，特别是如果康德的《判断力批判》被用来作为参考定点。第一种风格涉及艺术作品的创造，其所回应的问题是创造性的源泉是什么，通常通过一种审美限定的创造性想象的观念。第二种风格涉及艺术作品的接受，在共通感（sensus communis）的发展过程中，对审美判断的一致认同可以通过将想象力和理解力结合在一起的人们达成。

正是沿着这两种不同的风格路径，康德的《判断力批判》以及他留下的精神财富分裂为两个部分。[38]在形而上学之后，尤其是伴随着康德在他的三个批判中所提出的良善、真理和美的分化过程，本源以及美与爱的理念或者形式被摆在了突出和质疑的位置。如果创造性与美被转变为属人的原则，那么甚至是在康德的作品中，特别是在《判断力批判》中，什么是这些原则的基础的问题就没有明确的答案了。[39]一旦真理演变为自笛卡尔以来的同经验验证以及一致理论相联系的真实知识、良善变得同对社会规范的批判以及否定或者使社会规范丧失合法性的行为联系起来的时候，美就只能依靠自己去寻求一个可能的家园了。浪漫主义解决方法——它在特定的审美领域通过想象力将重点集中在艺术、诗歌或者音乐的创造上面——看起来会提供一个家园。"艺术作品"成为浪漫主义解决方法的接收者，在艺术作品中，美成为与审美领域（由拥有审美创造的天才和天赋的人以及拥有审美品位的特质和敏感性的人所组成）绑定在一起的审美范畴。组成审美领域的人要么拥有想象力，要么拥有品位，要么同时拥有这两种特质。对赫勒而言，这种解决方法的深层次的矛盾是，美现在属于艺术，美的概念已经变得多余了，因为内在于审美领域的另外一系列特质开始出现了，这些特质与创造力和品位绑定在一起。这些特质或者是完美的艺术或者是不完美的艺术，或者是高等文化或者是低等文化，或者是生活美学化或者是虚无主义。

其结果不仅仅是关于美本身概念的审美化，而且是艺术自主性理念的出现。赫勒论证，这种结果让关于美的概念与整体体验不再相关。此外，艺术领域或者艺术世界变得越来越分化于其他领域，比如宗教、朝廷、国家、市场，因为艺术遵从它自身的规范与规则。[40]依据赫勒的批判性重建，自主性意味着两件事情，尤其是将阿多诺的《审美论》作为参照定点的时候。第一，作为一个领域的艺术是自主的而且区别于其他领域。这个说法是一个强有力的宣言，它保护艺术免于受到比如说市场或者新神话出现的干扰并且因此而界定艺术作品是什么以及不是什么——娱乐、庸俗或者色情。第二，艺术作品的自主性在于它们作为独自的作品存在，与其说它们自主性的依据是一个独立自主的领域，不如说它们独特的个体存在性是它们自主性的依据。对艺术领域或者说高等文化自主性的捍卫正是出于这一点——歌德、洪堡、尼采和阿多诺用非常不同的方式捍卫了这个自主性。

与上述两种关于自主性的论证相对立，赫勒坚持，现阶段不存在艺术王国或者艺术领域，存在的仅仅是单独的以及不同的艺术作品所组成的场域。[41]事实上，赫勒的现代逻辑学或者现代性想象并不包括美学。对她而言问题并不是艺术作品在一种逻辑或者领域当中如何共存以及相互"言说"，因为这会将艺术还原为功能分化的逻辑，而且那些寄居在艺术领域的专家是受到了艺术技巧的训练，消费者的品位是由艺术市场所设定的。

赫勒对美学的分析以及重新定位并无意愿遵循上述两种风格或者路径（审美创造与审美接受）当中的任何一种。赫勒提出，还存在另外一种不依赖于艺术自主性理念的审美回应。她设定了完全不同的另外一条路径。对赫勒而言，问题是我们如何建构与艺术作品的关系以及艺术作品之间如何达成互惠。

赫勒遵循了卢卡奇在《美的理念的先验辩证法》（"The Transcendental Dialectics of the Idea of Beauty"）（1914）中的建议——美应从艺术王国中移除，艺术和美应相互分离。[42]在美学中为美提供一个促使其发展的家园只会同时给艺术与美带来伤害。赫勒在反对自主性理念的时候，没有回到卢卡奇在《灵魂与形式》中对生命和本真性的突出上来。这种突出引起了马尔库斯的注意，他宣称："如果真正的生活作为灵魂的外在积极展现，那么这意味着灵魂全部潜能的释放将发展为一种独特的人格。这种人格在行为中表达自身并将所有的生命展现为单一的整体，那么这种发展也就超越了纯粹的个体性范畴。这种自我实现的过程就是转换到行为的过程，事实上，是一种生活方式、一种人们生活的可能性。这种生活方式不可复制，但可以扮演规范性的角色并成为每个人的榜样。"[43]对赫勒而言，这并不是解决方法，它会削弱复杂现代性的偶然境遇中现存的可能性。更准确地说，在对伽达默尔关于美的相关性文章的批判性讨论中，赫勒提出，伽达默尔的洞察力与其说是关于艺术不如说是关于建构一个可能的沟通我们时而与美的模糊相遇同真实世界或者经验世界中的无序、错误判断、罪恶以及极端行为的桥梁。[44]正如赫勒所论述的那样，伽达默尔的论述不是关于艺术的而是关于我们活生生的现实生活的，因此其所指向的问题是卢卡奇提议的要为美提供一个可能家园的议题。

对赫勒而言，超验的情怀并非与艺术作品的理想、作为艺术的生活或者是社会运动（这对接受马克思主义之后的卢卡奇而言就是如此）绑定在一起，而是被更具关系属性的友情和爱情范畴所替代——这种关系性范畴是指与他人共同生活的饱和语境范畴（我们缺乏更好的术语来表达它）。或者我们换一种稍微不同的提法，在《超越正义》的语言表述中，美学或者更恰当地说是美，它由赫勒通过不完整的而且因此是开放的以及动态的友情和爱情概念建构出来。[45]

友情、爱情的体验和关系属性为赫勒提供了关于美无家可归问题的解决方法，通过这个方法，赫勒自己的关于作为整体的人类的版本就可以激活了。友情面向尊严，尊严铭刻于每一件艺术作品以及我们与它们的关系当中，同时爱情面向的是艺术作品对我们的整体影响。可以肯定，赫勒希望坚持"后形而上学"的立场并处理偶然性与动态性——真实生活体验与理想生活体验之间的无限鸿沟所带来的。或者我们换一种说法，上述"鸿沟"的两极或者两面并不是赫勒通过这种方法来表述的。她针对卢卡奇在海德堡时期所提出的"艺术作品的存在是何以可能"的问题发出了一个特定的回应。赫勒回应这个问题的视角并不是创造力或者形式，而是人类所构建的与艺术作品的关系，相互的关系——它是关系属性的。赫勒认为，正是这种关系属性赋予了生活深度或者说情感强度，并将生活与感觉和价值连接起来。也就是说，起到这种作用的并不是真实性。感觉和价值不仅仅是判断力的必需之物，也是在所有细微之处和不完美的情况下同他人相处的必需之物。依赫勒所言，我们可以同艺术作品建立一个不同的非功能性关系，无论是绘画、音乐抑或装饰艺术，它们为更完满的情绪和感性的出现打开了一个空间。

赫勒在《超越正义》中分析卢梭在其《新爱洛漪丝》中所表达的克拉伦斯理想的时候已经讨论了友谊和尊严。正如她声明的那样，"（《新爱洛漪丝》）是反对完美主义的信条……小说中的所有人物都是正直的，但是没有一个人是'完美'的。所有人都犯过错误，也有其弱点。他们有的时候会被错误的理念与激情带偏。但是如果事实真的如此，他们为什么不犯下恶行呢？"答案是简单易懂的，因为他们都处于一个友谊的网络之中……卢梭的模式完全是现代化的。它让我们面对了我们当今依然要提出的问题：如果良善生活是多元化的，那么道德世界何以可能？如果我们的观点彼此不同，那么我们何以去聆听彼此的论证呢？在保持我们独特性、自由和分歧的前提下，我们如何达成一种相互的理解和合作的状态呢？[46]在无家可归的世界中，良好的友谊就是家园。

这两种关于理性理解、独特性、自由和分歧的问题可以转变为赫勒所提出的美学视域。对她而言，没有一件艺术作品是完美的，艺术作品也不应该被视为完美。艺术作品描绘了自身的完美、不完美和激情，让我们看到、听到以及抚摸到。艺术作品也同人一样，在其他独特与多元艺术作品的世界中是独一无二的。此外，它们同我们一样也融合了感官的具身、感觉与思维。而作为个体，艺术作品不是正直的，也不是非正义的。如果一件艺术作品描绘或展示了一些我们不熟悉或者奇怪的东西，我们不会感觉到它是不义的，或者在冒犯我们。这种不熟悉和陌生感，就像绝对陌生人，其自身就成了我们词汇的一部分，成为我们试图脱离我们自身特性的一部分。我们沉醉于此——即便只是一瞬间——试图看见、倾听或者听见它们正努力要说的。[47]

对赫勒而言，我们在接近一件艺术作品的时候首先应当本着一个沉思的但友好的态度去观照它并与其互动。我们与它共处，对其进行沉思与反思。正是在这种意义中，艺术作品对我们言说，我们也对它言说，有的时候这会改变我们的视角。另外，对艺术作品的观照包含着一种价值视角——就是说，当我们观照艺术作品的时候不会脑如白板。对艺术作品的观照是通过一种价值视角建构的，这种价值视角将我们的视野从异质性和日常生活的快节奏中转移出来，进而获得一种新的体验和视角。

在这种语境的背景中存在着另外一个康德，但是对赫勒而言，这个康德与区分理性、理解和想象三种能力的康德不是同一个人。当我们与艺术作品进行互动的时候，赫勒将康德式的不将其他人仅仅视为工具的命令作为核心的定向价值。他们本身就是目的。可以肯定，赫勒承认艺术作品与个体人的差异，这种差异与"应当"（should）命令绑定在一起。我们应当承认个体的尊严，因为他们同样是生活在社会规范和具体习俗语境中的道德主体，他们与这些规范和习俗的关系是反思性的。有时候，他们是道德的，有时候则不是。相反，对赫勒而言，对一件特定艺术作品的认同是暂时的而且这种认同并无道德属性。在这里"应该"命令被更为偶然的"能"（could）或者"能"（can）命令所取代。这对于赫勒而言是友好沉思视野的特定内容——我们不使用艺术作品；更准确地说，我们一次又一次地搁置对它的使用。我们搁置日常时间、日常空间，目的是让我们可以无目的地感知它——我们用视觉、声觉、触觉和味觉感受它。通过特别给予艺术作品我们的感知、情感以及反思性的态度或者价值，我们含蓄地向艺术作品的尊严表示敬意。这种敬意，正如赫勒所说——用更容易理解的文字解释康德的态度——是"无附带功利的愉悦"（disinterested pleasure）。在这里并没有"共通感"，也没有关于"品味"的争论，有的只是我们与艺术作品的关系。艺术作品的尊严以及我们对它的友好观照属于作品以及我们对其特别的深思。我们以一种深思的方式来观照它，并非用以言行事的方式来与其建立联系。在这种意义中，艺术作品并非个体人——因为我们不评判艺术作品或者说艺术作品也不评判我们。我们评判的对象仅仅是人，因为只有人才能冒犯我们，而艺术作品则不会。

正是在这里，赫勒也重温了关于爱的范畴。赫勒让爱的传统或者说厄洛斯（性爱）传统恢复了生机并且从人类整体以及两性吸引关系异常点的有利角度诠释了它，这种诠释彰显了罪恶、错误、残酷以及极端。内在于更缓慢沉思步伐的是与艺术作品建立一种非凡关系的可能性，而这对赫勒而言，这种非凡的关系被构建为一种情欲关系，只要这种凝视持续下去——一分钟、一小时乃至一生。正是在这种热爱者的凝视时刻，一件艺术作品相比其他作品而言就是一件杰出非凡的作品，并且因此成为一个人。正如我们无法解释或者论证为什么一个人会爱上另外一个人的所有特质，我们同样无法解释为什么我们会爱上一件艺术作品。这种状况发生在所有的文化题材以及传播媒介中。

建构爱的情绪出于自身的原因涉入其中，它有一种"相互投入以及两情相悦"的独特性。[48]我们非功利性地沉醉于与艺术作品、乐谱以及其艺术表现（现场演出或光盘播放或下载播放）的关系当中并搁置日常情绪。同样，艺术作品也沉醉于我们。在这种关涉状态当中，存在一个与艺术作品的开放式情感关系——在这种关系当中，融入日常生活的自我消失了，或者说自我在那个相互关涉的时刻被搁置了。在这个意义上，赫勒在人与艺术作品之间所结合的尊严和爱并不是一种冰冷的客观态度，也并不是一种敬而远之的关注，而是一种温暖的关涉，这种关系在彼此双方都保持了一种自我认同以及自我独立的意义。

因此，这种双重意义上的维持对赫勒而言——虽然拓展了自我认同或者主体性——并不是一种浪漫主义经常描绘的现象学意义上的结合体验（比如，维特想象中的同绿蒂的关系或者无关系）。[49]也不存在克尔凯郭尔或卢卡奇意义上的引诱、受害、理想化以及完美和本真的理想。事实上，当卢卡奇在《心灵与形式》中宣称，"一种无形的感性以及一个呆板的、按部就班的冷漠是这些作品的主要特征。情欲生活、美好生活、以欢愉为制高点的生活作为一种世界观产生自他们中间——除此之外再无其他；即使是克尔凯郭尔的微妙推理与分析都不能使其感觉到的存在于自身中的一种生活方式的可能性变得有形化。可以说，他在抽象的意义上是引诱者，仅仅需要引诱的能力，只需要创造一个充分享受的情景；引诱者并非真正需要将女人作为欢愉的客体"的时候，卢卡奇事实上对克尔凯郭尔和雷吉娜·奥尔森的关系展现出了一种既批判又同情的态度。[50]

但是，卢卡奇发现克尔凯郭尔的魅力之处在于其在寻求绝对的过程中所表现出来的诚实品质，他说，"克尔凯郭尔的英雄主义情怀就是他想从生活之中创造出形式。他的诚实品质就是他遇到了一个十字路口并在自己选择的道路上走到底。"[51]

虽然克尔凯郭尔（和卢卡奇）或许会将科迪莉娅（雷吉娜·奥尔森）与约翰内斯（克尔凯郭尔）之间的整个事件视为或者描绘为恋爱关系，但是这种关系绝对不是爱情。这并不是雷吉娜·奥尔森存于其中关系，克尔凯郭尔仅仅与其自身有关。情欲在柏拉图传统中对寻求形式的诠释中展开，这里充满了想象的爱欲以及奥维德的性欲化邂逅，没有任何幽默或者滑稽的因素。更准确地说，克尔凯郭尔用"兴趣范畴"（认知的第二秩序价值、客观的观察性范畴）取代了爱的范畴，尽管它在战斗的风格中被描绘为"迫在眉睫"或者以比赛的风格被描绘为"近在咫尺"。与其说它像卢卡奇诠释中的游吟诗人，不如说它如德拉克洛斯瓦尔蒙特子爵方式中的策略。[52]

赫勒将卢卡奇对克尔凯郭尔与雷吉娜之间关系的评估视为一种集中探索与追寻形式的理想化。而且依据类似的方式，赫勒评估了卢卡奇与伊玛·西德勒的关系，认为他们两个人的关系单方面地触及了关系性所蕴含的两面。正如赫勒对克尔凯郭尔所处关系的评价，"在其关系当中，克尔凯郭尔存在，然而雷吉娜不存在。"[53]在对克尔凯郭尔与卢卡奇进行表象评论的基础上,赫勒进一步而且富有洞见地指出,"格奥尔格·卢卡奇重塑了他与伊玛·西德勒的关系并以此作为解读自身以及克尔凯郭尔的方式"。《心灵与形式》中没有一篇文章能让我们发现哪怕一点关于真实的和虚构的爱玛之间的客观相似性。对这种关系的重塑包括对其自身可能性的探索,卢卡奇思想(以及生活方式)的依据就是真实"柏拉图式"的行为准则。这些准则是日间幻想,或者更为准确地说是合乎理性的视野想象,是关于"如果……事情的发展会如何"、如果……事情本来应该会是如何的幻想及想象视野。在这些幻想与视野当中,其他人则仅仅是一种模糊的形状,一个无形的客体;在这其中仅有的真实事物就是那个幻想的人。理性的幻想视野指向爱玛,但是爱玛在这个关系之中并不存在。[54]卢卡奇和克尔凯郭尔所描绘的每一个爱的形态都是单方面的,这里没有关系存在,甚至连最低的互惠条件也无处可寻。

依据赫勒的观点,不应当存在出自蔑视、傲慢以及忧郁特质或者自恋(克尔凯郭尔)残酷的诱惑,不应当存在单方面的理想化(卢卡奇)。正如赫勒所评述的那样,"如果一个同他者之间关系的创建仅仅针对一方,如果其中的痛苦与美妙只有一方可以体会到,那么这种再造的形式是无限的而且其色彩与成分是不可计数的。但是如果某个人创建与他者关系的目的是澄清真理,那么这其中的痛苦或者美妙就不仅仅他一个人体会到,因为这个关系不仅仅针对其自身。在这种情况下,再造的形式以及其色彩和成分就是有限的,"也就是说,它们是不完美的。[55]与艺术作品的关系就如爱情关系,这种关系让双方都能感受到细微之处、改变以及情感状态与色彩的扩展或者新关系形式的创造。这种关系承认不完美的可能性。在这种意义中,艺术作品成其为美,我们在其中愉悦,我们珍视这种美就正如我们珍视自身的情感皈依。[56]以这种方式,我们也可以成为美妙的性格载体。

在凝思艺术作品的人与艺术作品之间形成的关系同艺术家以及表演者本身无关。如果表演者是"明星"并且是"明星"系统的组成部分,比如好莱坞的星群系统,那么其因此就会依赖名声,这种依赖性是现代性的一个独特属性——金钱与市场。对赫勒而言,这并非艺术。它是娱乐,这种娱乐或好或坏的评判标准是专业的技术规则,比如娱乐产业以及市场中的影视制作。如果一档娱乐节目转型了,如果说变成了艺术,那么它就失去了同创作者——艺术家以及/或者表演者的关系并且开始以它自身的方式对我们"言说"。它设定了一个我们用尊严和爱来接近的特性，而不是以追星族的方式带着敬畏接近它。

在这种情形中，作品本身就是自身的目的并且相关情绪脱离了与娱乐相关或者更准确地说就是娱乐构成要素的兴奋、兴趣以及倦怠。

从技术功能主义者的视角出发，如果我们对艺术作品的技巧方面产生兴趣——颜色、笔法、形式以及音乐中谐音与非谐音的产生或者消除的本质，那么我们也就将艺术作品还原为一个客体而且再一次地成为技术专家，也许我们是用心的，但是我们却脱离了作品，与作品缺少互动并将注意力转向作为现代性主导条件核心之一的技术想象。这是艺术作品通常的命运。艺术作品通常要么湮没于精于技巧者的凝思中，要么湮没于粉丝的赞誉中，如同它热情地融入市场所催发的明星系统中那样。

对赫勒而言，在艺术作品与主体之间所建立的特定关系是在价值理性的术语范围内达成的。这个关系有一个抽象的价值定位，其指向尊严以及表现为爱与爱和美的概念的亲密度的一种具体特殊性或者个体性。正如赫勒指明的那样，如果现代性阶段的其中一个问题是美学与美的分离，那么这种分离的其中一个结果就是我们意识到美的概念的无所依托。对赫勒而言，这种分离或许不是灾难。更准确地说，对赫勒而言，美最终或许会依托于人类境遇本身的可能性。正是在这里可能会为美建构一个可以依托的家园。[57]美的依托家园可能并非存在于美学的自主领域中，就是说并非存在于艺术作品的创造或者接受过程中，而是存在于深思的友谊、尊严以及亲密的社交关系之中，社会行为者体验它们、伴随它们并且相互体验。换句话说，赫勒认为，家园是一种人类境况。它被视为超越形而上学与纯形式、超越美学、超越功能、权力与财富的关系可能性。从深层的意义上讲，关系本身意味着形体存在性、价值饱和性、美、痛苦、欢笑以及惊奇。

注释

1. 赫勒的作品一部分是置于她与格奥尔格·卢卡奇即所谓布达佩斯学派的形式的关系和她后任丈夫费伦茨·费赫尔的作品的语境之中的。这里出版的这些论文都写在布达佩斯学派非正式瓦解之后，一部分原因是因为移民——乔治·马尔库什和玛利亚·马尔库什去了澳大利亚悉尼并至今生活在那里,阿格妮丝·赫勒和费伦茨·费赫尔去了澳大利亚墨尔本并居住到 1987 年,直到赫勒为了担任纽约社会研究新学院(即新学院大学)阿伦特哲学和政治学讲座教授而去纽约。在 1989 年之后,阿格妮丝·赫勒和费赫茨·费赫尔返回匈牙利,因此有了两处居所,一个在布达佩斯,一个在纽约。这些论文的更重要一点是它们属于可能被称为赫勒的"后现代"转向,这种转向可以从收入《激进普遍主义的辉煌与式微》的论文中找到踪迹,可以在《历史哲学片段》(*A Philosophy of History in Fragments*)和《现代性理论》(*A Theory of Modernity*)中找到全部表达。参见 Agenes Heller and Ferenc Fehér, *The Grandeur and Twilight of Radical Universalism* (New Brunswick, NJ: Transaction, 1991); Agenes Heller, *A Theory of Modernity* (Oxford: Blackwell, 1999); Agenes Heller, *A Philosophy of History in Fragments* (Oxford: Blackwell, 1993); Agenes Heller, *Lukacs Revalued* (Oxford: Blackwell, 1983)。同时还参见 Fu Qilin, "On the Budapest School Aesthetics: An Interview with Agnes Heller," *Thesis Eleven* 94 (August 2008): 106-112; Agnes Heller's "Preface" to Fu Qilin's *A Study of Agnes Heller's Thoughts on Aesthetic Modernity* (Chengdu: Bashu Press, 2006, 3-4); Agnes Heller, "A Short History of My Philosophy," unpublished manuscript, 2009。再参见 John Grumley, *Agnes Heller: A Moralist in the Vortex of History* (London: Pluto Press, 2005); Simon Tormey, *Agnes Heller: Socialism, Autonomy and The Postmodern* (Manchester: Manchester University Press, 2001); János Boros and Mihály Vajda eds., *Ethics and Heritage: Essays on the Philosophy of Agnes Heller* (Budapest: Brambauer, 2006); Katie Terezakis, *Engaging Agnes Heller: A Critical Companion* (Lanham, MD: Lexington Books, 2009); John Rundell, "The Postmodern Ethical Condition: A Conversation with Agnes Heller," *Critical Horizons* 1.1 (2000): 135-148。《论题十一》(*Thesis Eleven*)对赫勒的作品研究还出版有两个专辑:《论题十一》第 16 期 (1987) 和《论题十一》第 59 期 (1999)。本文主要介绍阿格妮丝·赫勒的美学作品和她的现代性理论,而较少关注她的伦理学和政治哲学,以及她和费赫尔的政治干预理论。

2. 赫勒的现代性批判理论伴随着哲学人类学,这扎根于需要和情感的基础上,《情感理论》(*A Theory of Feelings*, 1979, 2000) 集中表现了这一点。赫勒的哲学人类学也走向社会行为的范式,涉及伦理学、道德,以及反思或自我主宰的主体的自我责任。她的价值合理性渗透到作品的每一个方面,这表现在《激进哲学》(*Radical Philosophy*)中《走向马克思的价值理论》("Towards a Marxist Theory of Value")或《日常生活、理性的合理性、理智的合理性》("Everyday Life, Rationality of Reason, Rationality of Intellect")等著述中。康德对启蒙的高声呐喊——要勇敢地使用自己的理性,不能把他者作为纯粹的手段——是她的座右铭,但是不能先验地闪烁了。它们只作为第二秩序价值反思而闪烁,这种反思是受到价值定向的社会行动者清楚阐述的。在赫勒看来,价值是社会和历史的创造物,行动者被偶然地抛入这些创造物之中。

3. 我在此表明,这两个"断裂"时期在某种程度上与赫勒的作品相违背。而且如果有人读过《历史理论》(*A Theory of History*, London: Routledge and Kegan Paul, 1982)和《历史哲学片段》(*A Philosophy of History in Fragments*),就能推断出这两部作品之间打开了新的空间。在这里,赫勒提出历史意识的"阶段"理念弱化了,被历史的多元性认知所取代。我希望探索的正是这个空间。我将探讨赫勒的"后现代态度"的观念。

4. Agnes Heller, *Renaissance Man*, Trans. from Hungarian by Richard E. Allen (New York: Schoken Books, 1981), 6.

5. 参见 Weber, "The City", in *Economy and Society*, ed. Guenther Roth and Claus Wittich, Vol. 2 (Berkeley: University of California Press, 1978)。诚然,佛罗伦萨不是赫勒民主模型的基础。在很多方面,她的模型更接近哈贝马斯在对阿伦特的批判中表现出的版本所代表的形式,直接民主和社会问题与可能由政治决定的问题的分离。尽管其他人对她的作品进行批判,如"Joke Culture and Transformations of the Public Sphere"。也参见"The Great Republic" in Ferenc Fehér and Agnes Heller, *Eastern Left*, *Western Left* (Cambridge: Polity Press, 1987), 187-200。

6. Heller, *Renaissance Man*, 20.

7. Heller, *A Theory of Modernity*, 4; 也参见 *History of Philosophy in Fragments*, vi-x, "Preface," and 2-35, "Contingency"。

8. 参见 Agenes Heller, "The Absolute Stranger: Shakespeare and the Drama of Failed Assimilation",作为《时间是断裂的:作为历史哲学家的莎士比亚》[*The Time Is Out of Joint: Shakespeare as Philosopher of History* (Lanham, MD: Rowman & Littlefield, 2002)]的一部分首次发表在《批判的视域》杂志上(*Critical Horizons* 1.1, 2000)。我也在《陌生人、公民与局外人:流动性社会中的差异性、多元文化主义和世界主义想象》("Strangers, Citizens and Outsiders: Otherness, Multiculturalism and the Cosmopolitan Imaginary in Mobile Societies," *Thesis Eleven* 78, August 2004: 85-101)中讨论了赫勒提出的有条件的陌生人和绝对陌生人之间的区别。

9. 参见 John Rundell, "Strangers, Citizens and Outsiders: Otherness, Multiculturalism and the Cosmopolitan Imaginary in Mobile Societies," 85ff。

10. Agnes Heller, "Modernity's Pendulum," in *Can Modernity Survive*? (Oxford: Polity Press, 1990).

11. 这种在后现代态度的可能性和后-乌托邦(post-utopic)特征在《历史小说》("The Historical Novel")中有所探究。

12. 赫勒、费赫尔和马尔库什在《对需要的专政》(*Dictatorship Over Needs*, Oxford: Basil Blackwell, 1983) 一书中分析的现实存在的社会主义体验,有助于理解和批判现代性的一个形式。这种体验随后伴随着自由民主的体验,后者首先是在澳大利亚,继而在美国体验到。赫勒对这两种现代性的体验集中体现在她的《现代性理论》之中。参见 *A Theory of Modernity*, chapters 1-7。收录在本书的《现代性的三种逻辑与现代想象的双重束缚》是对她在《现代性理论》中阐释的观点的概括。她真正的现代性理论的最初形式是赫勒和费赫尔发表的文章《阶级、现代性和民主》("Class, Modernity, Democracy", *Theory and Society*, 12, 1983),再版于他们的著作《东方左派,西方左派》(*Eastern Left, Western Left*, 201-242)。关于极权主义的创造,参见 "An Imagination Preface to the 1984 Edition of Hannah Arendt's the Origins of Totalitarianism," *Eastern Left, Western Left*, 242-260。赫勒的现代性理论立足于当代社会理论之中,将现代作为多元的且不可还原的维度和轮廓,也包括了局部的和历史的维度和轮廓。这种多元的现代性理论也体现在艾森斯塔(Schmuel Eisenstadt)、泰勒(Charles Taylor)和阿纳森(Johann P. Arnason)的著作之中。参见 Schmuel Eisenstadt, *Comparative Civilizations and Multiple Modernities*, Vols. 1 and 2 (Leiden: Brill, 2003)。Charles Taylor, *A Secular Age* (Cambridge, MA: Belknap Press of Harvard University Press, 2007)。Johann P. Arnason, *Social Theory and the Japanese Experience: The Dual Civilization* (London: Kegan Paul International, 1997); *The Future That Failed: Origins and Destinies of the Soviet Model* (London: Routledge, 1993)。

13. Heller, *A Theory of Modernity*, 54-63。

14. 参见 Agenes Heller, *Beyond Justice* (Oxford: Basil Blackwell, 1987)。尤其参见该书第 180~204 页的《分配正义》一文。赫勒对大家渴望的动力(如饥饿)和需要做出关键性区分。这些需要以集群或系统的方式被等级划分,这种划分排除了其他需要。因为这种等级划分需要的活动是在一种社会语境下进行,即由人们诞生的社会单元的范式和规则决定。在这个意义上,需要也是我们正处在其中的社会事实——换言之,需要依然有一个社会系统。如此,对赫勒来说,在个人层面上产生的需要和由社会层面创造、阐释和习惯化的需求之间产生紧张关系。

15. 在前现代性中,赫勒提出一个异质同体在需要的两种形式——依各自语境而产生的个人需要和社会需要——中建构。由于需要总是和一种阐释维度同时出现,前现代性语境在需要得以被阐释和理解的持续性地位中诞生。对她来说,前现代性社会是静态的。

16. 参见 "The Dissatisfied Society," *The Power of Shame*, 1985, 300-315;也参见 "On Being Satisfied in a Dissatisfied Society Part I and II," in *The Postmodern Political Condition* (Cambridge: Polity Press, 1988), 14-43。

17. 参见赫勒在 *A Theory of Feelings*（Lanham, MD: Rowman & Littlefield, 2009）《第二版导论》中的自我评价，她在 *Engaging Agnes Heller*（第241~245页）中的回应文章"Reflections on the Essays Addressed to My Work"，也强调存在选择的表达。

18. Agenes Heller, *Theory of Feeling*, 1978, 7-9. 赫勒对具身维度及其与情感和思想的关系，参见"The Power of Shame," *The Power of Shame*, 1-56。

19. *The Power of Shame*, 135.

20. *The Power of Shame*, 136.

21. 依据赫勒的观点，如果立足于对争论之先在的论证进行有效性主张的检验，人们不会去论证。如她所说，"合理性论证的意愿的前提是把人类的存在作为一个整体，作为一个有需要、欲望、感情的存在。""Habermas and Marxism," in *The Grandeur and Twilight of Radical Universalism*, 463.

22. 参见 Heller, *Everyday Life*, translated from the Hungarian by G. L. Campbell（London: Routledge and Kegan Paul, 1984）and "Rationality of Reason, Rationality of Intellect," in *The Power of Shame*。她关于主体的死亡和/或主体的空无，参见"Death of the Subject" and "Are We Living in a World of Emotional Impoverishment?" in Agnes Heller, *Can Modernity Survive*?

23. Peter Murphy, "Meaning, Truth and Ethical Value" especially part II, *PRAXIS International*, 7, 1.53.

24. 参见 *Everyday Life*; "Everyday Life Rationality of Reason, Rationality of Intellect," *The Power of Shame*, 71-250。这两部作品构成了她更加正式的理论核心，她的价值合理性范式得以清晰阐述。

25. 在本书收录的《希腊诸神》（"The Gods of Greece"）一文中，赫勒也描绘了生命和自由这两种价值的漫长历史，它们具有历史的记忆和接受的历史，此涉及德国浪漫主义。赫勒认为，现代德国同古希腊的关系的核心，是德国浪漫主义的自我理解，以及它与自由和生活的价值范畴表现出模棱两可的方式。依赫勒所言，德国在文化上的身份确定，是借助于排斥古希腊理想图像中的民主达到的，借助于古希腊的原创性达到的，这种原创性贬低了罗马、拉丁和文艺复兴时期对古希腊遗产的翻译。德国对古希腊的虚构，紧密联系着浪漫主义的反思和现代性批判，尼采对"上帝之死"或者形而上学终结的矛盾和海德格尔对笛卡尔哲学的焦虑就是随之的体现。也参见 Heller's "Biopolitics Versus Freedom" in Ferenc Fehér and Agnes Heller, *Biopolitics*（Aldershot: Avebury, 1994），以及 Agnes Heller, "Has Biopolitics Changed the Concept of the Political" in *Biopolitics: The Politics of the Body*, *Race and Nature*, ed. Agnes Heller and S. Puntscher Riekmann（Aldershot: Avebury, 1996），3-16. 在这些作品中，赫勒强调作为具身的生命问题，作为"身体政治学"意义的政治和政治再现的具身。在对当代政治文化身体政治学争论的批判分析中，她认为身体政治学概念既能又不能提出身体和具身的命题。能提出这些命题，是因为从自然或生活的角度将身体加以政治化，并且能提出有关工具性干预的重要问题。譬如，在当代"基因"肉体性得到发展，立足于生物学意义上与人种相关的普遍主义。后来的发展潮流，在立足于自己基因的统治权力的形式的合法发展与以对基因谱的技术操纵之间，摇摆不定。然而，当第二种策略融合生物性和政治时，身体政治学并不能提出身体和具身的命题。她指出，尤其是根据卡尔·施密特的观点，具身变成身份的隐喻——关于群体、国家、共同体身份的隐喻。对赫勒来说，身体政治体现了对现代自由、生命和身体价值的贬损，但是这种贬损从启蒙到浪漫主义到后现代主义，在政治话语方面具有交替变化的历史。赫勒对身体政治学的批判不只是对当代左翼政治文化的批判，更重要的是对现代性辩证法之一的批判，这种批判将二级价值定向置于身体、生活和领土的观念和图像之中，这样种族主义或者"身份"的图像可以得到发展。因而种族主义和身份政治都属于现代性的辩证法，在这种情况下，经常以特殊的方式彰显"种族"和身份，在身体中作伪装或者作为一种经验的参照物，或者作为领土的隐喻。

26. Heller, *A Theory of Modernity*, 15, 3.

27. Heller, *Immortal Comedy*: *The Comic Phenomenon in Art*, *Literature and Life* (Lanham, MD: Lexington Books, 2005).

28. Heller, *Immortal Comedy*, 25.

29. Agnes Heller, "Radical Evil in Modernity: On Genocide, Totalitarianism, Terror and the Holocaust," *Thesis Eleven* (May 2010): 101, 106; 也参见"On Evils, Evil, Radical Evil and the Demonic," *Critical Horizons* (forthcoming).

30. 参见 Agnes Heller, "The Beauty of Friendship," *South Atlantic Quarterly* 97, 1 (Winter 1998): 5-22, 在我们与艺术品的关系的语境中，我们在这里讨论友好的敬重。

31. Agnes Heller, *A Philosophy of Morals* (Oxford: Basil Blackwell, 1990), 53. 下面的讨论主要围绕着已发表的文章"The Autonomy of Art or the Dignity of the Artwork"，"What Went Wrong with the Concept of the Beautiful?"和"The Role of Emotions in the Reception of Artworks"。

32. 参见 Agnes Heller, "The Death of the Subject," *Can Modernity Survive*? 她在这里讨论了主体的叙述化形式。

33. Heller, "What Went Wrong with the Concept of the Beautiful?"

34. H.-G. Gadamer, "The Relevance of the Beautiful" in *The Relevance of the Beautiful and Other Essays*, trans. Nicholas Walker, ed. with an introduction by Robert Bernasconi (Cambridge: Cambridge University Press, 1986), 14, 也参见 3-53.

35. 也参见 Charles Taylor, *A Secular Age*.

36. Heller, "What Went Wrong with the Concept of the Beautiful", this volume.

37. Heller, "What Went Wrong with the Concept of the Beautiful", this volume.

38. 参见 William von Humboldt, "On the Imagination," in *German Romantic Criticism*, ed. Leslie Willson (New York: Continuum, 1982), 134-161; Friedrich Hölderlin, "On the Process of the Poetic Mind," in *German Romantic Criticism*, 219-237。关于康德的构想和创造性与接受的分裂，详见 John Rundell, "Creativity and Judgement: Kant on Reason and Imagination," in *Rethinking Imagination: Culture and Creativity*, ed. Gillian Robinson and John Rundell (London: Routledge, 1994), 87-117。

39. 也参见 David Roberts, "Between World and Home: Agnes Heller's the Concept of the Beautiful," *Thesis Eleven* 59 (November 1999): 95-101。

40. 参见 Max Weber, "Religious Rejections of the World and Their Directions", in *From Max Weber*, edited with an introduction by H. H. Gerth and C. Wright Mills (London: Routledge and Kegan Paul, 1970), 323-361; and Niklas Luhmann, *Art as a Social System* (Stanford: Stanford University Press, 2000)。

41. 诚然，赫勒对美学的分析立足于她对元-叙述的现代性的批判之中。然而这里要指出的是，即使她对艺术的多元阐释十分开明，但是她的本意并不是对美学范畴和鉴赏判断进行后现代的摧毁。相反，她自己的方式是走向赋予艺术意义的方式，对她来说，就是与艺术作品建立的关系的方式。参见她写给大卫·罗伯茨（David Roberts）的文章 "What Is 'Postmodern'—A Quarter of a Century Later," in *Moderne Begreifen. Zur Paradoxie eines Socio-Ästhetischen Deutungsmusters (Comprehending Modernity: On the Paradoxicality of a Socio-Aesthetic Paradigm)*, ed. Christine Magerski, Christiane Weller, and Robert Savage (Wiesbaden: DUV Deutscher Univeritats-Verlag, 2007), 37-50。

42. 卢卡奇的《美的理念的失验辩证论》（"The Transcendental Dialectics of the Idea of Beauty"）作为他的海德堡美学的一部分，写于 1914 年，在死后被发表。参见 György Márkus, "Life and the Soul: The Young Lukács and the Problem of Culture," in *Lukács Revalued*, ed. Agnes Heller (Cambridge: Blackwell, 1983), 1-26; Katie Terezakis, "Afterword the Legacy of Form," in György Lukács, *Soul and Form*, ed. John T. Sanders and Katie Terezakis with an introduction by Judith Butler (New York: Columbia University Press, 2009), 215-234。

43. György Márkus, "Life and Soul: The Young Lukács and the Problem of Culture," in *Lukács Revalued*, 9.

44. 赫勒反对伽达默尔对艺术的本体论解释学，他认为"艺术作品不只是涉及某事，因为它提及的东西事实上就在这里。我们可以说艺术作品意味着存在的提升"。依此，其追随海德格尔的作品，对伽达默尔来说，艺术作品既揭示又隐藏了我们所处世界中基本存在的真理。对伽达默尔来说，因为这个本体论特性，即使当我们把艺术自己的历史范围视为传统或节日时，艺术作品也是不可替代的。"The Relevance of the Beautiful" in *The Relevance of the Beautiful and Other Essays*, 35 and 49-51.

45. Agnes Heller, *Beyond Justice*, 220. 我们可以从赫勒的"正义的不完美的伦理政治概念"构想中，努力为不同的生活方式建立共同的规范性基础。它并不"企图塑造单一的理想的生活方式。它也不推荐内在于这种理想方式的单一的伦理生活（Sittlichkeit）。它假设所有生活方式同时存在，都是由对称的互惠联系在一起。"见上引书第316~317页关于对称相互性、相互性和爱的论述。

46. Agnes Heller, *Beyond Justice*, 82. 参见 Agnes Heller, "The Beauty of Friendship," *South Atlantic Quarterly*, 10, 她在该文中指出："友谊的美是拥有和欲望的融合。只有这种爱是自由和相互的爱。在每一种美中，都有一种自由——自由的想象驰骋、对艺术材料的自由处置，等等。友谊是最美的情感，因为它是自由选择、自由培育的；它在互惠、相互拥有、相互沉醉中长得枝繁叶茂。"

47. Jean-Jacques Rousseau, *La Nouvelle Héloïse* (*Julie, or the New Eloise*), trans. and abridged by Judith H. McDowell (University Park：The Pennsylvania University Press, 1987). 参见 Heller, *Beyond Justice*, 83-87。托多洛夫（Tzvetan Todorov）在他的著作中也看到了卢梭的类似句子，参见 *The Imperfect Garden: The Legacy of Humanism*, trans. Carol Cosman (Princeton, NJ：Princeton University Press, 2002)。

48. 参见本书收录的《情感对艺术接受的影响》。

49. J. W. von Goethe, *The Sufferings of Young Werther*, trans. with an introduction and notes by Michael Hulse (London：Penguin, 1989).

50. György Lukács, "The Foundering of Form Against Life," in György Lukács, *Soul and Form*, 53.

51. György Lukács, "The Foundering of Form Against Life," in György Lukács, *Soul and Form*, 56.

52. 参见 Søren Kierkegaard, *The Seducer's Diary*, ed. and trans. Howard V. Hong and Edna H. Hong, with a new foreword by John Updike (Princeton, NJ：Princeton University Press, 1997), 107. 参见 Chanderlos de Laclos, *Dangerous Liaisons*, trans. with an introduction and notes by Helen Constantine (London：Penguin, 2007)。

53. Agnes Heller, "Georg Lukács and Irma Seidler," in *Lukács Revalued*, 27.

54. Agnes Heller, "Georg Lukács and Irma Seidler," in *Lukács Revalued*, 27.

55. Agnes Heller, "Georg Lukács and Irma Seidler," in *Lukács Revalued*, 29.

56. 也参见 Agnes Heller, "Are We Living in a World of Emotional Impoverishment?" 58。

57. 参见本书收录的《何以为家?》。参见 Maria Márkus, "In Search of a Home: In Honour of Agnes Heller on Her 75th Birthday," in *Contemporary Perspectives in Critical and Social Philosophy*, ed. John Rundell, Danielle Petherbridge, Jan Bryant, John Hewitt, and Jeremy Smith (Leiden: Brill Academic, 2004), 391–400, and "Lovers and Friends: 'Radical Utopias' of Intimacy?" *Thesis Eleven* 101 (May): 6-23。

(秦佳阳 傅其林 译)

美的概念出了什么问题？

29　　美的概念出了很严重的问题。这种说法会让非哲学家们感到吃惊，因为我们在日常生活中使用"美/丑"术语的时候并没有遇到任何问题。我们谈论美丽的图画以及丑陋的建筑，我们也理解如何区分装饰品的美丑。每个人都知道当我们使用这类术语的时候我们所要表达的意思，自古以来都是如此，我们说这个女孩是美丽的，另外一个则相貌平平。所以说，我们在每日的言谈中——正如我们一直做的那样——都将美与丑这对范畴作为价值定向的一对范畴来使用。[1]

　　价值定向的范畴对属于人类生活的基本条件境遇。在习俗存在的地方就一定有价值定向的范畴对。价值定向的一般性范畴（"好与坏"）以其不明确的、未分化的方式分别代表了"依据习俗的规则"和"违反习俗的规则"。因为其一般性特征，这种范畴对通常可以替换所有的它的分化的和特殊的亚形式。这类亚形式包括"神圣与庸俗""良善与邪恶""美丽与丑陋""有用与有害""愉快与不悦"。但是特定的、分化的价值定向范畴不能相互替代。更准确地说，它们不能在完整的意义上相互替代，除非对其意义稍作修正。比如，所有让人感到愉悦的东西都可以称之为好的，但是并非所有我们称之为好的东西都可以称之为愉悦的。在不改变描述意义的情况下，我不能用价值术语如"有用"或者"神圣"来替代价值术语"美好"（比如说，当我的价值描述涉及一个建筑物的时候）。

30　　美与丑或者畸形的概念（或者理念）并不是一个日常性概念，而是一种哲学式概念。在瓦尔特·本雅明的构想当中，美本身是哲学苍穹中主要的理念星体之一。[2]

关于美本身（大写的美：Beautiful）的概念与生俱来就是哲学概念，更确切地说是形而上学概念。它并非源于对美的价值定向范畴的重新确认，而是源于对关于真理的肯定句的否定。哲学家所坚称的"这并不美，但其他是美的"或者"这仅仅看上去是美的，其他的则是真正的美，我将会对你展示什么是真正的（Real）、真实的（True）美（Beauty）"。正如关于真实（True）与良善（Good）的概念（Concepts）源于对关于真实与良善的日常理解的否定，它们的兄弟理念——美的概念也是如此。哲学家们将真正的、真实的美（Real，True Beauty）定位于一个比我们日常生活的世界更高的世界中，那是一个不同的世界。

我们并非仅仅生活在一个世界中，而是处于多个世界里。我们至少生活于两个世界。[3]神话和童话故事一直在为我们提供着第二家园。关于美本身的理念（以及关于真实与良善的理念）是我们用形而上学世界取代神话世界的主要载体。但是，没有任何一种形而上学可以完全抛弃神话和童话故事。形而上学因这两个世界的不断分化而蓬勃发展。第二世界和最高世界被理解为是对第一世界的完全否定或者说至少是对第一世界的必要修正。

回顾历史就会发现，这两个世界彼此不同但又相互联系。所有关于美的各种重要类型的概念在本质上都与它们一直否定的价值定向组群，也即一般性范畴的内容和结构相关。关于"这是美的"一般性信念被否定了。在否定这个或者那个一般性信念的过程中，两个世界之间的内在联系被强化了。那些被否定的理念塑造了新的被肯定的理念的特点。

在黑格尔之后，关于美本身的概念出现了问题。我们可以假设，这个概念自发的以及最初开始的缓慢解构与现代日常生活中价值定向范畴"美/丑"的内容和结构的一起变化相关。对其他引导性哲学概念（善本身与真本身）理解的激烈转变同样与现代生活中"善/恶"与"真/假"的改变相关。后者的变化随着"神圣/庸俗"理念的贬值到来。上述各点综合在一起为我们提供了处理形而上学在普遍意义上的毁灭或者结构的奇怪而现在又被熟知的现象的出发点。

虽然真实本身、良善本身、美本身的理念同时出现问题（在形而上学解构的情况下，这三个理念都发生了重大改变），三个理念之间的关系以及它们在日常生活中所对应的概念就必然会发生变化。伴随着新的机械、自然科学世界观以及相应真理理论的胜利，古老的真理理念（Idea of Truth）被转变为真正知识的理念（Idea of True Knowledge）。如上所述，哲学理念是通过否定建构的。但是，现代真理概念——真正的知识——的胜利既没有否定"正确/错误"理念的内容也没有否定其结构，而是通过方法上和程序上的僵化将上述理念"提纯"了。科学中的真理被认为与"猫在垫子上"的句子所表达的真理相似。[4]所以说，否定的因素从真理的概念中消失了。当海德格尔想起古希腊概念 aletheia（解蔽/真理）（在他的阐述中）的时候，他在真理的理念（Idea of Truth）之中苏醒了否定（a-aletheia）的因素。伴随着新的真理概念在相对应的真知识理论中变得日渐稳定，良善的概念却同时变得动荡不安了。新真理概念的结构（明显不是内容）消除了否定性方法，然而良善的理念则正好相反。否定成为固有的方式，它不仅仅存在于内容之中，而且存在于日常伦理态度和日常道德言说的结构之中。每日关于什么是"好/坏"的言谈话语围绕着否定性的描述"这不是好的，但是其他的某些东西是好的"展开。自现代性出现以来，事态的发展一直如此。黑格尔在其《精神现象学》中以"道德"为题目讨论现代性基本动态的时候反思了这种发展。[5]黑格尔的道德并不是康德意义上的道德，因为康德绝对严格地维护着旧的道德内容。也就是说，康德的自在世界（先验自由、道德律）维持着同自然世界（现象界）的绝对差异。自由通过否定现象来支配现象。为了维护其理论逻辑的前后一致性，康德只有在将关于良善的传统理念从道德的中心位置移出去的情况下才能将道德放置于中心位置。对康德而言，现在这个中心位置是由道德律（它是神圣的）占据，正是这个道德律建构了道德概念——良善（Good）。

让我们回到黑格尔《精神现象学》的"道德"（道德权利）章节上面。如上所述，黑格尔以"道德"为标题描述了现代社会的动态性。他假定道德所持的立场是对某种体制、法律和生活方式的反抗。这种体制、法律和生活方式越过我们的利益，限制自我的发展并拒绝承认我们自己的关于善的观念。与道德和异化的世界相对立，现代世界并没有被否定所摧毁。相反地，它维持了自身；它通过拒绝的方式成长。现代世界与持续性地否定每一个现存概念以及对"良善的"描述相距甚远。它可以吸纳"邪恶"的观念并在此之上茁壮成长。

虽然黑格尔采取了补救措施，但是关于良善的概念依然进入了衰亡的状态。虽然实用主义甚至是功利主义试图达成类似于真理概念的复兴，但是失败了。哲学通过选择其他路径获得了更多。最为切实可行的途径让正义概念加冕，取代了关于良善的理念。另外一个路径通过用一般性的价值范畴来替代关于良善的理念而展开。还有另外一个选择来维持良善概念（the Concept of the Good）的中心地位，但是这种选择不是普遍性的良善理念形式。而是说，良善的概念作为单体人的道德素养被保留下来，是良善之人的良善（the goodness of good persons）。这就变成了一种无头的形而上学。克尔凯郭尔提出的个人生存选择的路径同以前的柏拉图式理念一样都与日常生活的智慧和一般性意见大相径庭。

美的概念有着另外一个完全不同的历史。它既不是如真理概念那样是一种充满矛盾的成功史，也不是如良善概念那样是转化的历史。更准确地说，美的概念看上去是一个完全的消亡故事。如果我们接受了形而上学的起点——那么无论何时当我们指向华丽之美的概念的时候，我们都必须接受这个起点——我们也必须从美的理念出发来展开关于美的概念的讨论并设定任何事物只要融入我们称之为美本身的"某些事物"当中就是美的。在被称为美的所有事物与精确的美本身之间存在某些共通的东西。

在笛卡尔主义出现之前，所有关于良善的理念（它们都分享了良善本身）以及关于真理的理念（它们都分享了真理本身）都是如此。一方面，笛卡尔式的我思故我在以及普遍而言源起于17世纪的新理性主义解读了认识论主体；另一方面，它从形而上学中消除了单体人类存在的生存体验。[6] 只有可以被视为单纯的认知体验或者可以被功能性等同的精神事件（并由此获得足够的知识，正如斯宾诺莎所说）替代的体验才可以保留下来。[7] 被剔除于形而上学后，生存体验促使美的概念早早终结。笛卡尔、霍布斯、斯宾诺莎都不看重美的概念。[8] 英国经验主义者制造了后形而上学的美的概念，同时理所当然地认为美的概念已经瓦解，他们甚至都没有对此做出说明。另外，他们也推动了其消亡。

没有任何一个经验式的方法可以忽视的问题部分地源自处理异质性问题的难度系数不断增加。所有分享美的事物依据其分享而成为美。但是这些事物是异质的。所有的良善和真理都因为它们分享了良善和真理的普遍性观念（可以同质化）而成为良善和真理。这至少是在一个可掌控的范围之内。但是当涉及美的时候就无法达成上述的甚至是近似的同质性了。美的概念（the Concept of Beauty）至少要面对四个主要难题，它们分别是：（1）什么是美或者什么可以是美的（什么可以分享美）？（2）关于美的体验是什么样子的（美的影响是什么；美如何影响我们）？（3）当美影响我们的时候，美对我们产生了什么样的影响？（4）美的源泉是什么？所有美的事物的独一、共享的源泉是什么以及它们所产生影响的独一、共享的源泉是什么？

美是什么，美可能是什么？

美是什么，美可能是什么？没有人可以给出一个近乎完整的列表。既可以是形状上的，也可以是形式上的。自然界的万物、艺术作品、男男女女、灵魂、作为、特征、状况、心理状态、友谊、爱情、命题、仪态、行为、艺术作品的措辞表达等等。几乎万物皆美，故而这个列表也是异质的。仅仅当在这个秩序井然的宇宙中有一个单一的观念（神性）处于秩序之巅时，这种异质性才能借助美的理念的统一性而达成一致。人们认为事物是按照唯一的源泉创建的秩序逐级上升的。然而，当这个作为万物之源的东西不存在时，传统的美学观念就失去意义了。这种情况出现于上帝不存在的时候。上帝是万物的终极创造者、是单一的绝对美、是美的源泉，上帝是所有能被合情理地称作美的充满异质性的事物的创造者。当神圣的美仅是一个空洞的隐喻时，便只能在更低一层的现实世界中去寻找事物美的终极来源。尤其是在人的能力中去寻求这种源泉，这些能力包括判断力、惯例和品味。从上帝到人类能力的转移预示了美的观念的消亡。

美的体验是什么样的？

美使我们着迷、美使我们烦恼、美使我们满足、美带给我们欢乐和狂喜。美具有启迪功效、美是迷人的、美给我们带来愉悦。我们享受美，美鼓舞我们，让我们狂喜。即使我们与美的所有相遇都不能催发一种整体效应，但是这些相遇确实能让我们感到愉悦。关于美的体验绝不仅仅是精神上的体验，它是情感、激情、欲望、感官的体验，也即感觉的体验。当我们体验美的时候，我们的感官意识在通常情况下同样被调动起来。我们听到美妙的声音、我们看到美妙的图景、我们有的时候（虽然这种情况很少）同样触碰和嗅到美丽的事物。[9]我们的身体一直融入美的体验之中，即使这种体验纯粹是精神层次的。对于美的体验而言，一种狂喜（强烈的或者温和的）、欲望（情欲）以及满足感都是不可或缺的因素。所以，美是关乎情欲的。

正是情欲客体的异质性导致现代理性主义的形而上学家们并没有严肃地对待美的概念问题。情欲是不可靠的。现代早期"伟大的"理性主义者在诸神那里（真理曾经停留在那里，良善曾经在那里徘徊）消除了美（Beauty）的不确定性。就正如阿加莎·克里斯蒂故事中的10个小印第安人那样，在美被扼杀的第一天，良善将同样被扼杀，接着真理（在方法论上被修饰过的日常概念）也面对了同样的命运。在空荡荡的舞台之前，帷幕将会落下，至少暂时会如此。[10]

当美触动我们的时候，那种居于我们之中的美的影响是什么？

是什么受到了美的影响？是作为整体的个体的人。对美的体验是一种整体的人类体验。这对于美的概念而言会让事情变得更糟。一方面，所有的美的事物相互之间都是受到不同规律支配的，找不到一种办法在它们之间建构一种基本的秩序；另一方面，这些受到异质规律支配的事物、关系以及事件对人们产生的影响是一种整体式的影响。也就是说，不仅仅心灵受到了影响（如真理那样，至少据说如此），不仅仅身体的感官受到影响（正如人们所说的快感那样），也不仅仅是"灵魂"受到影响（正如关于良善的概念那样）。我强调，这是一种整体式的、全方位的影响。对美的体验始终是个体人的整体式体验——是一种单独的、分别的体验。

美的源泉是什么？

　　什么是这种发人深思的、非凡壮美的以及依旧让人感到不安的体验的源泉呢？传统的答案直截了当（柏拉图式的、形而上学式的）、让一切变得清晰明了。这个源泉就是最高原则。如果否定最高原则并依旧坚持必然存在一个单一的关于美的体验的源泉，那么仍然可以在我们无意识欲望的世界中发现这样的源泉。毕竟在这两种情形中（形而上学情形以及它的极端反面）都是厄洛斯（情欲）在指挥美的交响乐，要么是柏拉图式的天堂般的厄洛斯，要么是尼采的狄俄尼索斯以及弗洛伊德的力比多式的尘世厄洛斯。但是要发现所有爱美之种类背后的单一无意识源泉是一项非常困难的任务，这需要奇思妙想和逆向思维。在形而上学土崩瓦解的第一阶段，习俗惯例貌似成功地填补了至高原则的空白。毕竟其建构了习俗惯例是所有美之事物之美的源泉的共享意识。我们借此可以知道什么事物是美的并将其视为美的。如果事态的发展真的是这样的话，那么我们在说明美的事物之异质性的时候就不会面临任何困境了。因为所有的美在所有的地方都是约定俗成的，所以所有美的事物都是美的。但是我们该如何解释这些事物的影响呢？为什么会有愉悦、为什么会产生兴奋？内在的体验本身是一种习俗么？厄洛斯是一种习俗么？习俗并不能"解释"所谓的"动因"（诱发美的体验的动因）。

　　人们可以依然试图在习俗背后找寻特定的人类学常量。人们可以追问，在所有已知的文化中（即是在所有的"习俗"中）为什么这个或者那个事物被视为美的。比如说，人们可以在智人的基因构成中寻找答案。我们可以说，美的形式在数量上是有限的，而这本身就表明这些形式在人类想象中的组合同样是有限的。如果美是想象的产物而且想象又是有限度的，那么美同样有一个人类学所界定的局限性。如果局限性是人类学所界定的，那么所有类型美的源泉和依据就都是如此。

　　上述所有的回答都不能令现代人满意，但是这些回答还在被不间断地探索着。[11]我希望补充一下：所有的将美的源泉定位于我们的无意识欲望或者乡约习俗之中的哲学提议在本质上都是后黑格尔式，即使有些提议是在黑格尔之前提出的。但是有一条路径依旧敞开着。

上述四个关于美的问题通过一些简化可以归结为美的异质性与美之体验（情欲式的或者准情欲式的）的整体性特征之间的差异。正如我们已经看到的那样，美的概念源自否定："这不是美的，但是其他事物是美的。"如果我们认同在美的事物的总体异质性与对这些事物（美的事物）体验的总体同质性之间存在并维持着一个无法逾越的鸿沟，那么我们应该如何达成一种关于美的真实概念呢？美的概念要求我们首先排除掉那些不能与源自真实、真正的美的概念的其他事物同质化的每一个异质性的事物，而且我们将这种新发现的真正的美的概念同所有的日常异质性感知、判断以及解读并置起来。正如我在上面提到的那样，这个新概念必须具备一种同质化能力，它必须依附于所有的具体结构、满足所有的具体要求、蕴含所有的具体事物种类。它必须代表那些能成为美之事物的同质化载体的所有事物。但这仅仅是一个开始。这个新概念（"这不是美的，但那是美的"）必须考虑到总体效果。由于涉及人类整体，任何分享美的"真正的"美的事物必须具有一种总体性的影响力。

有一种答案同时回应了上述两个问题。因为一类事物具备同质化所有异质性事物的能力并且同时可以对"整体的人类个体"施加影响，所以它有能力跨越上述貌似不可逾越的鸿沟。这类事物就是艺术，或者更恰当地说是艺术作品。艺术作品是作为美的独一真实具象而出现的。艺术作品只要分享了美，即是说融入了美，就是美的。

这看起来是一个完美的现代解决方案。太一（The One）、理念以及基督教上帝都被拉下了神坛——艺术万岁，唯艺术是神圣的！

由于艺术取代了太一，因此被公共意见称为（也因此被视为）美的所有不同事物的同质化以审美的方式展开。[12]同质化也即相当于审美化。那些不同的美的事物是什么呢？行为、男人和女人、灵魂、命题、国家法律、声响、几何图形、嗓音、生物等等。所有那些异质性的事物无一例外地在艺术作品中得以呈现和表达。当它们被作品的召唤性力量"引导"的时候，当它们被恰当地制作的时候，它们就融于美之中。[13]

美的概念的审美化开始于艺术作品的宗教狂热以及服务于这种新兴准宗教的"审美品味"的培养。其结果是审美化的扩张——它涵盖了生活方式、情感归属。"美丽的灵魂"不再是一个单一的和品行端正的心灵，而是一个情感精细化、有着良好接受度以及高雅的心灵。

异质性与同质性本来相互区别、各有各自的整体效应，但是现在被拼凑于单一的系统之中——在这之中，每一个主要的概念都有其各自的适用范围。拼图被放置于一起并赢得了头奖。但是这个头奖的赢得也导致了美的概念的衰落。

如果美居于艺术之中，如果美是艺术作品之美以及如果好的艺术作品就是美的艺术作品，那么美本身在艺术作品的世界之中必然具有一个明确的立足点。它在那里必然会占据最高位置。那么美本身也就必然扮演着标准的角色，它指引着我们对优良作品和劣质作品做出区分并在艺术体裁和艺术作品之间建构等级秩序。美必然是支撑艺术作品之艺术特征的引导性品质。但是美本身并不能承担这样的任务。进一步说，美本身并非真正需要去提供承担这项任务的服务。如果我们要在较好的作品和较次的作品之间做出区分，我们可以通过使用"完整""完美""完美形式""形式中缺失内容"以及其他衡量准绳来达成区分。我们完全不需要"美"这一标准。

美的概念为了在艺术作品的世界中获得一个舒适的居所而付出了沉重的代价：它成为多余的。美仅仅成为另外一个词、一个附庸、一个"完美"或者"恰当形式"的同义词（西奥多·阿多诺提出的一致性）。穆尔完成了他的服务；可以离开了。

更糟糕的是，甚至是关于整体内在体验的论证也未达成理想的效果。人们在欣赏"不良艺术"的时候可以容易地达成一种整体性体验，比如对庸俗作品的体验。[14]体验本身并非可以作为判断艺术是否伟大的标准。人们应当首先确定什么是完美的艺术作品，什么是不完美的作品，从而培养艺术品位及对纯形式的欣赏，即是说相比不完美的作品而言更乐意去欣赏更为完美的作品。即使是在这一段的最后一句，我仍没有必要去使用"美"这一术语。

我们遇见一件艺术作品的总体感受也可以描述为"幸福"或者"快乐"。幸福、快乐是得到回报的爱的状态。但是艺术作品回报了我们爱么？如果有人在艺术作品中寻找对上帝的爱，神对世人的爱，那必将是徒劳的。那快乐是由一件人工制品引起的，而人工制品是不能回报爱的。这只是一个替代，一个假象，或者从最好的方面来说是一个变动着的、不置可否的承诺。如今，爱美之心走向何处了呢？

哲学家们用不了多久就发现出了严重的问题。他们起初相信，如果在艺术与"美学"之间做出严格的区分，那么这个问题会迎刃而解。[15]事实上，这个区分在古典时期就已经达成了。将艺术作品完全置于美的基础上的黑格尔也对他把艺术哲学的讲座归属于"美学讲座"之范畴的行为表示了歉意。克尔凯郭尔已经将美学体验同存在者体验的审美阶段（第一阶段）联系起来。[16]这个审美阶段包含各种不同种类的创造性活动。艺术作品的创造与一种审美式生活方式的创造都是此种类型的行为。当威廉法官（克尔凯郭尔在《非此即彼》一书中设定的人物形象）坚持认为美在伦理阶段同样占据重要位置的时候，他实际上谈及的是伦理的审美样态，而非艺术样态。

克尔凯郭尔的美的概念大体上是被"美学的"概念（非"艺术"的概念）所塑造的。美学立场通过依据美的标准来"生成"生活的方式否定了生命自身中的平凡生活的态度。毕竟，完全异质并充斥着偶然性的平凡生活是作为美的诞生地和活动场所出现的。但是，试图通过审美的方式（通过美）让生活同质化的努力必然会失败。这不仅仅是因为此行为是违背道德的，而且因为它是不可能达成的。[17]

也即，虽然与"艺术哲学"所面对的僵局不同，但是逃离向生活"美学"同样会面对僵局。如果生活的美学化需要同质性，那么美本身就远离了日常生活。日常生活的美太过于变幻莫测而不能为哲学冥想提供一个坚实的根基。当然，诗歌充分地接受了生活的审美化（从波德莱尔到普鲁斯特皆然），但是哲学抛弃了诗歌。[18]尽管尼采对美有着强烈的热爱并倡导了生活的审美化（对虚无主义和享乐主义的反抗），但是他的哲学同样抛弃了诗歌。

让我们来反观一个早期思想。真正知识的概念（真理的对应理论）是扩展的、方法上净化的、关于真理的日常概念。因为它是日常概念，所以否定的行为就取消了。为什么我们不能采取同样的方式来处理美的概念呢？那么如果在传统的表述当中没有什么来支撑美之美又当如何呢："这是美的，那不是美的"，"这仅仅看上去是美的，但是其他的是真正的、真实的美？"如果迪士尼乐园是美的呢？如果选美冠军是真正的美呢？如果电视广告是真实的美呢？然而毕竟，谁会在乎这些呢？相似的声音来自四面八方。我对这些问题的回应是我在乎。这篇文章写给那些像我一样在乎的人。在黑格尔之后，关于美的概念分崩离析了。但是仍然有一些人在重塑它。这些人包括克尔凯郭尔、尼采、弗洛伊德、本雅明、阿多诺。但是大多的努力都停止了。[19]

真正的"美"依然是艺术哲学中值得关注的范畴，虽然不再是一个主要范畴。自黑格尔以来，艺术哲学引入了一些新范畴来替代"美"。"审美价值"（同时接替了尼采与新康德主义的相关范畴）是其中最流行的范畴之一。在这个语境当中，美是所谓"艺术的"或者"审美的"价值之一。罗曼·英伽登（Roman Ingarden）枚举了艺术作品的"评估"范畴，比如美、魅力、条理、完美。他接着写道，审美价值并非愉悦而是"一种特殊的质的合成运动或者对内在于审美客体之中的特殊价值质的近似性多样化选择"[20]。他通过将美表述为某种"非凡地给予"的方式来试图挽救美的概念。[21]在乔瓦尼·詹蒂莱（Giovanni Gentile）的《艺术哲学》中，关于美的概念首次出现在第五章，在对艺术、形式、感觉、爱和言论的讨论之后，在对天才、品位和不朽的讨论之前。[22]詹蒂莱还将美论及为一种价值并饶有兴趣地补充，因为价值意味着自由、自由选择，所以我们永远不会选择丑。这是一种将价值导向（"美/丑"）的日常范畴同美的概念融合在一起的尝试（或许是一种无意识的尝试），即消除否定关于美的日常意见的必要行为。贝奈戴托·克罗齐将价值与反价值皆归因于感觉；他将美定性为"成功的表现"、将丑定性为一种"不成功的表现"。[23]（不成功的表现是一种引起负面情感的反价值。）这个构想简直是日常概念与黑格尔理念的混杂结合。

即使对那些拒斥黑格尔著作的人而言，黑格尔依然是巨匠。比如，海德格尔将美论及为"真理的外在闪现"。[24]将美理解为真理的闪现明显是黑格尔式的构想。不同之处在于（这个不同点并非微不足道）真理概念在海德格尔那里是一个全新的概念。然而一旦涉及美与真的联系，黑格尔和海德格尔便和谐一致了。

艺术心理学——作为一个新的探究方法——在艺术哲学中探寻新策略的同时提出了处理艺术问题的不同角度。[25]艺术心理学将重点放置于创造上，特别是对艺术的接受（体验）。精神心理受到了影响？但问题是：什么以及如何对精神心理施加了影响？欣喜的源泉被再一次地定位于美之中。比如，罗洛·梅（Rollo May）写道，"美是一种体验，这种体验可以同时赋予我们喜悦和平静的感觉。"[26]他继而提出,我们文化中的大多数人压抑了对美的反应。梅将美的衰落归因于现代人的情感贫困以及幸福保障的丧失。阿梅德·奥占芳(Amédee Ozenfant)将美的理念的丧失直接同幸福感的丧失联系起来(在一种真正的理解中)。他写道:"我们的行为是我们永远不能理解之事物的开端:我们的理念……我们所体验到的没有幸福……而且,没有什么事物如同我们已经失去的确定性那样宝贵。焦虑索绕着我们。"[27]美的概念得以存留,是妥协的结果。但这不是思想的妥协,而是心灵的妥协。任何源于心灵的逻辑都不能完全消解美,因为美实际上承载着获得幸福的希望。然而,源于思想的逻辑却是激进彻底的。在这种逻辑的代言人中,罗宾·乔治·科林伍德(R. G. Collingwood)用彻底的激进主义来表达自己的观点。他认为"美的"意思是令人赞赏的、杰出的、令人满意的。然而美并没有审美意义,因为"根本就不存在这样的特质"。[28]我们现在使用词(美)的方式与古希腊的(前柏拉图主义的)用法相似。这意味着对我们而言,类似观念的美或者太一的美没有多大意义,因为我们并不喜爱这种抽象化的概念。美是我们所喜爱的葡萄酒或者特定的食物。[29]审美体验是一种自发的体验,它与我们对葡萄酒或者食物的喜好无关。审美理论不是关于美的理论而是关于艺术的理论。如果你依然要追寻一种关于美的理论,那它属于关于爱的理论。

我不打算强烈地反对美的理论属于爱的理论的观点。然而,当爱体现为对葡萄酒或者特定食物之喜爱的时候,我们并没有离题万里。我们将回到对美之事物的异质性的观察上来,回到我们提出"什么是真正美之事物?"(什么或者谁真正值得得到爱)的问题之前。这种哲学的回归就等同于将美的理念连同爱的哲学从哲学的视域中放逐。科林伍德的观点在多大程度上被接受就在多大程度上被否定。我们应该感谢格奥尔格·卢卡奇对美之概念命运的非凡概括。他写于1914年的作品《美的理念的先验辩证法》由于直到作者死后的20世纪70年代才出版,所以这本书对美之话语的贡献局限于当今。[30]这本书确实对当今美之话语做出了贡献。这也许让我们惊诧,因为从20世纪初到20世纪末,让我们饶有兴趣的哲学问题几乎未曾改变。更准确地说,19世纪末的哲学问题已经两次回归到我们的世界,第一次在千年之末,第二次在新千年之初。

卢卡奇对美的研究看起来还没有结束。作者在随想录的开篇告诉我们他将讨论三个迥异的美的概念，实际上他只讨论了其中的两个。然而这部作品是完整的，因为作者在结尾给出了水晶般澄澈的结论。卢卡奇声称这是为了已经被从艺术王国中排除掉的美的概念的尊严和力量。科林伍德主张作为艺术哲学的美与美学无关，卢卡奇在此是作为美的而不是作为艺术的代言人出现的。他写道："如果我们打算将美的理念从其负担下解放出来，那么我们与其表达对美之理念的宏大推测性深度以及其持续性的尊重，不如找到其真正的系统位置并切断它与艺术（超验性的独特、独立的事物）的偶然性以及因此而迷惑性的联系。"[31] 尽管卢卡奇认为美和艺术只有两两分离才能各自获益，他还是坚持认为应当把美从艺术的无用桎梏中解放出来，而不是把艺术从美的无用束缚中解放出来。

卢卡奇用下述论断展开了他的分析：一个根深蒂固的美的观念必然会导向形而上学、导向超验。这就是为什么它会威胁或者更准确地说会消解审美领域的自主性，特别是艺术作品的自主性。卢卡奇补充道，美的概念已经失去了其超验归属并成为一种无根之概念。为其提供一个寄居之处（在美学或者艺术哲学之中）会导致混乱和衰落。但是如果美学指明每一个连贯性的美之概念中的超验性与形而上学性是不可或缺的，如果由此将自身从他律中解放出来，那么依然是不够的。美的概念还需要更多，即"它同样为这个系统性的无根之概念指定了一个位置"[32]。

在简述完他的计划之后，卢卡奇区分了美的概念之基础中的三种不同的哲学取向。它们分别是逻辑式-形而上学动机、推测式-发展的-哲学动机、实质性-伦理的动机。在这三个动机当中，卢卡奇详细地探讨了前两个动机，他从来没有讨论第三个动机，也即由实质性伦理所推动的美的概念。这首先是一个康德式的概念。我怀疑整个《海德堡美学》的未完成特征是否充分地解释了上述的第三种动机。

卢卡奇承诺一定会履行现代美学的义务，为无根之美的概念找到一个合适的居所。卢卡奇真正所阐明的是这样一个历史事实：美的概念过去在形而上学的逻辑体系中找到了安身之所。美的概念曾经在实质意义的"发展-哲学"的动机系统中同样锁定了安身之所。但是第三处居所呢？难道美的概念不寄居于所谓的实质-伦理体系之中？难道它在康德那里找不到安身之所？如果答案是肯定的，那就是说即使在我们的现代世界里为美的概念找不到一个绝对的家园，也可能找到类似于适当家园的某种东西。

至少可能找到一个庇护之所让美的概念可以熬过休眠期。卢卡奇并不排除这种可能性，但他并没有尝试着去探究它。现在我来尝试探索它。

我无意将自己装扮成一个开启了全新冒险之旅的独行侠。相反，我是在那些最近几十年里严肃对待美之概念消亡的人们的陪伴下开始我的探寻之旅的。有时被我们称为"后现代的"时代精神将美之理念的无根性归因于现代主义的激进主义，特别是现代主义对宏大叙事的偏好。必定存在着美的概念的居所——此时此地。这不仅仅因为哲学不能承担失去其主要特征之一的后果，而且因为价值定向的范畴（比如"美/丑"）是经验式的普遍性范畴并且只要哲学存在就没有任何一个普遍范畴在哲学中没有获得反思。[33]

关于将美的概念重新引入现代哲学的最近的主要提议可以在伽达默尔关于美的重要性的论文中找到。[34]这个题目是辩论性的，甚至是具有煽动性的。它谈到了美的"重要意义"。如果某物在我们的世界是重要的（具有现实性），那么它就不能被描述为一个"无家可归"之物。但是如今美的重要意义是什么呢，它的家又在哪呢？

我已经指出，美的概念的消亡始于将美主要地归功于艺术作品以及认为艺术世界才是美之概念恰当的，或许唯一的栖息地。德语中的"美的艺术"代表"高级"艺术，并且将其作为某种不证自明的东西而建构了其身份。我们已经简要地讨论了这种身份认同对于美的概念而言是如何适得其反的。但是如今通过宣称美的重要意义，伽达默尔重拾了已经迷失的游戏。他提出的第一个问题（其论文的第一句）就是：艺术如何被证明是正当的？[35]这是一个由来已久的问题，但从来就不是恰当的问题。如果有人从支持艺术作品的合理性出发来寻求美的重要性，他就应该已经感觉到了作者对美的理解是复归到了前现代主义（尽管已经进入了现代时期）的视角。这里他并不是完全错误的。

伽达默尔为艺术理论或者更正确地说是为艺术哲学引进了一些特定的新视角。他的关于作为游戏、象征和节日的艺术分类并非仅仅是一种新颖的区分方式；它也拓展了"艺术"范畴的内容。然而，美的概念虽然被如此勇敢地、挑衅地直接置于标题之中并被宣告为"重要的"，但是它最终依然未取得成功。

我们看到，美的概念首次出现于伽达默尔对为什么艺术被归结到美的范畴这个问题的诠释之中。它停留了片刻再次消失了，好像从未出现一样。伽达默尔并未重新定位美的概念，仅仅强调了其的重要意义。美具有重要意义，是因为（高雅的）艺术（基于真正艺术与庸俗之作的区分）具有重要性。在这种情况下，正是其否定的一面保证了美的概念的本真性（比如，庸俗之作不是美的，但巴赫的音乐是美的）。[36]

我不认为伽达默尔无视所有现代主义者的反对而将充满丰富性的美的理论纳入艺术哲学的行为是错误的。在哲学中，没有什么东西是会过时的，任何人都可以回归到旧有的理念上去并让其产生新意。我也不反对他的文化保守主义，除非这一点已经蒙蔽他的双眼，到了忽视任何相反的现象的程度。此外，我也相信"高雅艺术"就是无家可归之美的舒心寄居所之一。不过，伽达默尔在其研究的中途突然对美的概念感到迷茫也不全是偶然的。有人也许会说高雅艺术能提供美现在的寄居之地（在这里美确实是具有重要意义的）。但是这并不是说美的艺术本身就是美的主要的或者唯一的领地，因此，我相信它不是那个主要的或唯一的领地而且很多现代主义者的观点听起来仍然是对的。

伽达默尔在研究的过程中，在关于传统的尤其是古希腊对美的阐释方面，提出了一些重要观点但没有坚持研究下去。他因此将 kalon（古希腊文，意思是"最美的"，来自《柏拉图对话集》）诠释为："有些东西是值得去看的或者说展现出来就是为了观看的。"[37]随后，他继续说："我们知道了我们与美的相遇虽然是如此不可预料，但美确实让我们确信，这个真理并不遥远、并不是我们遥不可及的，在现实的无序状态中，在那所有的不完美、罪恶、错误、极端和命运般的迷茫中我们都能遇见美。美的本体论功能是在理想与现实的鸿沟之上架起桥梁。"[38]这句话说得好，除了这个说法并不是在讨论艺术，并非关于所有的艺术类型并且不仅仅关于艺术。另外，如果我们持续在艺术哲学的王国里徘徊就不能正确解读伽达默尔的观点。这将我们引回到卢卡奇的关注当中。美的概念是否能从艺术概念（已经摇摇欲坠的艺术概念）的僵死束缚中解脱出来？或者说移除格格不入的美之概念的重负的行为是否可以拯救艺术概念？美是否还有一席之地？还存在幸福的希望吗？这些问题都不算是问题，也正因为它们不算是问题才不能找到解决的方法。然而一旦认真聆听了伽达默尔和卢卡奇的思想，就难免会提出这类问题。

我同样要求读者们去听一听来自那些依然将美之理念视为形而上学赌

注的人们的一些声音、一些建议。所有这些不同的声音在一个后形而上学的世界里为美以及美的概念指定了一个位置。他们指向了美依然寄居的地方，在友谊与爱之中，在自然、艺术（并非是美的"形式"）、人性以及最终在神圣之中。

注释

1. 我曾在《激进哲学》（*Radical Philosophy*，Blackwell：Oxford，1978）中详细讨论了含价值定向的范畴对。

2. 参见 *The Origin of the Trauerspiel of German Tragic Drama*，trans. John Osborne（Verso：London，1977）。

3. 参见 Paul Veyne，*Did the Greeks Believe in Their Myths?*（Chicago：University of Chicago Press，1983）。

4. 本论文中所说的情况在后实证主义科学哲学中不再存在了，具体可参看 Thomas S. Kuhn，*The Structure of Scientific Revolutions*，2nd enlarged ed.（Chicago：The University of Chicago Press，1970）。

5. 参见 G. W. F. Hegel，*The Phenomenology of the Spirit*，trans. A. V. Miller，J. N. Findlay，A. V. Miller with an analysis of the text and forward by J. N. Findlay（Oxford：Oxford University Press，1979）。参见 Part C/BB/c，"Spirit That Is Certain of Itself Morality，"364-409。

6. 我所引用的"活生生的经验"，这经验并不是经验哲学中所谓的经验，而是心灵中未被完全认知的那些经验，是他者中的爱。

7. 斯宾诺莎在《伦理学》第四章命题59写道："在我们的行动由消极情绪决定的情况下，我们也能由理智来决定，而不受这种负面情绪的影响。"参见 Benedictus de Spinoza，*Ethics*，translated by Andrew Boyle，and revised by G. H. R. Parkinson，with an introduction and notes by G. H. R. Parkinson（London：Dent，1989）。

8. 这是帕斯卡的观点，我还要补充一点，即17世纪的哲学已经为18世纪的哲学中"美的概念"（与崇高一样）的形成做好了充分的铺垫。在柏拉图哲学中，不管正统与否，美始终占据高位（就像莱布尼兹的宇宙观）。虽然这个观点本身算不上新颖，而我自己也并不想写美的哲学史，我只是觉得应该中肯地给予17世纪的思想家们一个总结性的评论。

9. 在库萨的隐喻中，我们觉得上帝的存在就像花的芬芳一样（虽然我们看不见它，但能感受到它的存在）。

10. Agatha Christie, *And Then There Were None* (Macmillan：London, 2001 ［1939］), 也以《十个印度可爱小人》(*Ten Little Indians*) 为名出版。

11. 康德在《判断力批判》的"美的分析论"一章中引用了这个人类学解释。他们是经验主义的，也和所有经验主义的解释一样脆弱、一样缺乏预见性、一样易错。参见 Kant, *Critique of Judgment Including the First Introduction*, trans. with an introduction by Werner S. Pluhar, with a foreword by Mary J. Gregor (Indianapolis：Hackett, 1987), 43-96。

12. 在关于尼采的系列讲座"权力意志是艺术吗？"中，海德格尔讨论了美的发展的六个阶段。实际上，现代意义上的美学仅仅存在于这么一段时期内，从"哥白尼式转向"到味觉能力这一时期，也就是海德格尔所说的第三阶段。参见 Martin Heidegger, *Nietzsche. Volume 1, The Will to Power as Art*, trans. from the German by David Farrell Krell (San Francisco：Harper Collins, 1991)。

13. 如果我们从技艺的角度来考虑，仅仅用来描述雕塑作品的单个物质的质料说观念（亚里士多德）已经在隐喻意义上被广泛地应用于艺术的各个方面了。详见亚里士多德的《形而上学》。

14. 这解释了为何在艺术审美的同时，思想家们开始反对接受者因受艺术作品的影响而使狂热、狂喜等情感奔泻出来。比如说，虽然尼采认为没有狄奥尼索斯就没有艺术，他仍然刻薄地攻击瓦格纳的音乐带给受众（首先是女性受众）的情感效果。

15. 这主要是卢卡奇和维也纳艺术史学家阿洛伊斯·里格尔（Alois Riegl）的观点。

16. 这在《非此即彼》和《生命道路的阶段》中都出现了。Søren Kierkegaard, *Either/Or*, Volume 1, trans. David S. Swenson and Lillian Marvin Swenson, with revisions and a foreword by Howard A. Johnson (Princeton NJ：Princeton University Press, 1959) and Volume 2, trans. Walter Lowrie, with revisions and a foreword by Howard A. Johnson (Princeton NJ：Princeton University Press, 1972); *Stages in a Way of Life*, trans. Walter Lowrie (Princeton NJ：Princeton University Press, 1945). 参见 Søren Kierkegaard, *The Concept of Anxiety：A Simple Psychologically Orientating Deliberation on the Dogmatic Issue of Hereditary Sin*, ed. with an introduction and notes by Reidar Thomte, in collaboration with Albert B. Anderson (Princeton NJ：Princeton University Press, 1980)。

17. 卢卡奇在《心灵与形式》中的《克尔凯郭尔与奥尔森》一文中将不道德的性格、不可能性、同质的生活视为艺术作品。

18. 诗歌比现代哲学保留了更多的美的概念，神圣性和美在诗歌中能很好地共存。比如魏尔伦（Paul Verlain）的《大海更美》(*La mer est plus belle*) 就吟诵道："海是美的——这教堂；忠实的护士，——艾莱依摇篮曲；——海的祈祷—圣母玛利亚。"

19. 克尔凯郭尔、尼采和本雅明关于美的重要观点能在他们的早期作品中找到。

20. Ingarden, *Ontology of the Work of Art*（Athens：Ohio University Press, 1989 [1928]），234.

21. Ingarden, *Ontology of the Work of Art*, 234.

22. Giovanni Gentile, *The Philosophy of Art*, trans. with an introduction by Giovanni Gullace（Ithaca：Cornell University Press, 1972）.

23. Croce, *The Aesthetic as a Science of Expression and of the Linguistic in General*, trans. Colin Lyas（Cambridge：Cambridge University Press, 1992）.

24. 参见 Heidegger, "The Origin of the Work of Art," in *Basic Writings*（New York：Harper & Row, 1977）。

25. 我在这里所说的"策略"并不是一种文体错误，因为它们确实是一种策略。

26. May, *My Quest for Beauty*（New York：Saybrook, 1985），20.

27. Ozenfant, *Foundations of Modern Art*（New York：Dover, 1957），181-182.

28. Collingwood, *The Principles of Art*（Oxford：Clarendon, 1938），38.

29. Collingwood, *The Principles of Art*, 41.

30. György Lukács, "A szépségeszme transzcendentális dialektikája" from Lukács György, *A heidelbergi müvészetfilozófia és esztetika A regény elmélete*（Budapest：Magvetö, 1975），377-467.

31. Lukács, "A szépségeszme transzcendentális dialektikája," 466-467.

32. Lukács, "A szépségeszme transzcendentális dialektikája," 378.

33. 在我的《碎片化的历史哲学》一书中，我将哲学体系描述为系统的和叙事的世界，只是在这个世界中，"类别"充当了戏剧人物的角色。美无疑是众多主角之一。

34. Gadamer, *The Relevance of the Beautiful and Other Essays*（Cambridge：University Press, Cambridge, 1989）.

35. Gadamer, *The Relevance of the Beautiful and Other Essays*, 3.

36. 巴赫是伽达默尔自己独有的例子，参见 Gadamer, *The Relevance of the Beautiful and Other Essays*, 50。

37. Gadamer, *The Relevance of the Beautiful and Other Essays*, 13-14.

38. Gadamer, *The Relevance of the Beautiful and Other Essays*, 15.

（傅其林　刘兰芳　译）

艺术自律或者艺术品的尊严

47　　人们普遍认为，自律和尊严这两个术语是现代道德哲学的核心范畴。虽然这些术语不是被康德引入，但正是康德赋予了它们特有的道德色彩。自律被他等同于在纯粹实践理性引导下的行动，就是等同于普遍的道德性。不过，尊严被归属于个人，作为这种普遍人性的个体的载体或者体现。虽然自律自20世纪早期已经从道德领域延展到包含艺术领域，但是尊严概念被转入后台。更准确地说，尊严概念背后的"理念"经常被采纳，特别是被本雅明，甚至有时候它被视为自律，在我看来这是错误的，然而这没有引起特别的注意。在这篇文章中，我想特别留意这个概念。我想要展现的是，虽然自律概念在应用到艺术的时候变得模糊了，基本无助于对当代艺术作品的理解，但是艺术作品尊严的概念可以为此做出贡献。

　　艺术自律的概念一开始就模糊不清，首先因为它有时应用于首字母大写的艺术（Art）当中，有时应用于具体单一的艺术作品之中。这看起来一样，其实不然。如果提及首字母大写的艺术（Art）的自律，那么指向一个独立的领域（正如马克斯·韦伯所做的一样），也即你要说明这个领域区别于其他领域的独立性，你也必须枚举或者指出此领域中区别于其他领域的规范和原则。这种逻辑源于作品可以被称为艺术作品的条件是它们遵循了艺术领域的规范和原则的论断。艺术（Art）领域需要具备一般性的规范

48　和原则，无论作品属于哪个分支或者哪个类型，不论作品是一座建筑、一出歌剧、一首歌曲、一篇小说还是一首诗歌。这个概念有排斥也有包含。因此，艺术（Art）将一个领域的作品视为一个规范性的概念，虽然它非伦

理概念；它根本不是伦理概念，因为伦理恰好是另外一个领域，独立于艺术领域的领域。这种对艺术概念的解释有一个薄弱的，或者说并没有那么薄弱，道德规范的样态。单个的艺术作品或者单个的艺术家，无论他们从事创造的媒介或者种类如何，都应该遵从审美领域、艺术领域的规范。否则，这些艺术作品不值得被认同为艺术作品，创造它们的艺术家也不值得被认同为艺术家。

考虑到阿多诺也许是捍卫自律概念的最热情卫士，让我提供一些来自阿多诺去世后出版的著作《美学理论》中的例子。首先他说，自律意味着艺术（Art）已经摆脱了所有膜拜功能。这个评论当然指向艺术（Art）。阿多诺也把这种发展描述为解放，这种描述也再次指向了艺术（Art）。他也肯定地谈到一种自律帝国（Autonomes Reich）。附带谈及，相同的发展、解放也被卢卡奇在《审美特性》（1963）最后一章中归属为后文艺复兴时期的艺术（Art）。阿多诺同样说道，艺术（Art）的历史是自律中的发展。然而，阿多诺和卢卡奇都说，没有异质性也就没有自律。对两位学者而言，异质性的世界就是所谓的经验生活。

然而在其他地方讨论自律性的时候，阿多诺指的是艺术作品的自我中心式的特征。但是，如果自我中心主义的概念被应用于所谓的"艺术（Art）帝国"，那么其便没有意义；它只能指向单个的艺术作品。在强调"自我中心主义"的同时，他捍卫了艺术作品的尊严，然而他是借助于自律这个词来这么做的，因为只有这个词顾及了规范性的判断。如果阿多诺维护尊严范式，那么他就不能不考虑瓦格纳的作品，他也不能要求所有的艺术作品都体现出"世界的祛魅"，虽然，如果我们像阿多诺那样对概念的理解采用韦伯式的方式，那么他的宣称实质上是在消解艺术的自律而非肯定它，因为这种理解在一种规范性的方式之中描述了现代性所有领域的公共特征。

仅仅有几个随意的例子强调了下述两种主张的区别：（1）艺术（Art）本身是自律的；（2）艺术作品是自律的。然而模糊这种差异有丰富的意义，因为通过模糊差异，阿多诺等人可以满足两种不同的理论需要。首先，可以保护所有的艺术作品免于膜拜使用，免于成为政治性或者宗教性工具；其次，可以构建具体的特定规范进而作为判定一件作品是不是真正的艺术作品，是不是真实自律的或者仅仅为娱乐作品、色情作品或者类似作品的标准。事实上，这仍然是一种重要路径。当所有的媒介、样式和作品被同样的规范和标准评判的时候，问题就变得严重了。这正是现代主义盛期所发生的。

　　许多当代艺术家颇有怨言地谈及现代主义盛期的理论家以及他们的艺术制度、博物馆馆长、管弦乐队、出版商以及所有被他们的判断引导或者是误导的人们。据说，他们已经恐怖地占据了艺术荧幕，他们排除了很多值得认同的艺术家并容纳了不那么值得认同的艺术家，同时被他们意识形态的预判甚至是偏见所鼓动。这些控诉不全是荒谬的。造成这种恐怖品味的原因不仅仅是这个或者那个预判或者偏见；其真正的原因是这种情形：针对单个艺术种类或者艺术作品的评判标准不得不受制于所谓的最高权威，也即艺术自律。曾经有过这样的时代，一部小说或者准确地说一个散文文本不允许来讲述故事或者来表现一个人；一幅画不允许采取比喻的手法；一段音乐不得不不计一切代价避免共同和弦；一座雕塑不允许有一个中心和诗韵。巴托克、斯特拉文斯基、卢西安·弗洛伊德（Lucien Frend）以及其他许多艺术家的作品受到质疑。的确，音乐和文学并不会如同美术（尤指绘画和雕塑）那么糟糕，因为关于它们的接受问题，公共品味有着更大的发言权。艺术理论或许可以责难热爱文化之公众的庸俗品味，但是公众的品位不能被完全忽视。

　　不过，这种规范性的恐慌也被艺术家们所实践，其特别与特定的学派相关。有一种走向普遍主义化的规范趋势恰恰根植于艺术自律的意识形态本身之中。在一种创造性艺术样式中认为是最新潮最成功的东西也不得不在其他样式中被接受和实践，而无论情形如何，也无论这些实践是否同其他媒介相容。比如，在绘画中极简主义的功能发挥良好，在音乐中发挥得也不差。但是，极简主义文学创作是苍白的、无力的。但是即便如此，一些作家们依然会试图跟随这个"潮流"，就因为其被认为是艺术（Art）的潮流。

　　可以说，如今这种类似现象仍然存在。譬如，绘画不是在德国的卡塞尔现当代艺术"文献"展中展出，只是偶尔在威尼斯当代艺术双年展中出现。不过，不论如何解释，没有人使我们相信，绘画从当代艺术世界中被排除了，因为它是过时的、不令人感兴趣或者价值低下的。事实上，画廊持续展览各自绘画，2005年布拉格双年展几乎完全是绘画：各种各样的绘画。

现代主义提出的——决定艺术本身是什么——核心问题在当代的艺术世界已经失去了重要意义和激励的力量。如今没有了艺术的王国，没有了独立的不同的艺术作品的王国。没有人想把同一种标准强加在所有艺术作品上，以便去判断它们，以便来决定它们是否属于或者不属于艺术世界。现在只有单个的艺术作品，这些作品以传统的和非传统的样式，用传统的媒介或者非传统的媒介、多媒体，神圣或者世俗，甚至世俗化地进行创造，它们具有强烈的政治信息或者没有涉及任何的经验世界，它们是稳定的或者移动的，是流行的或者无家可归的。然而，正如阿多诺曾经所说，它们像单子，虽然不必然是无窗口的单子，即使几个单子能够组成一个共同的单一化合物。

如果没有了具有共同标准的所谓大写艺术的王国，这些艺术作品凭什么成为艺术作品呢？这个陈旧的问题如何重新表述，也许最好可以借助于杜尚著名的《喷泉》的解释之一来得以说明。人们可以说：正是我们的关心才使一部作品成为艺术作品。凝神观照。人们凝神观照的事物不再是作为使用的事物。博物馆里的抽水马桶在展示，人们不能使用它，人们只能够对之凝神观照。因而它不再是抽水马桶，而是一件艺术品。从这个角度看它是一件好的或者坏的艺术品就不重要了。有好的或者坏的艺术作品，就如有好的或者坏的宪法一样。有新颖的或者陈旧的艺术作品，就像有新颖的或者陈旧的科学命题或者发现一样。

区别艺术作品和所有其他的作品或者制度的东西就是它们的个体性。当阿多诺谈到艺术品的自我主义的时候他在这方面已经说出了重要的东西。艺术作品是个人。但不是普遍的大写艺术的规范或者观念来决定它们是不是个人。一旦抽水马桶成为展览的"喷泉"，它事实上就成为一件艺术品，就成为这样一个人。也许我们从来没有想到，因为我们理所当然地认为无论事物在古代的死亡的文化中以何种方式被使用，例如来自古埃及的一座坟墓或者古代墨西哥的一件印第安人衣服，如果它们在展室或者博物馆展出，我们就把它们视为艺术品。我们把它们看成是美的东西。不是把它们都看成同样程度的美，而是有程度差别的美。对我们来说，在观者的眼里，它们是艺术品，是单一的艺术品，它们都是单个的，都是名副其实的个人。当然，我们需要动用我们的眼睛来区别它们。如果你的眼睛被动用了，你将看到它们每一个作品的单一性，然后领会它们的精神。瓦尔特·本雅明在早期论语言的丰富研究中告诉我们，所有的事物都被灌注了精神，然而它们是沉默的，它们不能言说。艺术作品是单个的作品，是个人，能够言说。它们能够给我们说话，我们只需要观看、阅读、聆听。

请让我回到康德。艺术品，单一的艺术品不仅是一个物，也是一个人，它被赋予了灵魂。因此为了尊重人的尊严，康德说，一个人不应该被作为纯粹的手段来使用，而是要作为目的本身被使用。如果一件艺术品也是一个人，如果它被赋予了灵魂，那么一件艺术品的尊严可以按照如下方式进行描述。艺术品是一种不能作为纯粹手段使用的物，因为它始终被作为目的本身使用。如果人们仅仅注意到这些表述，那么人的尊严和艺术品的尊严的区别，它们的本质区别就历历可见了。人的尊严的确认或者认可是一种"应该"，一种绝对律令。它具有道德的特征。相反，关于艺术作品的尊严的认可的表述没有道德的含义。它就是艺术的定义，它告诉你一个单一的作品是什么。被使用的事物不是一件艺术品。然而使用之物如果不仅是使用之物也充满了使之为人的精神，那么也能够成为艺术品。观者不需要努力脱离使用，他凝神观照就够了。凝神观照至少包括对物的使用的暂时不断的悬置。使用的"悬置"几乎完全是自发的。在展览空间中我们是所有的眼睛，在音乐厅里我们是所有的耳朵，如果我们阅读一篇小说或者一首诗歌，我们不愿被分散我们注意力的任何东西干扰。我们自发地景仰艺术品的尊严，因为只有这样，我们才能从作品中获得愉悦。用康德的话说，我们才能够言及非功利的愉悦。

在这篇文章的开头我就提出，艺术品的尊严和艺术自律一样是一个现代概念。它也许可以追溯到欧洲文艺复兴时期。我反复提出，艺术品的个体性和现代个人的个体性同时出现。在我们说每一个人生而自由这个句子之后，康德能够提出，人们不应该把我们用作纯粹的手段。艺术品的人格虽说不是与之一样的，但也是类似的。所谓解放就是艺术，这只是艺术品和它们的人格在比例上的平等机会的规定罢了。阿多诺一方面把艺术品与娱乐区别开，另一方面把艺术品与色情文学区别开来，他这样做也是运用了类似的标准。

咱们看看在这里本质是什么。

人的尊严在某种程度上联系着艺术品的尊严。现在要询问的是艺术品是否还存在。因为在没有人的尊严的地方，就没有现代意义上的艺术品，我们从14世纪即欧洲文化诞生时代起就知道有艺术品。如果在我们的时代（有时被错误地称为后现代），艺术品的尊严在高级现代主义死亡之后对我们来说不再有意义，那么就不再有什么希望来维护关于人的尊严的标准。这些标准不被应用，而是被支持。并且，虽然对于艺术品的尊严的敬重几乎不是一个绝对律令，但是它仍然允许更好地或者至少更容易地观照我们自己。

除了发明了人类尊严的现代概念，欧洲还为世界主义发展提供了语境，艺术作品本身也变成了世界主义的。谈到文化之战，谈到文化的冲突是很时髦的。文化战争中产生的东西没有什么出现在艺术世界之中。所发生的事恰恰与之相反。个人的远景、惯常的或者新颖的技术和文化传统能够轻易地融合，因为所有作品作为个体独立自主，根据它们的尊严受到尊敬。当代艺术世界是一个由个体作品组成的共享世界。日本作曲家出现在美国管弦乐队的节目单上，印度尼西亚、中国、伊朗、印度、欧洲的绘画和装置艺术在世界上一个又一个的博物馆中都可以看到。就小说和诗歌而言，艺术世界也是世界性的，虽然语言的障碍使它们比其他艺术得到认可更加困难些。我没有说到拉丁美洲的艺术家，因为他们已经在高级现代主义时期对艺术世界做出了卓越的贡献。

我想清楚地阐释我自己的思想。现在，我们真正敬重艺术品的尊严，也就是说，能够区别艺术品和非艺术品，几乎是有时完全是像我们先辈从文艺复兴时期以来所做的那样。

为了论证我的观点，下面我将考察两种不同文化批评的论证，更准确地说，是情绪，它们从各自内在的根据中抽离出来。然后我形成我的观点。文化批评的两种主要类型都借助了现代日益衰落否定历史或宏大叙事，这里现代文化被视为沙漠。

第一种文化批评断然怀疑，人们是否有资格言及艺术品的尊严，因为艺术的商品化已经剥夺了作品的尊严。被购买和出售的任何东西只是一件事物。的确，如果非个人的（市场）依赖取代了个人依赖，那么人们能够在某种程度上怀疑，自律范式是否能够得到支持。有些人回答肯定，其他人回答否定。然而如果谈到艺术的尊严，那么商品化的问题就失去了重要性。甚至在严格的马克思主义的意义上，也是如此。因为，即使艺术品被购买与出售，但是它们的价值不能等同于花费在它们再生产的工作时间的数量。艺术作品的交换价值取决于其内在的精神和价值，或者至少取决于接收者正确或者错误地赋予它的内在精神和价值。

既然艺术是不同的，那么它们与市场的关系也不同。最有问题的情况是绘画。绘画的确被作为投资而出售，然而很少是纯粹作为投资。购买者通常也具有艺术趣味，购买一幅画而不买另一幅画，不仅因为它的市场价值，也是因为欣赏它、喜爱它。也有一些情况，作为投资的艺术品仅仅被作为手段，而不同时作为目的本身。譬如，购买者把绘画保存到银行储藏室里，没有人得到它甚至看到它。就这种情况而言，根据我的定义，这个作品不再是艺术作品，至少它作为艺术作品被悬置了。在这个时候它被悬置，其精神处于沉睡中，直到有人有机会看到它，对之凝神观照。不过，在建筑、音乐或者诗歌等艺术作品类型中不会有类似的事情。

另一种反对"尊严"的论证是联系着机械复制的可能性。自从瓦尔特·本雅明发表那篇著名的论文①以来，机械复制在范围和重要性方面超越了预期影响效果。美术、音乐、文学被按照几种不同的方式机械地进行复制。甚至机械的复制品（如一张教堂摄影的明信片）被机械地再复制。我现在只从一个角度进行机械复制的讨论。这个问题就是，它是否摧毁了艺术品的尊严或者使之过时了。

就文学而言，机械复制的新方式没有引入别的问题，因为这些作品从远古时代尤其是从谷登堡创立出版业以来已经被进行机械的复制。五线谱也是如此，在美术分支中印刷发挥着作用，虽然不是重要的作用。真正的问题开始于普遍的美术，并且在音乐中看来更加突出。谈到美术，人们可能询问，艺术品的复制是否分享"真迹"的尊严？此外，实际上的无限复制的可能性是否破坏这种尊严？因为根据这个演讲形成的艺术概念，作品像一个人，被灌注了精神。请让我问一问，一个人的被摄制的成千上万的照片是否摧毁了这个人的人格或者尊严？始终有一个"真迹"，用亚里士多德的术语说，有一种"原型"，所有的复制品都来自这个原型，并且在这个词语的第二个意义上说，"原型"决定着所有复制品。并且，真迹被复制得越多，其尊严越被得到重新认可，因为所有的机械复制依赖于借来

---

① 指《机械复制时代的艺术作品》。——译者注

的精神。它们的精神被真迹所统治。

最重要的是，一件美术作品的机械复制品不是名副其实的艺术品。为了避免误解，我得说，摄影不能被称为机械复制品。因而艺术品的摄影，譬如教堂的摄影本身是灌注了其自己的精神的艺术品，就如同对这个教堂的一幅绘画。但是怎么看待明信片呢？机械复制品只是没有再阐释的复制品。手工复制可能很糟糕，但是从来不缺少阐释。教堂摄影的明信片是缺乏阐释的。人们能够使用它作为纯粹的手段，将其扔进垃圾箱。然而正如我所暗示的，就是一件机械复制品也可以具有借来的精神。当人们把教堂明信片放到书架上时，观看它，凝神观照它，不把它扔进垃圾箱，那么这个机械复制的事物通过观者的眼睛就充满了来自摄影师表现的教堂的精神。

那么就音乐来说如何呢？音乐在五线谱上，但是它在演奏时才充满生命，那是表演艺术。现在，很少的人能够通过阅读五线谱来聆听音乐。表演是阐释，这与教堂的照片的例子相反，这是自律-阐释，而不是他律-阐释。五线谱是艺术品，是目的本身，然而阐释不仅仅是手段，因为它分享了作品的人格。既然作品的阐释和演奏作品的音乐家一样多，甚至与演奏的场合一样多，那么每一种作为自律-阐释的阐释是名副其实的艺术品。一张唱片是一种演奏的复制。人们能够听它一千遍，听到的是相同的阐释。当然，人们能够聆听到同一作品的不同演奏的几个唱片。问题在于，我的由格伦·古尔德（Glenn Gould）在19世纪演奏的贝多芬110号奏鸣曲的唱片已经被复制了成千上万次，它是不是一部艺术品？我们也把它作为目的本身而不是仅仅作为手段吗？

我们对待的教堂照片的明信片不涉及这个问题，甚至人们也不能就伦敦的莎士比亚悲剧表演的电影摄制提出这样的问题。作为一种自律的阐释的机械复制品的唱片与来自绘画的相片（一种阐释）和明信片没有共同点。在音乐中，没有像明信片那种机械复制。人们能够说，在CD上的艺术品是一种艺术品。但是它具有个体的人格吗？在成千上万的复制品中，当人格也在成千上万次演奏中存在时，人格如何能够存在呢？人格在五线谱里，由于每一次阐释的演奏分享了五线谱，所以这个演奏的每一复制品也分享了五线谱。

我花这么多篇幅来处理机械复制的问题，是为了揭示两种东西。第一，机械复制没有伤害艺术品的尊严，人们能够在无限的复制品中鉴别出艺术品；第二，艺术是不同的，机械复制发挥了不同的作用，在每种艺术中提出了不同的问题。进一步，就复制而言，在亲笔签名的艺术和代人签名的艺术之间存在着本质的差异，一个简单的原因就是亲笔签名的艺术只要是"真迹"就具有很高的市场价值，这使我们回到了商品化的问题，回到了机械复制的作品的日益贬损的市场价值。人们需要注意，有些艺术原则上不能机械地被复制，譬如具有创造性的建筑大楼。住房工厂准备的设有暗门的妓院不是艺术品，也不是艺术品的复制品。它们没有人格，没有尊严，只是为了使用。

除了普遍的文化批评这种类型，20世纪最后25年还形成了一种片面的文化批评。我记得论者和批评家带着极大的——几乎是宗教的——敬意坚守高级现代主义，与后来发生的通常被称为"后现代"的东西进行对立，把这些视为被逐出了艺术伊甸园的东西。我早就已经表明，我不可能分享他们的观点和审美趣味。请让我摊牌吧。在我看来，过去几十年，在美术方面，在建筑、雕塑、绘画等传统艺术类型中，在摄影、装饰、影视艺术等非传统的新的类型方面出现了无与伦比的繁荣。在音乐方面，在包括歌剧在内的所有音乐样式中，通过使用传统的乐器和非传统的乐器，重要的不平凡的伟大作品诞生了。不过，我在词语的世界里没有看到与音乐类似的创造性成果。高级现代主义的某些实验被抛弃了，在音乐中也是如此（虽然在美术方面还没有），然而没有跟随着杰作的出现。优秀的有时是非常优秀的小说像以往那样被写了出来，新的作者也浮现了出来。在所有艺术样式中有限制，也许小说和诗歌努力跨越了最近的高级现代主义时代的限制，但是现在它们需要退缩到限制之中来。一部小说既是艺术又是娱乐。如果它让聪明的、有耐心的读者感到乏味，那么它就不是一部小说，如果它仅仅是娱乐，就不是艺术。也许人们能够说电影是衰落的媒介。就像小说一样，它应该是娱乐和艺术，如卓别林的电影，甚至20世纪60年代的意大利和法国的"异化"电影。如今，艺术电影被置于博物馆而不是在剧场上演。

为了避免误解，正如有糟糕的艺术一样，也有好的甚至优秀的娱乐作品。我们既需要好的艺术也需要好的娱乐。有时候，人们不能区别两者。正如贡布里奇机智地说，没有单个作品完全满足一种样式的标准。有趣的是，人们尤其是年轻人已经持有对当代美术最新潮流的浓郁趣味，而对当代严肃音乐的热情日渐式微。当代艺术画廊和当代艺术博物馆——极为新型的博物馆——是观众满满的，然而只涉及当代作曲家的演唱会，音乐厅一半虚座。可能的解释是，严肃样式和娱乐样式的分化在音乐中是极为显著的，然而这种分化在美术中不存在。过去都有垃圾作品，然而波普艺术很快在画廊和博物馆里消失了，流行音乐在体育场和俱乐部取而代之，这取决于表演者和表演姿态。其中一些表演者是真正的艺术家，一些仅仅是技术娴熟的歌手；还有一些是糟糕的小丑（杂技小丑也能成为伟大的艺术家！）然而为了唤起热情，他们都必须是偶像崇拜人物。他们表演的东西很少是一部艺术作品，因为这个作品依赖于表演者，没有独立性，没有自身的价值。在这种情况下，人携带着作品，而不是作品携带着人、表演者以及表演。

显然，"艺术家"和"作品的创作者"不是完全相同的，因为前者是更宽泛的范畴。一位女性歌剧主演、指挥和小提琴手可能成为最高质量的艺术家，爵士乐音乐家或者大众歌谣歌手也能够如此。我也想顺便提一下，偶像崇拜人物在美术场景中也能够发挥作用。我只提一下杰克逊·波洛克（Jackson Pollock）、安迪·沃霍尔（Andy Warhol）和约瑟夫·博伊斯（Joseph Beuys）。不过，如今，美术和文学领域的名人不再是偶像崇拜人物。他们不需要成为酗酒者、疯癫者、乱性者、怪癖人或者自毁者，以便被大众尤其是众多青年男女广为追捧。他们与丹尼尔·里伯斯金（Daniel Libeskind）一样，认为艺术是乐观的。不过就流行音乐而言，事情还没有真正改变。

即使不是所有的艺术家都创造艺术作品，虽然他们通过自律-阐释参与它们的精神，但所有艺术作品都是被艺术家创造的。我需要强调这点。今天一切事物被合格地认为是艺术作品，不需要技巧、手艺、热情、观念甚至艺术野心来创造它们，这是对事物的误解。认为今天的艺术家更加贪婪，认为他们讨好观众，认为他们屈从他们的赞助人，更少地卷入他们的作品或者更少地忍受创作的愉悦的痛苦感，这些想法是完全误解的。有着不同性格的不同的艺术家，和所有时代一样，现在有或多或少天赋的艺术家，有些比其他人更虚荣，有些更贪婪，有些更不贪婪。

但是重要的不是他们的贪婪或者虚荣或者禁欲主义或者谦卑，而是他们的作品以及他们与作品的关系。请允许我随意引述艺术家关于他们自己艺术的表白。保罗·麦卡蒂（Paul McCarty）说："我对模仿、挪用、虚构、再现和有问题的意义更加感兴趣了。"迈克·凯利（Mike Kelley）说："我想永远活着。这就是关于艺术的东西。"托尼·奥斯勒（Tony Oursler）说："我在概念基础上工作，但是当艺术成功的时候它是巫术。你能够努力解说它，但是如果你能够解说它，它就不会是巫术。这就是艺术家在工作室正在做的，就是能使不可能的事情发生。"马里佐·卡特兰（Marizio Catellan，一位具有政治使命的艺术家）说："为了胜利，必须接近、反复利用并且无限地复制权力。"加里·休姆（Gary Hume）说："我想画一些华丽的完美的东西，结果它充满了悲哀。"杰夫·沃尔（Jeff Wall）说："一幅图画就是使事物的前和后不可见的东西。"我之所以引述这些视觉艺术家的话，是因为他们经常被指控为有虚荣心和贪婪的艺术家。

但是，即使承认艺术家的"好心"和真诚，文化批评家也仍然认为，他们创造的作品在原则上是劣等的，甚至是垃圾，不值得拥有"艺术"之名。他们能够谴责我们的时代而不是艺术家。我是以昆汀·贝尔（Quentin Bell）的著作（《坏的艺术》）的精神使用"真诚"这个术语的。贝尔说，在艺术家的心里有一个内在的检查员，这个检查员询问他："你们是真诚的吗？"显然，只有真诚的艺术家才能创造出有尊严的作品，然而不是所有被真诚的艺术家创造的作品，同时也不是所有有尊严的作品，都是好的艺术品。正如不是所有个人都具有一个性格一样，因为有不重要的人，也有没有实质性的人。然而他们仍然是人，不能用作纯粹的手段。坏的艺术像一个没有性格的人一样，但它们仍然是艺术。

我有一个错误的印象，人类早期没有坏的艺术。当然，过去有。只是我们没有在博物馆看到，或者没有在音乐厅聆听到，或者它们没有在剧场或者歌剧院上演，或者它们没有付诸出版。当代艺术只要发现了技术的标准，绝大多数是没有精选的。它们不能成为甚至大致平等的质性。虽然仍然有专业评价作品的质性的严肃的艺术批评，但是现在没有高级现代主义时代欣赏艺术批评家的权威（通常很好使用又常常错误使用的权威）的艺术批评家了。他们提供一个尺度而不是判断，不重视精选的过程。

对当代艺术的控诉是多方面的。然而它们也许用以下方式来概括，我用我自己的术语，即使我不认同它们：在当代艺术作品中，至少在一些诸如装置或者视频作品或者融合了比如爵士乐那样的流行音乐的音乐作品中没有尊严。当作品被委托创作时，它们对公众做出了太多的让步或者满足于委托人。我记得，第一种文化批评家（包括大多数参观画廊的中产阶级以及一些去音乐厅的中产阶级）实质地界定"艺术作品的尊严"。这是我用形式的（康德的）定义来避免的东西。我来谈及艺术作品尊严的一些实质性限定：严肃的作品不包括爵士乐引述；一部严肃的歌剧作品不能涉及当代政治事件，如尼克松访华；装置不是艺术作品而是玩笑，只是很糟糕的玩笑；只有怀着一种创造感受的虚假冲动才使建筑物看起来像雕塑；"有趣"不是一个审美的范畴。然而如果采用我的定义，这些反对意见都不重要。不过，有一种反对意见也许可以影响我的形式的定义，这涉及电影音乐或者为某些场合（如奥林匹克运动会项目）而被委托创作的作品。当然，被委托不会影响一部作品的特征。西斯廷教堂的壁画是被委托的，菲利普·格拉斯（Philip Glass）的作品《欧立龙》（Orion）也是受委托而作的。事实上大多数严肃的音乐作品是由交响乐团、音乐学校和乐团委托创作的。虽然格拉斯的这部特有的作品（我极为欣赏其早期的作曲、歌剧甚至后来的交响乐）是政治准确的，但这并不是关键。一部作品不应该是政治的或者不应该涉及任何宗教或政治，这种实质性的定义属于自律范式的遗产。

重复一下，当从康德的范畴必然性的精神的立场——也是就一个人而言——来谈及一部艺术作品的定义，更准确地说其统一性时，艺术作品本身就是目的。不过，这不仅仅是目的本身。具有政治或宗教议程的作品（正如就"行为指南"）在当代艺术中很典型；如果一部作品不是只作为政治说教的手段，那么它们不是没有尊严。

让我来谈谈这些可以认真对待的论证。毫无疑问，对某些当代艺术，特别是美术，音乐或者文学的第一反应，也许是这样惊讶："太有趣了！""有趣"事实上不是一个审美的范畴。从"有趣"不是一个审美范畴的环境来看，这不是说一件发现"有趣"的作品不能是一件艺术品。许多事物能够是有趣的，比如娱乐、食物、闲谈，然而其中也有人的性格和艺术品。如果人造的"有趣之物"不被使用、消费而是被凝神观照，如果人们尽力辨认其本质、意义或者没有成功地把它的巫术翻译为日常散文，那么它是一件艺术品。此外，第一次邂逅我们发现"有趣"的东西在几次遇到同样的作品或者风格之后，就不再感到有趣了。最低限度主义音乐也许一开始听到时，听众觉得是有趣的，但是熟悉了最低限度主义语言之后，纯粹的审美愉悦可能取代"太有趣了！"这种印象。

确实，像装饰和视觉艺术一样的当代作品使我们面临所谓的审美问题，这些问题在我们时代之前也是知道的，然而人们很少在博物馆或者画廊碰到。这些作品不能被眼睛立刻理解，永远不能被眼睛理解。在这方面，它们失去了它们的"整体论"的特征，这是以传统审美的"总体性"，在高级现代主义审美的"自指"所命名的东西。在建筑方面，这种情况一直是如此，在所有像音乐（对门外汉而言）这种"时间"艺术样式中当然如此。但是我们讨论当代画廊。人们肯定能够赋予这种现象以传统的审美名称，譬如"崇高"，康德的崇高概念或者利奥塔坚持认为现代艺术无论如何不是关于美而是关于崇高的主张。我认为这种命名帮助不大。我只是附带评论说，感性之美绝对没有远离当代艺术。特别是在摄影方面。譬如，戈尔斯基（Andreas Gursky）的巫术摄影或者是希尔曼（Cindy Sherman）的各种作品。在影视艺术或者就装饰艺术而言的崇高和美的对立不是反思的经验，至少对我来说是如此。在影视艺术中，人们有时遇到无与伦比的美，完美的抽象绘画或者风景画。

影视艺术是困难的，但也许装饰艺术在当代艺术形式中最困难。新媒介试图实现所有的观念，对所有的思想进行实验。这就是的确有许多普通的影视艺术和糟糕的装饰艺术的原因。许多坏的艺术仍然是艺术。但是当成功的时候——引述奥斯勒的话——它就是巫术。这个困难也在于用一种方式来处理异质性以达到创造具有一致概念、观念、意义的某种东西。

我认为，许多重要的装置，我判断这些是重要的（以及我还没有看见的那些重要装置），把解释对象（interpretandum）视为一种引述。然而严格地说，这不是一种引述，因为装置的解释对象不是以装置的自身的媒介进行完成的作品。我已经多次指出，引述在当代艺术中具有重要的作用。人们谈论对古老的大师的利用，对他们的作品的剽窃。利用和剽窃是用词不当。因为如果人们挪用了古代大师的某些观念，人们不是利用他们。相反，人们重新认定了他们的辉煌，认可了他们的自我性（ipseity）。正如在戏仿中发生的一样。正如学生戏仿具有人格的老师一样，画家和作曲家戏仿具有人格的作品。在好玩而有吸引力的作品《阿拉克罗佛比亚》（"Arachnophobia"）中，年轻的作曲家邦斯（Kenji Bunch）对爵士乐致以敬意同时把爵士乐引述插入他的创作中。众所周知，音乐有时引述流行的主题，有时引述平庸之作，在创造中重要的问题不是他们引述了它们而是他们使用这些引述的方式，绝对多数是反讽地使用。画家有最喜爱的艺术家的作品来引述。譬如，如果我们想到博特罗（Pierre Bottero）或者切尔努斯（Tibor Csernus），卡拉瓦丘（Caravaggio）是最喜欢的人之一。然人们应该想到，剽窃不是画家和作曲家的主要兴趣。它变得越来越少见。诸如布列兹（Pierre Boulez）、利格特（György Ligeti）、古拜杜丽娜（Sofia Gubaidulina）、帕尔特（Arvo Pärt）、武满彻（Tôru Takemitsu）或者库尔塔格（György Kurtág）等杰出的当代作曲家没有剽窃，众多的视觉艺术家也没有这样做，他们绝大多数受到高级现代主义前辈的影响。

但是让我回到装置和视频作品的所谓审美问题上来。文化批评家抓住了要点。倘若一部装置从一个画廊或者博物馆移动到另一个地方，它必须被拆装成零件来运输；它不再是一个整体，即它不再是一部艺术作品。这与重新画一幅画的一部分、用摄影欺骗或者把一座雕塑从广场移动到博物馆保存，不是同一回事。甚至一个死人也应该被充满敬意地对待，更不用说这种装置还可以复原。让我谈及奥斯勒（Oursler）的一部装置作品，它是库尔贝（Courbet）的画作《艺术家工作室》（Studio）的仿作。我把这种活动称为"他律—解释"（hetero-interpretation），以区别于自律—解释（auto-interpretation），后者指人们按照相同的媒介来引述或者解释一部作品。譬如，库尔贝的《艺术家工作室》已经被当代画家布鲁诺·西维提科（Bruno Civitico）在《感觉的寓言》（Allegory of the sense）中重新解释，这是一种典型的自律—解释。在库尔贝的绘画中，画家和他的裸体模特居于中间，其周围是著名的人物。在装置中，视频屏幕在中间，在画家和模特之间没有严格的区分，中央被当代艺术作品所围绕，一些作品被另一些作品围绕，奥斯勒以他自己的风格也被其他作品所围绕，或者他把一些作品视为是其他风格的滑稽模仿。并非所有的微型装置都是美的或者有趣的，然而涉及库尔贝的"原创的"肖像画，情况也是如此。

在美术中（也在文学和音乐中）他律-阐释是非常传统的，从圣经故事、神话的视觉重述开始，持续地对用其他媒介的相互作品进行重新阐释。在这里,非传统的东西是转变解释对象的媒介。不过哲学观念很少用艺术媒介而是寓言式地进行重新阐释,虽然有时碰巧有,如在理查德·施特劳斯的《查拉图斯特拉如是说》中。现在,像装饰和影视艺术这些新型艺术作品不仅适合把哲学观念转变为它们的媒介,而且在某种程度上它们呼吁这种转变。在我看来,不是所有这些尝试都是成功的。例如,如果在一部影视作品中,台上表现(这也能够是装饰的展示)谈话了,因而观念在话语中,在言说的文本中,在图像和话语的关系中得到直接或者间接表达,那么这个作品不可能留下深刻的印象。这也许是我个人审美趣味和我有限经验的表达,但是我认为,如果人们只聆听声音,也许是一些音乐,并且图像自己向我们言说,那么会更好。口头的哲学理念通常不如呈现给我们眼睛的哲学理念。

请让我简单地谈论一种充满智慧和意义丰富的极为美的艺术,这可以作为影视艺术中哲学概念的成功再阐释的原型之一。我指的是在纽约现代艺术博物馆展览的瑞士艺术家彼得·弗施利(Peter Fischli)和大卫·魏斯(David Weiss)的作品《事物行走的方式》(*The Way Things Go*)。"因果链"的哲学问题被表现在屏幕上。对此屏幕进行沉思的那些人开始看到(不认知而是观看),因果链是纯粹偶然事物的链条,没有最初的原动力,也没有最后的结果。一种东西撞击另一种东西,这种东西又撞击别的东西,如此不断进行,发生的一切被最后决定,然而任何东西都意味着虚无。移动的东西如玻璃、球或者一壶牛奶不是特有的,然而事物的移动,它们的"命运"使我们心神不宁。牛奶流溢而出,水奔泻着,火爆发了,然而没有什么是结果。是颜色!蓝色和白色的阴影或者红色是纯粹的感性快乐。正如亚里士多德或者维特根斯坦所讨论的,它们不仅在那儿,也发生了。抵制回来再瞧瞧的愿望是很困难的,如果面对艺术品,也通常是这样。比尔·维奥拉(Bill Viola)的影视-荧屏创作也是如此。在他的作品中,宗教的理念也是哲学的理念,因为他的创始(诞生)、洪水和救赎被如此强烈地重新阐释,以神秘的呈现进行舞台化,以至于它是一种新的唯一的图像,也是美的感性娱乐,这不会使人们忘记。我已经谈到,美和崇高的对立就现代艺术品而言几乎没用。

现在我从对当代艺术的维护转到主要的理论,更准确地说是审美的议程上来。我不是说,艺术的自律现在是,更准确地说过去是一种错误的观念，虽然我认为艺术本身应该是否自律或自治这个优柔寡断的决定，应该用到单个艺术品，这个优柔寡断的决定引起了混乱。相反，我要提出，另一个康德的范畴——尊严的范畴有助于更好地在艺术世界引导我们，如果我们不以规范的而是以描述的方式应用这个范畴的话。

"艺术的自律"作为一种战斗口号来维护判断的规范的原则，其好处是为高级现代主义辩护，反对大众文化的冲击，防止它被粗俗的趣味、妥协、娱乐的引诱所感染，更准确地说是搞遭和摧毁。这个任务已经完成，不再需要了，支持19世纪的普遍作品反对高级现代主义的最好作品的"中产阶级"（或者社会现实主义）趣味也是如此。用"艺术的尊严"取代"艺术自律"口号没有伤害《伍采克》（*Wozzeck*）、《摩西和亚伦》（*Moses and Aaron*），卡西米尔·马列维奇（Kasimir Malevitch），也没有伤害康定斯基。它们已经是经典，这些作品的尊严受到高度的尊敬，他们能够和巴托克（Bartók）、斯特拉文斯基、超现实主义者、培根和格里（Gehry）分享这种艺术的尊严，而这种尊严不再是特权。

在艺术自律推动高级现代主义的时代，其他审美概念也开始在审美理论中发挥着规范的作用。我指的是自指概念和对再现的禁止。虽然这些审美范畴正确地说审美规范与对自律的追求是同时存在的，但是事实上它们比后者活得更长，使自己在所谓的后现代理论中很舒适。当代艺术世界没有遵循这些规定。更准确地说，一些艺术家遵循它，一些艺术家不遵循它。在这种浮光掠影的基础上，要对他们的作品作出评价性的判断是很困难的。

咱们转向自指范畴，它能够意指完全不同的事情。例如在传统的对整体论要求的精神里，它指的是完美、完善。人们能够说，在一部艺术品中，一切都需要涉及别的一切东西，没有什么在那儿是多余的，没有一笔一画，一个音乐音符，一个句子是多余的。人们也能够说，艺术品需要独立地被理解。它不应该指向作品之外的任何东西。事实上，在外面没有任何东西。那是说，这个"单子"没有窗口。

人们能够在微弱和强烈的意义上理解这些。如果人们在微弱的意义上理解，就会说，当然，在作品之外还有几种东西被作品吸收，如社会的或者个人的经验，他们表达的无意识或者有意识的心灵。然而人们不需要知道一件艺术品表达的是什么，以便被一件作品触动并凝神观照它。此外，对是什么激起了艺术家的灵感是很不确定的。如果没有一丝怀疑主义，那么甚至自我解释也不需要被采纳。如果人们依赖这种微弱的解释，那么人们就会同意大多数艺术作品是从自己来被理解的，不管是否有来自"外部"的动力。但是人们能够补充说，如果艺术家阐释清楚了作品如何并借助什么"从外部"获得灵感的，并且要求认识到这种外部参照物，那么这不会伤害艺术作品。不过，自指的强烈的解释不允许外部参照物包括到作品的欣赏、理解中来。

一件作品应该是没有限制的自我世界，人们能够一脚踏进这个世界也能走出这个世界，这种认识很有吸引力。也许当里伯斯金说，所有建筑物应该讲述它们自己的故事的时候，他也意指的是与此一样的东西。然而，人们必须首先界定意指的是哪个世界。例如西班牙北部的达利博物馆，这个博物馆显示的仅仅是超现实主义绘画和其他的人工制品。这里的世界是什么呢？是整个博物馆，单幅绘画，安排吗？当然这不是现代现象。人们能够对几个教堂说这种类似事情。但是当罗马式，甚至巴洛克教堂被建立时，没有人实验这种自指的观念。因为，请让我承认和使用本雅明的范畴，自指是一个后灵韵的概念。没有神圣的任何东西能够在强烈的意义上被解释为自指。现在成为"后现代"的东西也包括了再度加魅的趋向。结果，它没有排斥从"外部"得来的灵感的开放的承认，但也没有排斥言语表达效果的意图（如就政治海报或者宗教赞美诗来说）。

再现的问题联系着指称的问题，然而和后者不是完全一样的。就自指而言，关于艺术品的客观或者主观条件或者效果的问题不能被提出来，就指称而言，"关于什么"的问题被排斥掉了。并且，作为一个问题它没有被排除，因为答案已经存在：一件艺术品只是关于艺术品本身。画家没有画朋友的烟斗或者风景或者肖像，他们只画一幅画。库斯勒（Arthur Koestler）机智地揭露"非再现"范式背后的自我欺骗。画家只画一幅画，既不是房屋也不是肖像，甚至不是白色的正方形，这到底是什么意思？既然你想去掉再现，你就不能说画家只画一幅画。因为当你这样说的时候，你已经涉及了再现。如果你想去掉再现，你就不能谈及画家或者绘画，只能说到在表面上写一笔一画的人。当你说"绘画"的时候，你也在说再现，它也能够是任何事物的再现。

一幅画也是"关于"某种东西的。我认为这适合所有艺术。然而，如果人们接受我对艺术的定义,把艺术作为不仅是用作手段也作为目的本身的具有灵魂的事物,那么人们说一件艺术品是关于某物的还是拒绝这种事物,这个问题就变得不重要了。虽然重要,也许不是非常重要了。因为在坚固表面上的一些笔画本身不值得作为目的本身。它必须是一幅画,因而也是关于某物的东西。不过,这不是说,人们必须回到传统的指称概念,在传统中,除了音乐和建筑之外,精确性等同于逼真性。

既然艺术品的尊严概念(与自律相反)在美学上不是规范的,甚至在微弱的意义上也不是,那么它就没有提出一个可以借以来区别作品好坏的标准。它没有提供关于艺术品的起源的答案,它也没有回答青年卢卡奇的问题"艺术作品存在。它们如何可能?"

对我来说,这个陈述"艺术作品存在"是重要的,关于它们可能性的问题不重要。艺术作品的价值在它们的存在中。所有的审美判断预设了这种价值。我今天所做的事情就是严密地谈论艺术作品的价值,这种价值处于它们的存在中,处于它们每一件作品中,处于它们所有作品之中,这不能被解说或者阐释,只能被显示。以往这是一种最低限度主义的方式。对我来说,这种最小值也是最大值。也许是相反相成。

参考文献

1. Adorno, T. W. *Aesthetic Theory*, trans. C. Lenhardt, ed. G. Adorno and R. Tiedemann. London: Routledge & Kegan Paul, 1984.

2. Bell, Q. *Bad Art*. London: Chatto & Windus, 1989.

3. Benjamin, Walter. "On Language as Such and on the Language of Man," in *Walter Benjamin Selected Writings*, Volume 1, 1913 – 1926, ed. M. Bullock and M. W. Jennings. Cambridge, MA: Belknap Press of Harvard University Press, 2008, 62-74.

4. Gombrich, E. H. *The Story of Art*. London: Phaidon, 1967.

5. Heller, Agnes. "The Unknown Masterpiece," in *The Grandeur and Twilight of Radical Universalism*, ed. A. Heller and F. Fehér. New Brunswick, NJ: Transaction, 1991, 211-246.

6. Kant, Immanuel. *The Critique of Judgment*, W. S. Pluhar (trans. and introd.). Indianapolis, IN: Hackett, 1987.

7. Lukács, György. *Die Eigenart des Aesthetischen*. Neuwied: Luchterhand, 1963.

8. Lukács, György. "Heidelberger Philosophie de Kunst (1912 - 1914)," in *Georg Lukács Werke*, Vol. 16, Neuwied：Luchterhand, 1974. Translation by Agnes Heller.

9. Lyotard, Jean-François. *Lessons of the Analytic of the Sublime*, trans. E. Rottenberg. Palo Alto, CA：Stanford University Press, 1994.

（傅其林　译）

情感对艺术接受的影响

情感，即通常所认为的感情，从柏拉图到康德的形而上学传统中一直以来都被视为怀疑的对象。情感与一切运动的事物一样，都是短暂且偶然的，因而必将臣服于永恒的、不朽的、必然的事物。虽然情感能够成为哲学探讨的对象，但只有在与单纯的某一观点相关的情况下，它们才能成为这样的对象。只要对亚里士多德的著作匆匆一瞥，你立马就会发现他在《伦理学》和《形而上学》中对情感和感情的处理与在《修辞学》中的不同。类似的情形在康德的《实用主义人类学》中也有体现。但是，凡事都有例外。这个例外现象就是我们所谓的"艺术"。亚里士多德在《诗学》中把悲剧和悲剧的接受放到和哲学相提并论的位置。康德的《判断力批判》中把快感/非快感的作用与先验的反思判断联系起来，这样情感便以平等的角色进入整个体系之中。

虽未明说，但人们常常假设由美，包括艺术之美所带来的愉快体验，可以去除感性和感情中低俗且易受指责的特征。即使在追求真理的过程中，在崇尚务实和有用至上的领域中，感情绝对（或至少）扮演的是一个有问题的角色，且理应受到精神和理性的控制。然而，在接受艺术和美的作品时所获得的快乐中，情况却恰好相反。由艺术作品激发的情感和感情，使我们有可能去克服特殊性、偶然性和有限性，使我们走向永恒的、最高的境界。我必须补充的是：在艺术作品的方式呈现，或者由艺术作品的存在而构成的微妙的情感，从亚里士多德到康德都认为它们仅仅归属于接受者。接受者的态度是凝神观照的、虚静的，眼睛和耳朵超越了实用和实际的目的、行为和选择。正是在纯粹的接受状态中，感性才能成为触发器，激发更高级的、微妙的、精神性的情感。直到19世纪晚期，感情和情感的作用在创造过程中才得到了系统性的表现。当然，在此之前也不乏一些先行者，如柏拉图就曾对诗歌的迷狂进行评论，费西诺也曾对疯狂的诗人的神圣性加以阐释。然而，非神秘的理性主义逐渐占据主导地位，使这些早期的说法遭到了边缘化。当系统考察情感和创造力的关系后，人们发现，在我们的心灵-心理机制中，有些东西在接受和创造中显得至关重要，这些东西就是想象力、幻想力。

我必须事先申明，我并未打算回答情感生活同创造性的关系，原因至少有一个：这个问题无法用一般的哲学理论来回答。因为这种相互关系包含心理学上的考量，而对于这种考量，心理学各个流派之间观点迥异。更重要的是，在我看来，创造中的情感投入在每种情况中都是各具个性，唯一独特的。到底谁是创新创造的条件？激情澎湃、狂热疯癫，或是麻木不仁、冷眼旁观，这一切尚无定论。笼统地来谈论这个问题，是毫无意义的。因此，在下面的内容中我将绕开艺术作品创作中的想象力或是幻想力，将精力集中于阐明感情在艺术作品的接受中的重要性上。此处，我所关注的并非创作中的特异性，而是艺术品接受中的互动性。

感情与情感

一旦说到"简单感情"，人们就已经把感情简单化了，但也不得不承认人基本上是以简单的感情为出发点的。所谓"简单感情"，我曾在《情感理论》中这样论述：如果某种感情是由遗传基因控制，且其存在与否不依赖于具体环境，甚至在它们回应具体的刺激的情况下都是如此，我们就称之为简单的感情。这种所谓的简单感情的质性是"基质"，即所有复杂的感情、情感、情感倾向的原材料。简单感情有两类：第一类是快感或非快感（痛苦）的感情，换句话说，即好的或者坏的感情，大多数的哲学都以这种简单的感情分析为开端；第二类包含了除最基本的感情之外的一些为基因遗传所控制的感情（如恐惧、焦虑、羞愧、恶心等），以及一些天生的内驱力（如饥饿、焦渴、性驱动、性欲等）。自出生的那一刻开始，这些简单的感情就开始不断地分化和组合，快速地建立起各自的感情链，随后开始通过语言的使用转化为情感或情感意向，并且通过经验和教育将认识和情景整合，从而形成基本感情的原材料。

在日常生活中，所有的情感、所有的驱动力，乃至所有的情感意向（例如爱、恨、痴、妒等）都是以自我为中心，至少当它们导引我们在世界中构建自我的情况下是如此的。它们既是判断又是路标。举例来说，我一般情况下并不害怕，但是的确又害怕某些东西，我就必须找出我所害怕的到底是什么。恐惧作为情感的一种，对情景进行评估或是判断，对我们的自我进行定位。这样的判断和路标并不是感情和认知评价的结合，因为情感本身就是判断和标识。也就是说，情景以及对情景的认知判断、价值评估以及内驱力共同构建了情感，对狼的害怕，与对考试的恐惧或者荣誉丧失的恐惧是不同的。害怕的情感本身在每种情况下都是不同的。因此，要描述或定义单一的情感是十分困难的，甚至可以说是几乎不可能的。亚里士多德也意识到了这个困难，所以就用了几个范式案例来支撑他的定义或描述。在他的《修辞学》里，范式（Paradiegma）就是支撑他对简单情感进行分析的代表性说明。

长话短说，所有的日常情感都是简单感情的复合，因而认知和情景，即知识和信仰，有关真假虚实的判断，都是情感本身固有的一部分。每一种在现实生活中引导着自我的日常情感和情感意向，都直接是以自我为中心的：不论是我们个人的自我，还是扩大了的自我。因此，所有实用或是实际的情感，尤其是爱恨这一类的情感意向，都代表着"自我利益"，不论利己的或是利他的，因为从这一角度来说，两者是没有什么分别的。这些感情无论是作出了好的抑或是坏的，有利的或是有害的判断，本身并没有多大的区别。因此，日常生活中的情感既不是普遍的，也不是普泛的，它们应该在特殊性的范畴中加以理解，即在基本上没有体现出差异的范畴中进行理解。

情感与艺术作品

当我们凝神观照一件艺术作品时，我们的情感会产生怎样的变化？若我们以一个接受者的态度来面对艺术作品，又会发生什么呢？我们从我们的日常生活中抽身出来，悬置自己实用的、实际的功利，抛弃自己。自我抛弃是一种情欲的姿态。这种情色的吸引力在实际和实用的日常生活中大多数是以异质的碎片形式出现（唯有激情的情爱例外），并且终将集中于某个点或是某种单一的体验。正如在认知后动中，集中总是伴随着情感的激烈化。我同时放大听觉和视觉，并将自己暴露在情欲的吸引之下，可以说赤裸裸的，没有保留的暴露。这意味着我让自己接受艺术作品的刺激，这就是我们所说的美。当情侣建立了相互的关系后，情欲的接触也会成为两个人之间相互对等的交往和吸引。相反，如果不能形成相互的性吸引，一个人就难以谈得上严格意义上的快乐。

因此，在艺术中体验快乐也是一种相互的情欲吸引，艺术作品献身于单一的接受者。艺术作品就好像是一个人，它的灵魂能回应我们的爱。当我们爱上一部艺术作品时，它会对我们的感情做出回应，这是一种相互的关系。若它对我们冷脸相对，就不会产生这种关系了。这意味着，艺术作品既不会伤害我们，也不会厌恶我们，更不会为了增加自己的利益而反对我们；它既不会偷走我们的爱人，也不会破坏我们的国家，诸如此类的行为都不会发生。在以接受者为取向的情况下，我们悬置引导日常实用和实际的活动的所有具体情感。虽然它们只是被悬置，但只要它们被分解成原初的简单感情，它们就会消失。在这种独一无二的自我放弃状态下，它们返回到原初的简单状态，正是因为它们脱离了所有的日常生活，脱离了所有的依赖于知识和信仰的评价，也就是说，脱离了它们的自我相关性。它们成了自由漂浮的情感。因为它们是人类的感情，所以在那些自由漂浮的感情中仍保持着开放性，这种开放性，即乐意将自己重新组合成具体的情感或者情感意向。其之所以能被保存，不仅因为这种乐意是人类感情固有的一部分，还因为与日常情感的断裂也是由情感所引发的，即对于艺术作品突然的沉溺所引发的。这种情爱和实用的、实际的自我没有关系，而是与沉思的自我和观察者的自我有关系。这种爱是不服务于利益的。在所有情感的意向中，唯爱独自被保存，因为其他的所有情感意向（比如憎恨、嫉妒、羡慕）都被搁置了。而且只要定向自我仍然存在于沉思之中，它们就会消失。但是爱作为一种情感意向保持了自己的品质。它不仅仅直接作为一个独立的事件而出现，它也保存在几种不同的具体的情感事件之中。爱，作为一种直接依附于情景的情感倾向，体现在各类间接依附于情景的情感倾向之中。

正如我在《情感理论》中所指出的，情感也是判断。因此，所有具体的情感事件都是由艺术作品的现身而触发的判断，一切都蕴含在接受者和作品之间的相互情爱之中。极其相似的事情在日常生活中也会碰到。我们已经知道简单的自由漂浮的感情是怎样通过情境和认知而变成共同决定的了。但是这些情境、意义不是通过行动的日常语境来呈现的，而是通过艺术作品本身来呈现的。我敢说康德"审美无功利"的审美批判的规范也可以根据这种观念的精神来进行解释。在对于接受的乐意中，在对艺术作品保持的开放性和热爱之中，缺乏情景的情感不再是以自我为中心的，从这种意义上说，这也是脱离功利的。我们也可以描述出非情景化的情景，在这种情景下，所有认知共同构成的情感同时被悬置，留下的仅仅是非概念性的简单感情。但是就像前文所说，这些自由漂浮的、不确定的、脱离了功利的、概念的感情，会在接受艺术作品的过程中转化为崭新的情感。在艺术接受过程中，这些情感尽管不是以自我为中心的，但始终是自我促进的。没有自我促进就没有快乐。正因它不是自我中心的，所以这种自我促进与日常生活中自我关涉性有着本质的不同。在艺术体验中获得的快乐不是一种道德实践，也与利他的自我主义者没多大关系。

在沉思的情景之后，从自由漂浮的感情中产生的新情感将是不同的，而且以不同的方式构成，这些不同都取决于所沉思的艺术作品的类型和特征。不论我们读小说，听音乐，还是看油画等，这些新的情景都将会以不同的结构出现，正是由于这个原因，我发现若要笼统地谈论艺术作品是充满问题的。在这方面，不同的艺术在本质上也是不同的。然而，本文主要论述的正是如此，因为即使充满问题，以这种形式谈论艺术仍然是有意义的。感情与日常生活中的以自我为中心的情感的原初断裂，以及它们在艺术作品接受的过程中受情感的重新安排和认知的共同决定，在所有的艺术品里都有发生，不论是戏剧、协奏曲、雕塑、建筑、歌剧、诗歌还是别的东西。唯一能与艺术接受中自由漂浮的感情的重组进行类比的，就是宗教冥想或神话体验。

我知道过分普遍化的危险，但是在接下来分别对文学、艺术和音乐接受的重置的特殊性进行的简短讨论（我承认这实在太简短了！）中，我还是无法避免这些危险。

既然语言是文学的媒介，那么认知活动依然是接受活动不可避免的方面。当一个人听到一个老外朗诵诗歌的时候，他也许喜欢诗歌的音乐性，但是这绝不等同于以听者自己的语言来接受诗歌，原因之一在于音乐所释放出的自由感情对情感的重新排列造成了干扰，它们使本可以将其重新排列成情感载体的特定认知工具失去了部分效力。原因之二，正如下文中我们即将看到，相对来说，音乐所释放的自由感情对于辅助情感重组的认知工具的依赖较小。戏剧和小说在类似情况下也大多缺乏音乐的准接受。对于戏剧或小说这样的艺术类型，在情感和情感意向的新构建中，情景的评价发挥着重要的作用。例如，我们必须理解理查三世雇佣杀手去杀害他的弟弟的情景，才能认识到他的性格，并形成恐惧和厌恶的情感。在任何情况下，情感都是运动的，它在文学作品中就像在日常生活中一样是充满活力的。因而，对于某种情景的每种新解释将会修正既得的情感的质性和强度。从经验中我们得知，对文学作品、人物和情景的重新阐释都会改变我们的感情参与的质性和强度。

在文学中，另外一些东西在情感的重组中也发挥着重要作用。其中包括我们对人物尤其是主要人物的认同。不管是在读一本书还是看一部戏剧时，我们都会试图从这个或那个主要人物的角度看待剧情的发展。当其中的一个人物陷入愉快或不愉快的处境中时——不管他是唐·吉诃德、哈姆雷特、威廉·迈斯特（Wilhelm Meister）、马塞尔（Marcel），还是汉斯·卡斯托普（Hans Castorp），我们都会觉得我们就置身于他们的情境之中，不管我们是否与他们相似，也不管我们是男人还是女人。让我再重申一遍：情感评价不是道德评价，至少在作者没有考虑道德影响的情况下是如此的，而且在大多情况下确实是如此的。在多数情况下，我们会同情主人公，哪怕他罪恶滔天，如《汤姆·琼斯》小说中；我们会包容他们，哪怕他们有弱点和失误，如简·奥斯汀小说中的爱玛和玛丽安。即使主人公不是特别有吸引力，如陀思妥耶夫斯基作品中的拉斯柯尔尼科夫、德米特里·卡拉马佐夫，我们对他们的命运仍然常常充满焦虑。焦虑也融合着希望，我们希望有个满意的结局——哪怕不一定皆大欢喜。这种满足不仅是为主人公，也是为了整个世界，因为我们也在一瞬间置身于那个文学世界之中。

谈及对满意结果的焦虑和希望之后，我有必要补充一下，当亚里士多德在《修辞学》和《诗学》中谈到观众心灵中的恐惧并把它作为悲剧的情感效果之一时，他必然也想到了焦虑，否则他不能坚持认为，由悲剧引起的恐惧能净化掉或者减轻实际生活感受到的恐惧。亚里士多德在这方面提到的另一种情感是同情，这是一种在叙述文本的接受中经常能感受到的情感之一。其他的还有（仅列举了部分）：恐怖、厌恶、悲伤、快乐、痛苦、爱、惊讶、遗憾、好奇、绝望。爱的情感倾向在文学里是重复的。有与艺术本身有关的主要情爱关系，也有投射在一个或几个人物身上的情爱。我们都爱罗莎琳德，可能也爱爱玛、皮埃尔·别祖霍夫（Pierre Bezuhov）、斯旺（Swann）、托尼·布登勃洛克（Tony Buddenbrook），不可枚举。

所以，在实际生活中，为了便于重新组合，有大量的情感被化解并恢复了相似但又不同的品质。然而，自我关涉的情感会在接受中完全消解，永不出现。一个人在接受戏剧或小说的过程中，会经历焦虑、爱、不幸、悲伤、满足或快乐，但不会产生嫉妒或羡慕的情感。没有读者羡慕他同情的人物。这时只会存在希望但并不存在欲望。通常人们不会对文学人物产生肉体上的渴望。憎恨和空虚也大体上从观众可能的情感中排除了。观众不能把自己与虚构的人物相比较，因为没有现实或者可能的对比，所以就不会有羡慕、虚荣、憎恨和嫉妒。在戏剧人物面前我不会惭愧害羞，也不会恨任何人，哪怕是杀人犯我也不恨，因为我甚至不能从精神上对其进行报复。接受者在这种意义上来说是无助的、无力的。

一般来讲，艺术家不以这样或那样的情感接受为目的。若有例外，则可能是具有政治和道德意图的文学。在高度现代主义时代，情况恰恰相反：艺术家意在使接受者的任何情感丧失，只注重理智的接受。布莱希特所谓的陌生化原则就是例证。人们通过文学质料的反讽手法，设计出冷淡和疏远的程序，以达到不可能的目的。不必说，这种计划几乎没有获得成功。一个人能避免某些典型效果的情感，例如感伤，但不能避免普遍的情感。有几种理智的情感常常出现在接受喜剧的过程中，即反讽、突兀和困惑。另外，从语言游戏中得来的满足感、愉悦感本身就是一种情感。当一部作品根本没有引起任何情感时，那么我们不能谈及艺术作品的接受。不然的话就是把一个艺术文本当作一篇科技文章来读。

情感、灵韵、家园

我们与一幅画的关系，就像我们与所谓的现代文学文本的关系一样，但不同于我们与传统的叙述文体之间的关系。例如，一个人可能会对维米尔（Vermeer）所画的《窗边读信的少女》着迷，但不会对这位画布中的少女产生爱情甚至同情。诚然也有恋物癖的存在，如对《米洛斯的维纳斯》或是《蒙娜丽莎》产生迷恋的。这种明显的差异足以让我们以怀疑的态度来处置艺术的普遍性描述。如果人们面对一幅画时，感情的重组也会发生，而且这种重组在每一种情况下，在每一次接触中都是独一无二的。不过，它不取决于我们对伦勃朗或者凡·高的画作中所呈现的一个或另一个形象的情感参与。这样，我们与蒙德里安或基弗的作品之间的关系和我们同安格尔（Ingres）的肖像画的关系就并无不同。

但在艺术作品的接受中会发生这样的事情：某种情感在我们接触某一件艺术作品前就已经形成，并且不能完全消解成简单的感情，因此在一部分程度上决定了我们在艺术作品中得到的快感和非快感。举例来说，当一名教徒进入教堂，看到里面的宏大精美的建筑时就会体会到快感。人们几乎无法区分宗教情感和审美情感。频繁误用的"灵韵"这一概念就涉及这类纠缠，这一概念也正好用在对精美艺术作品的接受中。宗教徒进教堂的例子可以被延伸和扩大。在一切伟大的艺术品流派中都涉及神圣的形象，如绘画和雕塑中的福音故事的阐释。在文学中也会碰到类似的"灵韵"。人们不会把《圣经》当作艺术作品来接受，即使圣经中也有文学性的东西。文学中的特例，在艺术中却可以成为典型：艺术作品本身引发宗教情感。

尽管宗教情感既不现实也不实用，但它融合于审美情感之中，而审美情感的前提则是纯粹的沉思，即无情景的情景。因此，当非信教者沉醉于"灵韵"时，他们也会为宗教情感所震惊。耶稣的一生，尤其是其所受的苦难被呈现在画布上时就是这样的。黑格尔充满溢美之情地把最伟大的艺术，尤其是雕刻，都归属于宗教艺术。虽然我不认同黑格尔的"历史主义"，也不认同他对古希腊造型艺术和奥林匹斯山上雕像的意识形态固执的偏爱，但是我相信，当我们将爱附着于某类可视形象时，谈论严格意义上的"宗教艺术"也是很有价值的。瓦尔特·本雅明在他的《机械复制时代的艺术作品》中把"灵韵"（氛围）归属于前现代艺术，称现代艺术是彻底的后灵韵时代。我不赞同他的说法，我认为，正是"灵韵"为艺术作品提供了神圣的视觉呈现。不仅仅在前现代，现代和后现代的一切伟大艺术作品都是如此。事实上，这个观点来自这种设想：在艺术作品的接受中，情景和认知被重新整合成为情感。当我们看到十字架上的救世主的时，这种关注已经是"灵韵"的了，接受者的情感融合了审美以及宗教的伤感，因此也是"灵韵"的。从来没有听到《悲伤之人》的接受者完全有可能在没有宗教因素共同影响的情况下，体验到诸如混合着审美快乐的悲伤这一类的情感。对他来说，圣母往见日的画面和戴帽女人的画像在实质上的灵韵是一致的。在没有任何神圣东西呈现的地方，人们几乎不可能谈论宗教艺术。那些所谓的主题在艺术中仍是未定的。卢卡奇曾谈到过这种不确定的客观性和表现。

因此，与文学相反，这种表现没有提供明确的路标来暗示情景，同时也没有帮助认知的构成，虽然两者都是重构相对稳定情感的必要条件。感性几乎是在没有中介的情况下给接受者留下印象。正是在艺术中，柏拉图的思想才显得最真实："我们爱美的东西，我们爱的东西是美的"。其中，以视觉方式呈现的美是所有感官美中最美的。但我认为，当把美的概念归为所有类型的艺术时，美的概念被错误地使用了——它变成多余的了，甚至它完全可以被"完善""形式与内容统一"之类的概念所取代。但是在美术中，美丑的概念是不能刻意回避或者有意取代的，不管它指的是人类的面容身体、动物、植物还是风景，换言之，只要是在颜色、线条及其关系中直接呈现出生命和感性的地方，都是如此。所以，毫不夸张地说，如果在美术作品的沉思中，纯粹的感情重新组合成一种新的情感，那么这种情感就是纯粹美学的。

然而这种纯粹感情重新构成新的情感的情况，在一般的文学作品中是不会出现的，虽然在听某些种类的诗歌时也许偶有出现。可以肯定的是，这种纯粹的审美情感并不是形而上学或康德意义上的纯粹情感。严格意义上来说，这些含义中所谓纯粹的情感仅仅是简单的、无中介性以及没有复合结构因素的情感，即使它们是不确定的。需要补充的是，画布上呈现的情景绝不是再现。一笔一画、一色一痕都能够作为一种情景。马克·罗斯科（Mark Rothko）的画布中所呈现的情景并不亚于大卫·特尼尔斯（David Teniers）画的静物。文学作品所激发的几种情感在美术作品中几乎没有。就像前文所说，此处不再以爱或同情的目光来追随他人。人们很少嘲笑一幢建筑物，除非它是丑的或受到曲解。即使滑稽的画作或形象也能引起微笑、好奇感以及静默、解密的快乐，也许还有一丁点苦涩，但是我们不会笑出声来。

我们知道，审美情感是一种判断。这种判断把作品作为整体而不是作品呈现的情景来评价（还是排除灵韵型作品）。我曾提出艺术作品中的呈现是不确定的。我现在想补充一下：是相对的不确定。比如，它所呈现的并不仅仅是美，而是某种具体的美——生命形式之美或生活方式之美。有些东西是以生活方式的形式呈现出来的，这种生活方式占据了接受者的情感中心。情感判断的发端是接受者与呈现在画布上、大理石和石头上的生活方式的连接。所呈现的生活方式可能早已消失，但仍然可以是我们的生活方式。由我们所认可的生活方式激发出美好或是离奇的基本情感，而过往的岁月的生活方式引发出怀旧的初级情感。故而一部艺术品的情感效果可能完全不同，这取决于接受者的阐释立场。我认为荷兰画风或法国印象派的平原画的画家在他们的时代引发了满足、熟悉、喜悦、沉思、趣味等情感。这些对当代人都是雅致的，但对未来年代的人未必是这样。当代的情感基本上可以用这个怀旧来描述。比如现代人觉得梅恩德特·霍贝马（Hobbema）画中村民快乐而平静的生活，或米耶·柯罗（Corot）描绘的舒适森林更有吸引力。他们喜欢去那儿，喜欢在林中散步，喜欢享受那里的生活。这似乎并不是无条件的怀旧。只要站在画前他们才充满怀旧，而看到画之前或离开画之后就不会。能产生怀旧情感，就表明绘画在带给接受者体验时不会受"感念"或"功利"的影响。

不可思议或者说"离奇"也是与此相似的。画布上表现的离奇对当代人来说是离奇的。可以设想，耶罗尼米斯·博斯（Bosch）画的地狱丑陋的生物对相信其存在和魅力的那些人来说是离奇的，然而在我们的眼中它们看起来是多么可笑的，甚至是闹剧。雅致的时间距离产生了怀旧效果，离奇的时间距离产生喜剧效果。然而这只在美术中发生。

情感与音乐

音乐，毫不保留地说，是非确定性内容的艺术形式。当然，只有在纯音乐中才有这种情况。如舒伯特、舒曼或者施特劳斯的曲子，且不仅仅是通过诗歌文本的形式。在某种程度上歌剧是谈不上纯音乐的，因为它自其观念形成之时起，就是一种整体艺术作品。今天，它更是总体艺术作品——音乐演奏、文本、情节、歌唱、扮演、舞台化、导演、指挥，所有这些结合在一起，就是我们在歌剧院里欣赏的歌剧。在 CD 上听歌剧与在歌剧院听歌剧是不同类型的听，甚至情感投入的类型也少有相同。音乐也是有灵韵的，像圣乐、宗教音乐或安魂曲，它们激起崇高、悲痛、虔诚等情感。其中也有礼拜式、主题、神圣故事以及它们的文本阐释。无论人们是否能够在聆听汉德尔的《参孙》时感同身受，人们都不能完全脱离弥尔顿的那本《力士参孙》。

让我们集中于"纯"音乐，虽然是以非常简单化的方式。从 18 世纪到今天，这种音乐通过创造一群强有力的爱好者，在现代情感文化中占据着高雅的地位。卢梭等人主张把音乐当作传达情感的工具和媒介。他的理论已经没有说服力了，几个现代的作曲家对之加以强烈地反对。但问题仍然没有解决：为何几个世纪以来人们赞赏地把音乐作为情感表达的艺术元件？为何人们认为音乐激发情绪和情感？为何人们认为音乐能区分我们的情感生活？为何在很长一段时间内，将音乐和情感联系在一起，为什么现在不再如此？音乐是不是比其他艺术样式更能唤醒接受者的情感，使沉默者言说呢？自音乐产生，就有人相信音乐的治疗效果，相信音乐是治疗，相信音乐拥有把冷酷的心转变成感性之心、把邪恶之人变成多愁善感之人的道德力量。音乐的神话之星是俄耳甫斯和大卫王。古老信条的颠倒是真还是假？托马斯·曼所说的，音乐无论在政治上还是在道德上都是值得怀疑的，是真还是假？阿多诺所说的，只要音乐唤起情感，我们就将面临不真实的退化的听觉，是真还是假？音乐的治疗作用，道德力量真的是一个谎言吗，甚至不是一个虔诚的谎言吗？

正如阿多诺和托马斯·曼那样责备接受者，这是很容易的，然而音乐的情感效果不能被消除或者抹煞。柏拉图是第一个这样尝试抹杀的人，但他没成功。其实，音乐的情感效果既可以用于好的方面，也可以用于坏的方面。它能够赋予谎言以力量，加强丑恶甚至罪恶的本能，然而它也有治愈的作用，能够化敌为友。弗洛伊德称之为情感矛盾性，并且他表示这是不能被避免的，在音乐中不能避免，在任何其他地方也不能避免。

我敢说，不管作曲家同意与否，现代音乐只能触发不确定的情感，而传统音乐则引起悦耳与和谐。或许古典浪漫的传统音乐对于大多数听众而言更为雅致，当代音乐对人们而言则更加离奇，但二者都是对艺术品所引发的刺激的典型情感回应。我们可以沿着这个方向往前一步——既依赖自己的情感经验又依赖我所了解的朋友的意见和看法。我认为对艺术品所激发的情感回应（不考虑情感质性）在结构上都是一致的，无论是听莫扎特还是古百杜丽娜，特里曼还是布列兹，蒙特维尔奇还是肖斯塔科维奇的曲子，马尔蒂诺夫和格拉斯也是如此。有人或许要抗议我把斯托克豪森和卡其等"硬派"作曲家排除在外，那也许是事实，也许不是。不过，无论如何看待这两位激进派作曲家，里格其和勋伯格以及亨德尔和施特劳斯的作品，都能激发情感回应，这一点不可否认。不管是不是这样，是哪种类型的情感回应，这些情感回应都依赖于（或在很大程度上）接受者的文化背景、音乐经验、品位和个性。

　　的确，当说到接受者时，我没有提及音乐学者、音乐作者、批评家、作曲家本人以及他们的音乐同行。我只提及音乐爱好者。既然音乐提供给爱好者不确定的表达，那么天真的接受者就不能接受僵化固定的中心，甚至不会接受诸如引导和指引着情感重新结晶的情境、思想观念这类的暗示。单一的情感——即被拆解的实际和实用的情感混乱的分裂者——在音乐的影响下寻找结晶点，但一无所获。只有在灵魂的轮回中，灵魂为它们提供幻想的形象作为结晶点的代替品。这些形象也可以从爱好者的无意识中自主激发出来。无意识渴望可以部分地增强我们在音乐中的快感，这种快感继而促进幻想的形象的情感建构。情感，尤其是情感评价最终将走向概念化。有生命体验的情感将通过概念化来决定不确定的客体。没人能回答这样的问题：贝多芬的《第七交响曲》的第二乐章究竟是葬礼进行曲还是慢节奏舞乐。这个问题甚至是不成立的。一个听众感觉悲痛，而另一个觉得好玩欢快。二者作为爱好者都在强烈的自我抛弃中聆听音乐。当一个人带着某种期望听一首曲子时，音乐将会准确地满足他的这种期望。因此，如果某人曾经像听葬礼进行曲那样听过贝多芬的《第七交响曲》的第二乐章，那么他第二遍或第三遍听的时候还是会感觉哀伤和悲痛。就算一些人从来就没有过以上的体验（不仅仅在听音乐的情况下），人们也能不断以同样的方式把不确定的情感概念化。在大多数情况下，即使没有完全确定的情感，人们都是这样做的。譬如，当某人想要向另一个人表情达意的时候，就会说"我爱你"。

情感对艺术接受的影响

音乐爱好者倾向于把音乐当成爱人。在这方面，音乐接受与一般的艺术接受确无不同。在所有的情爱关系中，包括与艺术品的情爱关系中，第一次，第二次，第三次，以及多次重复遇见之间是有某种差异的。第一次遭遇极端强烈，但它仍然是抽象的。第一次重复是对爱的确证特别是当它是由对第二次相遇的强烈渴望所致的时候。然而不是所有的遭遇都会确证第一次是爱，失望也存在于对这样那样的作品的热爱中。不过，真正的爱好者虽然可能对一部艺术品失望，但是他将继续渴望另一次新的相遇，并且对他曾经第一次就爱上的那类艺术品产生更高的期望。这是任何类型的爱好者都会碰到的情况，但以音乐爱好者最为明显。音乐爱好者总是渴望重复，他们从来不知满足。简而言之，渴望重复，渴望与心爱的作品再次相遇，是艺术接受之前和之后典型的情感状态。但是，渴望在实际生活中，既不是单一的情感也不是复合的情感，而仅仅是一种渴望而已。我借用康德的用词来表达自己的观点：与情感不同，渴望不属于快感或非快感的范畴，而属于期望。但"期望"对作为艺术接受前后所呈现的快感，与以占有为目的的"渴望"不同。作为一种无目的的渴望，"期望"的目的并不是满足"渴望"，而是满足快感和非快感。因为它渴望接受体验的重现，所以它是沉思的渴望，这就是情感。

我认为，在日常生活中，在实际—实用的情感向一部艺术品的接受敞开之时，它们一旦曾经分解成简单的感情质性，就不会在接受的过程中重新组合成以自我为中心的情感。我也提到了情感品质通过接受进行最终的完善和分化。我们可以得出这样的结论：在艺术接受之中经历了快乐之后，我们将以更少的自我主义和更多的纯真回到日常生活的情感。亚里士多德在他的净化理论里提出了这样的观点，席勒在他的美学论著中也说过类似的说法。但事实证明这种希望是哲学家自己的幻想。这一点不仅有一些理论上的证据，而且更有现实的例子。例如，希特勒对贝多芬和瓦格纳非常痴迷；斯大林热爱现代主义诗歌，并在青年时代亲身参与实践。可以肯定的是，这些例子仅仅被视为例外。然而，问题是更深层次的，正如在许多方面体现的那样，这点康德已经洞察到。日常生活中的利己主义和自我中心的情感，要么被道德和人类的商业文化所浸染，要么就与之不断地相互影响。但由艺术品激发的情感不会这样，因为在没有情景的情况下，所有自我中心的情感都会被解构。它们没有永久地消失，只是暂被悬置。

既然它们被悬置，那么人类的商业道德和商业文化也就被悬置。它们与通过艺术品接受所构建起来的全新情感毫无瓜葛。与在艺术接受中被悬置情感相同的情感，在接受者回到他的日常生活的那一刻又回来了。当然，一个人在艺术品的影响下，为了获得更好的生活，彻底地改变自己的生活态度和生活方式也是很可能的，不过前提是我们拥有各式各样的体验。与爱情、友情、师长的忠告、幻象的丧失、宗教、历史事件、外伤等比较起来，艺术没有什么特权地位。正因为伟大的艺术品所获得的快感没有任何道德暗示，甚至对人类的商业文化毫无影响，所以托马斯·曼才能为它辩护。

企图谴责呈现在音乐色彩、音调、故事中的十足的肉欲快感由幻想、白日梦、自由想象重置的形象所引发的情感热度，是拙劣的想法。但是对我们所热爱的艺术品之间的情爱关系保持怀疑的距离则是另外一码事。当我们把自己抛入艺术作品时，我们的灵魂就完全专注在其中，这实属奇迹。请注意：没有人是那样的微妙，那样的崇高，那样地爱，那样地为非利己主义而开放；没有人可以不羡慕，不虚荣，不嫉妒，不愤怒，不怨恨，不骄傲，也没有人可以不受各种冲动和欲望的影响，这些各种类型的冲动和欲望最终将会完全融合成纯真的情感并镶嵌在观众或听众的情感世界中。人们压根就不应该把自我认定为一个旁观者或是聆听者。从这个角度来讲，布莱希特的陌生化手法是有意义的。

（傅其林 译）

玩笑文化与公共领域的转型

尤尔根·哈贝马斯在当代最著名的作品《公共领域的结构转型》，面世至今已四十余年，一直以来它都为理解普通社会的转型提供明确的方针，特别是17至18世纪的文化现象的转型。[1]即使书中的一些论点和论据经历了质疑和修正，也并未减弱它的导向力量，因为一个观点或一个论点是否正确取决于这种力量。因此，当我着手研究讲笑话这一社会文化习惯，并努力探讨这种习惯的发生发展时，我立即翻阅了这部著作，虽然我发现问题的答案并未直接给出，但它如同贴出的路标一样，使我安心地跟随其脚步。

何谓玩笑文化？玩笑是一种古老的喜剧种类。如同所有的喜剧一样，讲笑话也会招致笑声。事实上，在我们的同事在场或不在场的情况下使用双关语、戏弄或抖一些诙谐的包袱，同样会令人发笑，但这些都不是玩笑。俏皮话和实用笑话都是粗鲁、诡秘的，但即便它如此诡秘也不足以构成一个流派。康德在他的《实用人类学》中对直接反映他人性格特征的玩笑是持反对态度的，因为在他看来，这样是无礼的、令人反感的。[2]但他对玩笑本身并不反对，他甚至在他的《判断力批判》中探讨了游戏中的玩笑，并认为那就如同思想的游戏一般。[3]

17至18世纪，随着中产阶级参与并推动公共领域的发展，有关玩笑、幽默和机智的问题成了有趣的话题。沙夫茨伯里在《论智慧及幽默之自由》中提出，"凝聚的幽默"已经从娱乐界人士蔓延到企业界人士了。他附写道："我写这些给你们只是为了让你们捍卫俱乐部的自由。"[4]沙夫茨伯里和康德的分歧在于贵族自由和平民自由。对康德而言,仅仅在贵族团体中实践的任何形式的诙谐都是可疑的。此外,康德强调,只有不受利益影响的思想的游戏是值得提倡的。但是,康德肯定会赞同沙夫茨伯里的提议,即诙谐要在自由平等的男女之间才能得以实践运用,并认为它是对抗狂热和迷信的最好武器。

我再申一遍,玩笑是一种古老的喜剧种类。与其他种类一样,它也有它内在的规则,可以被修正,却不会完全改变。虽然玩笑本身随意但其规则相当严格。康德有些自相矛盾的理论中也谈到玩笑的普遍结构中的某些重要因素。在其理论中,一个玩笑包含两个不同的故事。一个故事在讲述中负责吸引听众的注意力,而行至妙语之处时,听众的期待便会落空,这是因为预期的故事通常被另一个意料之外的故事所取代。我只想补充一点,这个理论并不只适用于叙事类的玩笑,同样适用于令人困惑的玩笑,就比如:"X 和 Y 有什么区别?"

玩笑作为一种类型,其特征可以从它的影响力方面进行表述,就像亚里士多德表现悲剧等艺术类型一样,也是通过其效果来描述的。如果要研究玩笑文化,那么不能忽视关于喜剧艺术的影响方面有几个关键的因素。弗洛伊德曾详细地阐述过这种理论,但他也是站在前辈和成功者的肩膀上的,弗洛伊德论述说,一般意义上的喜剧的效果,特别是玩笑的效果,是一种安慰和释放。通过弗洛伊德可知,一些被压抑的无意识和性的欲望将会在玩笑中畅行。不会允许的变成允许的,因为它已不是严肃的意义,它只是个玩笑。[5]此外,弗洛伊德的理论非常接近于康德的对于思想游戏的预想,即玩笑是一种非功利性的游戏,并且在这种意义上,无论是对于讲述者还是听众,它都没有实用性。这是两者都占据旁观者的位置。玩笑的效果可以说是解脱的另一种方式,是一种对于被政治和社会制度所压制的外在而非内在的欲望的解放。对自由的渴望(可以是对言论自由的渴望,也可以是对从专制中解放的渴望),可以在讲一个或听一个政治笑话的时候间接地得到满足。当受害者和一些志趣相投的同伴说玩笑,把暴君、主任和敌人描述为在虚拟的木偶戏院里那些可笑的木偶时,弱者充满了力量,并感觉到胜利。当我们一同欢笑之时,我们享受自由,力量无穷,并睥睨那些无所不在的压迫。

玩笑作为一种类型,与双关语、笑话、恶搞或实用笑话并不相同,实际上它并不是一种由经验得出的普遍的做法。我们也不能说它产生于17世纪的早期，在古代的喜剧中，如在阿里斯托芬和普劳图斯的喜剧中，或者在塞万提斯的《堂吉诃德》等类似的喜剧小说中，人物偶尔也会讲一些符合玩笑类型标准的玩笑。换句话说，有古老的笑话，却没有古老的玩笑文化；在莎剧中，叙事笑话、实用笑话、滑稽戏、双关语都被描述为狂欢节中的诙谐场景或娱乐活动，但玩笑在任何形式的好笑的事中没有特殊的位置。我们也可以从《坎特伯雷故事集》或《十日谈》以及一些喜剧类小说得知：当男男女女因一些突发事件聚在一起时，比如，在旅行中，在酒馆里或一些不寻常的事件、灾难中。他们都会讲一些神话、小说、奇闻佚事来打发时间、忘记灾难、自娱自乐。这些故事是辛辣的，通常包含政治和道德说教，但这些不是玩笑。它们属于大的种类，除了一些喜剧的版本外，还有一些非喜剧的版本，比如说中篇小说。但是，玩笑是卓越的喜剧种类，从来没有非喜剧的玩笑，只有劣质的玩笑。

一般情况下，我所谈及的玩笑文化是指在某些特定的群众团体和某些地方用随意的形式说玩笑，而并不是形成正式的制度。不论妇女是否在场或者是否出于目的和理由，男人们总是愿意聚集在一定的社会环境中，尽管不一定讲笑话。尽管如此，在某一刻，这些人中一个开始说玩笑，并获得了笑声，不止如此，当他的观点被同伴的笑声鼓励后，另一个马上就开始讲不同的玩笑，接着第三个人也开始加入这个讲笑话的行列中，如此循环往复。

这里有两点很重要。首先，说玩笑的时间是灵活的。这种随意形式的玩笑文化通常是断断续续的，同伴们不会只为了说玩笑或者听玩笑而聚集在一块的。这也是玩笑文化虽然不是必要的但被允可的原因：它便于掌控。此外，通常被大家认可的擅长说玩笑的那些人，在夜晚的时刻经常被要求讲些笑话，答应与否是他的自由。在康德的理论中把这类事件定义为"自由游戏"。自由不仅体现于玩笑本身所固有的内在结构，还体现于讲玩笑的环境中。在《实用人类学》中，康德描述了宴会中会话的智力流程：首先，讲故事；其次，想象和讨论；最后，说俏皮话和发笑。由此理论可知，聚会的尾声一定会有笑声。当然，俏皮话较之单纯的说玩笑而言属于更广阔的范畴，但在康德的表述中则涵盖在玩笑中。[6]

其次，说笑话的地点也是灵活的。它常被隐喻地描述为在公共领域和私人领域之间缝隙的一个地点。它包含了哈贝马斯在书中所描述的公共领域的几种场合类型。然而，他在一篇附文中说道：这些地点均是口头交谈的空间，而非书写文化的领地。在传统纸媒的世界里，也掀起出版讽刺作品、打油诗、讽刺画及诙谐作品的浪潮，哈贝马斯对此也进行有趣的分析。讽刺画随即成了日报上的常客，这些讽刺画展示了富人和穷人的道德堕落。讽刺文章有时表现得尖锐并引起激烈的论战，有时则表现得温和但绵里藏针。亨利·菲尔丁的朋友威廉·霍加斯，是当时有名的讽刺画家，他正是以那些高艺术水准的讽刺画、油画和版画而闻名。这些都是幽默和诙谐开始市场化的例子。哈贝马斯指出，文化商品市场也正好在那个时期开始发展。尽管在荷兰以外的地方喜剧画不被认可为高尚的艺术（但后来人们也逐渐将其视为一种高尚的艺术），但它们还是被市场化了，因为它们满足了社会、政治和道德批判的需要。但是，玩笑本身没有被推广，或者说被推广的都是一些无关紧要的。

玩笑文化在俱乐部、咖啡馆、酒吧里发展起来，当人们围桌而坐、抽烟、喝咖啡、饮酒时就产生了。它发生在公共的氛围下，即在玩笑文化氛围内参与者都并非仅仅参与玩笑文化中，而是参与了一种由公共事务的价值观和兴趣构成的文化。一般情况下，他们都会参与文化的论述。他们所讲的或所听到的玩笑，都直接或间接地连接着他们的价值观和兴趣。团体中的人们认为每个人都和他人有着友好亲密的感情关系，这就是广义上的朋友。他们大都不是同行或同业者，也不会在团体中讨论以行业来划分人们，更不会因此在此类讨论中享受特权。这又一次印证了康德的理论：非功利性就是最好的保证。尽管常常成为朋友，但他们更是一个讨论公共事务的团体，包括政治、商业贸易、文学、新闻界以及一切他们认为对公共福利重要的事务。沙夫茨伯里用自己的语言将其概述为"私人友谊，热心公众事务和我们的国家"。[7]但是，除了18世纪和19世纪早期的沙龙活动外，玩笑文化是一种男性文化。讲玩笑的通常是男性，但这种情况现在显然已经改变了。

也许如今玩笑文化盛行的年代已经离我们远去了，但就个人而言并非如此。玩笑从未离开过私人领域和公共领域之间的衔接领域，它们都是无关宏大叙事的微观叙事，并且结构依然相对牢固。鉴于此，玩笑文化的命运并没有随着中产阶级的公共领域的消亡而画上终点，至少在哈贝马斯的解释中是如此。尽管大众社会的出现在玩笑功用的蜕变中起到了一部分的作用，但这也只是玩笑文化发展中的一个方面而已。

当同一类人（虽然不一定是平等的人）产生同样的文化需求之时，玩笑文化就会发展和繁荣，这是对被压抑着的本能和欲望的瞬时、短暂的舒解，使之从强权之下获得瞬间的、暂时的、象征性的解放，并且在面对压倒性的权力时体验了优越感。玩笑文化的出现至少预设了不受惩罚的短暂解脱或完全解放的可能性，以及玩笑讲述者不必马上面临社会和政治的严厉制裁的可能性。如果在某个时期，人的本能完全被抑制，好比对性都没有"话语欲望"，玩笑文化就不会出现；抑或是在某个时期人们无法直言对某一政权的不满，更别说讲一个关于权力的玩笑而不用受罚，玩笑文化也不会出现，在压迫与制裁之下必定会存在某种自由。

玩笑文化繁荣于隐晦处，在黎明和黑暗的交接期。它不会出现在如墨的黑夜或刺目的白昼。我之所以提到黑格尔关于众神之夜这一隐喻，是因为黑格尔在《精神现象学》[8]中讨论安提戈涅时将黑夜之神（即本能之神和家禽之神）和白昼之神（即政治领域的神）进行了对比。在玩笑世界里将不会承认他这种对比。我重申一次，玩笑文化繁荣于黎明和黄昏间，兴旺于爱神和死神之间，茁壮成长于政治的领域之内。处于像我们的一个宽容的世界中，在没有暴君的统领下一切都被许可。每个人可以在公共影院、DVD上或网上看到女性下体的详尽的介绍，自由的缺失变得不为人知，起因正是因为一切皆可。在民主制和资本主义市场化的社会中，玩笑文化消失了。青年人在他们所不理解的猥亵言语中哄笑，而我们也在开恰当的或不恰当的政治、种族玩笑。但是，这已经不是玩笑文化了。当所有事物都有属于它自己的专有名称后，委婉的文化称呼也将不再被需要。

我并不会将上述的这些称作文化批评，我仅仅叙述而已。任何批判性的讲述都是问心有愧的，因为实际上在自由日渐消逝的年代里，在大众社会中，玩笑文化再次出现并达到了高潮。在集权主义体制国家，当直接的威胁已成为历史，但高度集权依然存在，对自由的渴望依然得不到满足时，玩笑文化的复兴就必然会发生。类似的玩笑文化我儿时从希特勒身上得知，而在少年时代又被斯大林的例子再次告知。

虽然在现在，玩笑文化看起来已成为陈迹。但是优秀的玩笑作为文化的脊梁仍然被结集出版。甚至在有些时候优秀的玩笑会由另一种喜剧体裁中的人物再度讲述，其方式与玩笑文化产生之前的方式一样。在一些喜剧、喜剧小说及喜剧电影中还依然有开玩笑的场面。在贝克特的《莫尔非》与伍德·艾伦的电影《安妮·霍尔》中都有优秀的笑话，《安妮·霍尔》正是以一个家喻户晓的犹太笑话为结尾。

玩笑文化的编排设计需要类型。玩笑人物不仅在一个笑话中发挥一定的功能或占据一定的位置，在一系列的笑话中也是如此。它们通常是人的角色，不过也可以是某种动物形象。类型只起到类型的作用，他们中的具体的每一个都是可替换的。这也是为什么在同样的笑料里斯大林取代了希特勒，莫洛托夫替代了戈林，等等。这些人物所体现的功能和扮演的"角色"都是相似的。法语笑话中的小托托也会变成匈牙利语中或犹太笑话中的小莫瑞兹。"空间"符合也是可以更换的，公交车可以被火车替代，火车可以被飞机替代，但无论如何，"场地"都扮演着同样的功能。汇集的玩笑总是相同的角色。玩笑中人物角色并不总是小丑们，他们也并不傻。此外，玩笑文化的终结也意味着玩笑人物的终结。

让我们回到玩笑文化盛行的19世纪，我之前提到，玩笑文化依然是口头文化，它演变成了城市中的口头叙事文化。在此，我又一次回到哈贝马斯，哈贝马斯认为中产阶级公共生活的出现与城市生活的提升是紧密相关的。玩笑文化是一种城市文化，它是城市中的口头文化。即便在某些城市中它已不再产生，它依然是城市文化。例如，许多著名的犹太玩笑在18至19世纪间被创作或流传，乃至流传到东欧，玩笑中的典型人物是一些商人，工匠，乞丐或笨蛋，媒人甚至拉比（犹太人的学者）。

乡野典型口头文化的神话故事，与城市典型口头文化之间，有某种相似性。如同玩笑一样，神话是关于性和理想社会理想现实的故事。它们的区别在于，神话故事并不会令人发笑。而玩笑文化伴随着开明的公共领域的出现演变成现代都市的口头文化，这正说明了这个新构筑的领域的特性。因而新的口头文化不得不偏向那些批判的、怀疑的、自嘲的叙事，以作为对严肃、正直乃至狂热的叙事的补救。玩笑恰好是这一类的叙事。这种新型的公共领域是理性的，因而更偏爱理性叙事，这也正是玩笑所具备的。玩笑文化属于理性的，因为我们对非理性的东西报以笑声。坦白说，这里我们所说的"理性"，从常识中的理性到大写"R"开头的理性，可能各具不同的含义，这一点在那段时间内公共领域产生的各种讨论中也适用。如今它成为一个争议的话题，特别是根据《公共领域的结构转型》中哈贝马斯的观点，玩笑作为一种类型，比玩笑文化早诞生了2000年左右，由于上述原因，玩笑文化在这一公共领域中被培养出来，找到了它特有的地位、空间、时间和艺术形式，成为一种实践。

  玩笑作为一种公共类型，并没有在万众传媒的世界中消失，相反，它仍然是口头传播中经久不息的类型。确切地说，大量关于玩笑的作品已经问世，但是，它们越普及，玩笑文化就越衰退。玩笑读物并不是玩笑本身就有的，玩笑自身繁荣于讲述者的团体中。不管是在公众的还是口头的玩笑中，它似乎在听众中和玩笑讲述者间进行了一场缄默的密谋。对于笑者本身而言，爆笑就缔结了一种近似的友谊关系。这种友谊关系无关感性，是一种理性的友谊关系，相当于"我们都理解，并能彼此理解"。这也是为何玩笑的叙述者在由讲述者转向听众的过程中会有预测。即一个人要给某个人讲一个玩笑时，听者总在期待能抓住这个玩笑中的暗示以及一些隐藏的信息。一个人如果没有一定的附注则不能讲述一个玩笑。

  所有口头传播的类型都共有一些特征。神话和玩笑一样，并不仅仅是口口流传，在流传的过程中它们还被加工，一个相同的玩笑可能会阐发出多个不同的玩笑，甚至可以说，不会有一模一样的玩笑出现，因为玩笑的生命力在于它的传播，并不是每一个玩笑的讲述者都是同样的玩笑高手。对于一个玩笑而言，玩笑讲述者个人的魅力，使用妙语前的冷静的情绪，他的手势，声音的起伏变化等这些同时引发了听众的愉悦。一个平淡无奇的玩笑在流传中经由一个高手讲述就会变得极具喜感。

  像那些讲述神话故事的人一样，玩笑讲述者也不是某些专家。但是有专门的小丑，就如现在的职业幽默作家一样。职业的玩笑讲述者通常会在卡巴莱餐馆、马戏团或者喜剧剧院等公共场所，它们是公用的，就像公交车是公用的。任何人只要付费即可欣赏表演。职业的玩笑讲述者通过讲笑话获得报酬。他们是像本尼·希尔或杰瑞·塞恩菲尔德一样的专业演员。也许还有非职业的，把讲玩笑作为业余爱好的玩笑讲述者在俱乐部或旅馆和朋友聚会的时候会讲一些玩笑，笑声就是他们得到的最好的奖励。这些玩笑讲述者就是我们中的一员，在这个意义上他或她比那些职业的玩笑讲述者更具有"公共性"的特点。

  不论何时，只要有团体的聚会，就会有人组织讲笑话。也许有几个成员会轮流讲笑话,有些人会讲得很精彩,而有些人则会讲得很糟糕。当小组里只有一个人讲述时,其他的都只是作为听众被动接收,灵动的玩笑文化将会凝滞。我们不应该忘记玩笑的生命力正是在于它的传播,所以玩笑不应只在一个团体里循环,它们应该在同代人或隔代人之间不断地被讲述。否则玩笑文化将不再是一种公众文化,转而成为一种深奥的文化。讲述玩笑的才能只能从玩笑讲述的过程中学习。同时,听众中也有不动声色的竞赛,有些人甚至很难等到讲笑话的机会。讲的欲望取代了听的欲望意味着讲笑话的行为本身已经获得了心理上的愉悦,虽然它同时也伴随着心理上的冒险。但不管是愉悦还是冒险,它都比其他的口头文化更有活力。

类似于神话传播的方式,玩笑的一些内容也被重复使用。例如,在神话中通常会有多个兄弟姐妹,但通常是最小的那个达成了目标并生活得美满幸福。通常会有一个好心的女巫和一个坏女巫。如同我上述中提到,在玩笑里,特别是语义上所有重复的内容,都是非理性的内容,像那些不恰当的理性,错误的逻辑,都延续着一种荒谬的方式,颠覆语言的游戏,机械的思考,诡辩地推理,推翻所有已确定的参考构架,等等。在每一种劣质的玩笑中,总有一些重复的笑柄时常出现,例如成对出现的医生和病人,穷人和富人,神父和信徒。

然而,神话和玩笑最大的相似之处在于它们对现实的可能性的中立。如同神话,玩笑是无关信仰的。无论玩笑中的事件是真的发生过、将要发生还是根本不会发生,都与沉浸在玩笑中的人无关。在短篇故事或戏剧中,那种奇异的风格、不可思议的事件或者荒谬的思想都使我们惊叹,但不会发生在玩笑或童话中。玩笑,也许就是缺乏其他笑话中所具备的这些奇妙和荒诞,这也是为什么我从不说没有非现实的玩笑,只说有无所谓现实是怎样的玩笑。泰勒斯和色雷斯女仆的笑话式的轶事并没有什么荒诞的地方,然而在不断重复和变化的关于鸡蛋的笑话中,却有荒诞的地方。根据弗洛伊德的学说,玩笑是对现实世界的漠不关心,因为它们类似梦。但可以肯定的是,没有如同噩梦一般的玩笑,虽然一些笑话被当做噩梦看待,但它们不会产生焦虑。因为笑话通常不与利益挂钩,而且玩笑都是从理性的角度来讲述,所以玩笑也是反情感的,笑也常被视为理性的本能。[9]

现在让我再来谈谈玩笑文化发生的地点和时间。

玩笑文化的地点处于私人空间和公共空间的夹缝中,俱乐部或者咖啡馆等具有代表性的讲玩笑的场所，都是没有公共通道的，公众不是简单地付费就能进去的，他必须要被接受，当然，任何人只要能付费就能坐在咖啡馆，但是如果没被邀请是不能进入玩笑讲述者的圈子的。同时，这些圈子里讨论的大都是公共问题，圈内的人们对一切公共事务都充满热情，因此所说的玩笑也大多是对这些公共问题或是对社会限制的嘲讽。但他们是在"没有兴趣"的情况下进行这些事的，也就是说，他们的兴趣和情感是悬空的。

正如上面已经提到的，属于玩笑文化的时间是黎明和黑暗的交接期，既不是白昼也不是黑夜。在黎明和黑暗中，人们强烈渴望自由和解脱。笑话就是"自由的"，玩笑的世界中没有限制这一说，因而允许人越界。但这种越界也是有限制的。有许可和不被许可的越界。只有不被许可的越界在玩笑讲述者的圈子里才被视为真正的越界。有些限制并不是来自政府当局，而是在玩笑圈子内部制定的，它们可以是道德的限度，也可以是品位的限度。以在"没有兴趣"的情况下进行的演说为例，其中的道德约束就是审美限制，反之亦然。实际上，道德上的约束和审美上的约束几乎是重合的，在启蒙时代，政治思想家更倾向于认同这样的原则：人们只应服从于自制的法律。在玩笑文化的领域里也有自定的规范。如果有人违反了这些不成文的规范，那么他将会接受惩罚，这里的惩罚当然不是指投入监狱，但是这种惩罚最初是没有笑声的沉寂，然后是比正式惩罚更严重的非正式的排斥和驱逐。

听笑话前，需要圈子里的人都卸下各自的个人忌讳和社会禁忌。几杯酒就可以帮助大家做好准备。当然，这一切都建立在互信的基础上。人们必须确信自己没有暴露的风险，若有人直接对圈内的某个人进行暗示则会背叛这种信任，并让整个圈子的讲述者感到不安。破坏玩笑圈子内彼此的信赖，就是破坏玩笑文化的规则，是对非功利性的破坏。玩笑将不再是理性的，反而成了个人情感的宣泄。玩笑讲述者若冒险进入非正式禁止的领域，会立即遭遇制裁。听众抓不到笑点，笑声被尴尬所取代。一再违反规则会摧毁一个玩笑讲述者的圈子，禁止直接的人身攻击是玩笑文化中所有圈子共同的规定。

此外，玩笑又是相异的，它们有着不同的风格和特征。在某些玩笑中，在这个团体被禁止的规则可能被另一个团体接受。在同一时期同一类型的笑话会违反当时的审美品位，但在另一时期则未必，这特别适用于性笑话。一些笑话在几个世纪以来都是不能对妇女讲的，但是这些限制被逐步废止了。一些笑话在童稚面前是不可以讲的；一些有关疾病的玩笑在患者面前是不可以讲的；有关上帝的玩笑在一些有虔诚信仰的人面前则是不可以讲的，这些限制是灵活的，它取决于讲述者对现实情况的判断，以及依据自身的知识对团体中有宗教信仰人士性格的估计，以便得知信徒听到有关上帝的笑话时是被伤害到还是随着讲述者一起大笑。

笑话的种类繁多，有雅致与粗俗的笑话，也有抽象的哲思笑话与完全直白的下流笑话。有的圈子里只流传着精致的、复杂的、哲理的笑话，有的圈子里则只流传着粗鲁的、下流的笑话，有的群体里则两种都流传，根据场合不同。一个讲述者不仅需要学会如何讲和听一个笑话，还要学着迎合玩笑讲述圈子的约定俗成的审美趣味。如果他不是这样做的，那么他将受到"惩罚"：在笑话讲完后得到的回应只有尴尬的沉默而非笑声。例如，在美国，种族笑话已被接受了几十年，然而今日某些笑话仍被禁止。同样的笑话在早期可能会大获好评，而在另外的时期或场合则会适得其反。我在此重申，对于玩笑讲述者而言，尴尬的沉默是对他们最大的惩罚。他当然也可以对这种圈内的惩罚提出抗议，并拒绝接受这种不公正的待遇，他也可以有目的地讲一些不被认可的笑话。这种情况就如同越界的情形一样。一旦在玩笑圈子里越界，回应他的玩笑的将不再是笑声，而是尴尬的沉默，甚至是喝倒彩，这是他们挑衅观众的应得惩罚。

当然也有一些地方说玩笑是不礼貌的，比如墓地，特别是在葬礼上，这些玩笑不但被认为是一种亵渎，而且沉浸在悲伤中的人们也不会因此发笑。坦白说，在这样的场合和地点讲述者不适合做出颠覆性的姿态。然而，以颠覆性的姿态打破成员间对自由所设的默认限制，与非功利性是矛盾的。像是令听众感到可耻和生气这一类的目的，将再次被引入被搁置的实践和务实的态度中。作为一种自由的思想游戏，玩笑的一般规则与这些目的都是相矛盾的，玩笑会因为这种目的而变成一种手段。此时，无论玩笑本身是否具有攻击性，也无论是在什么地方、什么时间、什么地点、什么时候讲的玩笑，都将沦为达成目的的手段。

让我们再简要地回顾一下正常情况下玩笑的编排。玩笑讲述团体是随意的组织，人们并不只是为了讲笑话而聚集在一起。他们讨论了一些公共利益的问题后，就会开始讲笑话。总会有一些讲得好的和一些不太好的，但总有几个人轮流说玩笑，你很容易分辨出哪些是讲述者，哪些只是听者，但是团体中的人们经常会互换角色。就这方面而言，玩笑讲述者的团体更像一个非正式的、民主的团体。虽然团体中的成员并没有义务要说玩笑，但如果他们愿意，就可以说。弗洛伊德认为玩笑讲述者是一些有自我宣传倾向的人。也有人认为玩笑讲述者热衷于追求自我满足。玩笑讲述者往往优先抢占权利的位置。他了解他所要讲述的笑话和所有的笑点，他对一切都了然于心。他也可以选择讲什么样的笑话，这是作为讲述者的特权，因此，这种自我宣传的倾向不仅仅是被允许的，而且是必要的。正是这种爱表现的形式使玩笑讲述者暂时放下了一些内在和外在的压抑。最终，讲述者获得了讲述者地位的垄断，虽然他并不享受这种特权。即使并没有提升自我，讲述者也永远是权利的使用者。但是，在玩笑表现良好的情况下，讲述者也会提升他的自我，并会在自我讽刺中获得双倍的愉悦。如果听众享受他的讲述并报以笑声和欢呼，他就会肯定这种优越感。当然，正如我们看到的，讲玩笑往往具有风险。如果得不到笑声，就是最大的耻辱和惩罚。讲玩笑的人将显得可笑，成为笑柄。在这种情况下，人们不是笑玩笑的笑点，而是笑说玩笑的人自己。（我附带说明一下，的确存在一种玩笑，是用错误的方式取笑讲述者的。）

表演者享有一定特权，但解脱和释然是观众的权利。笑点给听众带来的解放和释然短暂且突然，但令人惊喜。但由于讲述者早已预知了笑点，故而只有听众能分享这种愉悦。他们会轻松而开心地大笑。讲述者自己则体验不到这种轻松，主要是视角不同，听众和讲述者各有自己的视角，得到的也是不同的快乐。因此，玩笑文化需要共同编排，即就算不是人人都擅长讲笑话，但都会轮流来讲。在玩笑文化的共同编排中，人们可以体验两种不同类型的心理满足。

不过，让我们回到哈贝马斯的作品中去，玩笑文化产生并繁荣于文化话语的时期，在清除了阶级障碍的文化话语时期玩笑文化繁荣发展，虽然还残留一些固有的准则和品味。在这种文化中，个人利益和功利的目的都被悬置，它的动机也是毋庸置疑的。然而，若无情感参与，或是尚未明晰观点和价值观的差异之前，就无法进行文化话语。一般意义上，在文化话语中，没有解说者和接受者，只有参与者。文化话语既非艺术也非流派，它是能独立思考并有共识的人的一种判断和思考的试验。康德将这种形式称为"多元主义",用"我们"代替"我",在这里,声明就仅是一份声明。所有讲述者都声称他自己的判断力具有普遍性,虽然是每个人的判断都各自不同,但这就是认其为真或真实性原则。如果一切判断都相同,对话将毫无意义,辩论也将索然无趣。

可是,玩笑文化中却以"我们"作为发言人,"我们是爱开玩笑的",对于同样的笑话我们一起发笑。我们都在一起笑,笑生、笑人、笑死、笑性、笑政治、笑社会规则和禁忌、笑暴君、笑奴隶、笑嫉妒、笑愚蠢、笑愤怒、笑虚伪、笑自以为是、笑逻辑、笑思维、笑约定俗成——几乎笑一切的不合理性。我曾经提过,在这里真实、真实性以及信仰均被搁置,观念的差异也被悬置,事实上也就根本没有观念。席勒所主张的,充满人道主义但已然过时的相互友爱(在贝多芬的《第九交响曲》中也曾被提及),在玩笑讲述者的圈子内远远构不成乌托邦。这种友爱并不是普遍的,它是属于特定团体的,特别是属于玩笑讲述者的圈子,但它还算得上是令人愉悦的友爱。在愉悦中有很多不同的友爱,但不是每一种相互友爱都会吸引人。当一个足球队赢得了奖杯时,球迷和支持者在狂喜的浪潮中彼此拥抱,就像人们经常在打败敌人或听闻对手噩耗时做的那样。在一些相同或相似的情况下,欢乐要么表现出功利性,要么就体现为一种诸如对胜利和复仇等类似渴望的满足。

尽管如此,一旦进入笑话中,那些希望能得以满足的,对于玩笑中的友爱的渴望,对于欢笑和愉快的渴望,实际上就是对释然和解脱的渴望,哪怕没有明显地表现出来。这也是为什么说欢乐是被动反映出的而不是主动激发出的。用康德的话说,自由作为欲望的一部分,是通过玩笑来满足的。但这种自由既不是超验的自由也不是低级的欲望力。相反,玩笑更像是游戏和判断,因此根植于快感-非快感的能力之中,但它更像是一种理性批判力的实践。就像我之前自相矛盾地说过:笑也是理性的本能。现在我可以补充一句:优秀的玩笑能正确地释放出理性的本能。玩笑文化是一种启蒙文化。它是剔除了浮夸和幻觉的理性力,它既不会一成不变,也不会受观点影响。

在大众社会的日光灯下,事情看起来比黎明的半边天还要寒、还要惨淡,即使是在玩笑文化凋敝之后,一些事务也可以用幽默解决。如今幽默在画作、摄影、音乐和散文中随处可见,喜剧性的现象也处处可见,因为它正是人类的有限性的不朽的印记。

哈贝马斯关于公共领域的结构的书已经问世40多年了,但它依然散发着青春的魅力。于我于他人都有着强大的吸引力。我猜想,哈贝马斯在今日可能会以不用的方式完成这本书,尽管依旧具有批判性,但不会因循旧路。自18、19世纪后我们已经错失了太多,也许作为补偿,我们也得到了其他一些。但我们的任一个都不能把所失和所得进行对比,它们也是不可比的。

注释

1. Jürgen Habermas, *Strukturwandel der Offentlichkeit* (1964), trans. as *The Structural Transformation of the Public Sphere*, trans. by Thomas Burger with the assistance of Frederick Lawrence (Cambridge, MA: The MIT Press, 1989).

2. I. Kant, *Anthropology from a Pragmatic Point of View*, trans. Victor Lyle Dowdell, rev. and ed. Hans H. Rudnick, with an introduction by Frederick P. Van de Pitte (Carbondale: Southern Illinois University Press, 1978), 171-172.

3. Kant, *Critique of Judgment Including the First Introduction*, trans. with an introduction by Wener S. Pluhar, with a forward by Mary J. Gregor (Indianapolis: Hackett, 1987), 203, paragraph 332.

4. Anthony Ashley Cooper, "Third Earl of Shaftesbury," *Characteristics of Men, Manners, Opinions, Time* (Oxford: Oxford University Press, 1999), especially "Sensus Communis or an Essay on the Freedom of Wit and Humour," sect. 2, part I, 48-53; see also, sect. 1, part II, 38-39.

5. Sigmund Freud, *Jokes and Their Relation to the Unconscious* (London: Verso Press).

6. Kant, *Anthropology from a Pragmatic Point of View*, 189.

7. Shaftesbury, "Essay on the Freedom of Wit and Humour," 3, 1, 58-61.

8. G. W. F. Hegel, *The Phenomenology of the Spirit*, trans. A. V. Miller with an analysis of the text and forward by J. N. Findlay (Oxford: Oxford University Press, 1979) C/bb "The Ethical Order," paras. 469-470, 283-284.

9. Sigmund Freud, *Jokes and Their Relation to the Unconscious*.

(张静芳 译)

当代历史小说

93　　莎士比亚是历史剧的鼻祖。他是第一位,也是长期以来唯一一个在悲剧中用历史代替了神话的戏剧家。小说与戏剧几乎同时产生,但那时并不是作为历史小说而是作为喜剧的小说诞生。另一种小说的类型,即所谓的社会的或现实主义的小说出现在18世纪。然而,历史小说是在法国大革命之后才出现的,与宏大叙事的出现同时。并不是说它试图使宏大叙事本身小说化——事实上这在戏剧中颇有尝试,例如在歌德的《浮士德》中,但它并没有建立起一个类型。历史小说和戏剧所共享的不是宏大叙事的内容而是视域,至少在某个方面是这样的。历史小说是通过描写具有代表性的人物和场景兴衰变迁,描绘了与现代性诞生相联系的新旧矛盾的主要冲突。结果是新事物的胜利,作者将其描述为进步的变化,即使作者同情那些牺牲者的生活方式和道德观念。尽管沃尔特·斯科特对苏格兰旧部族或革命的清教徒抱有同情,但他仍将他们的死亡描述为历史的必然,描述为现代英国诞生的条件;托尔斯泰的《战争与和平》以十二月党人密谋反抗沙皇的独裁统治为结束。这可能是因为它们共享了宏大叙事的视域,传统历史小说关于当下的过去和历史的过去讲述了非常相似的故事。只有在美国,历史小说家们对于当下的历史保持着关心,因为美国没有遥远的过去。传统历史小说《乱世佳人》的发生围绕着美国南北战争,然而一部当代历史小说《但丁俱乐部》则紧接南北战争之后。

94　　一般小说和历史小说之间到底有什么区别?历史小说和历史编纂学之间又有什么区别呢?这三者都是虚构,尽管是虚构的不同种类。

就算有人将小说归为艺术,也并不能说明真理和现实之间有什么必然联系。艺术中的真理是启示性的真理,就像海德格尔所解读的那样。但是我们需要在艺术的种类中包括小说么?例如保罗·恩斯特(Paul Ernst)就认为小说是一种半艺术。如果我们乐于将小说作为文学体裁的一种,纳入艺术的范畴,我们就不得不承认,小说中的真理与各类艺术作品(无论它是一幅画、一首曲子抑或是一幢建筑物)中的真理都是一样具有启示性的。真理作为真理与现实几乎没有关系;小说与玩笑一样,它与概率、可能性或真实性无关。当我们读斯威夫特的《格列佛游记》时,我们不会问是否有这样的小人国、巨人国、慧骃国存在。我们也不会问《傲慢与偏见》中的伊丽莎白·班纳特是以一位"现实的"女孩或者作者充分接触的人作为原型的,还是完全由作者杜撰的。因为就小说的真实性而言,这没有任何区别。

虽然小说是虚构的,但就历史小说而言,就不全是如此。现实与真理之间重新建立了某种联系。一部历史小说不能完全地自我指涉,即使它经常指涉一些完全存于自身之外的事物。人们可能会在小说中发现发生于16世纪的南北战争,那这将是一个科幻小说,并非历史小说。虽然在大程度上,一些主角以及他们的故事并不是虚构的,但这并不会使历史小说变成一种叙事性的历史编纂学。更重要的是,历史小说的真实保持着启示性,简单来说,历史编纂学的真理则是以真实性为目的的。这也就是有代表性的历史人物的传记不能被认为是历史小说的原因。那些我们知之甚少的历史人物例外,比如坎农的同名小说中的使徒保罗。小说对于摩西或耶稣的描述通常集中在同年和他们的呼召之间的时期,也就是他们未被写入《圣经》生活时期。无须说明,它们都不是历史小说,无论是《圣经》中女主人公的故事,如萨拉、西坡拉或者狄安娜,还是所谓的家族小说,像托马斯·曼的《布登勃洛克一家》或者高尔斯华绥的《福尔赛世家》,即使他们描述的家庭生活和风俗的本质变化更多的是由于历史的环境的变化所引起的,它们也都不是历史小说。在家族小说中的所有角色都是虚构的。讽刺小说通常是政治阴谋的模仿,例如亨利·菲尔丁的《大伟人江奈生·魏尔德传》。不过,我们并不需要知道模仿的原型,就可以欣赏小说。

卢卡奇写过一个关于历史小说的有趣论文,在其中,他讨论了历史小说的有代表性的结构特征。尽管有所不同,当代历史小说与传统历史小说还是拥有某些相同的结构特征：第一，历史小说的中心主角通常站在两个或多个有冲突有代表性的历史力量的"中间"，站在中间往往是因为主要人物是正派的，也是容易妥协的，但也可能因为他远离那些冲突的历史力量，旨在从原教旨主义、狂热主义和自欺中脱离。有这样一个人物作为叙述的中心，使小说家有可能从内部描写全部的历史的主要人物。在沃尔特·司各特的《修墓老人》里，年轻的莫顿的立场就在清教徒狂徒和旧世界秩序的拥护者之间。在福伊希特万格的《犹太的战争》三部曲中，约瑟夫斯·弗拉维斯就被设定在罗马帝国政权和被征服的犹太人的团体之间。或者转向当代历史小说，彼德·普朗格的小说《女哲学家》里的女英雄苏菲·沃兰德。通过她的故事，作者向我们介绍了百科全书编纂人的团体，尤其是狄德罗，而且介绍了蓬皮杜侯爵夫人的凡尔赛宫。在塞勒以古罗马为背景的娱乐性侦探小说中，中间派英雄是一位完全虚构的调查员，名叫戈尔迪安一世。通过他，我们将遇到西塞罗、庞贝、卡提利纳这些罗马共和国最后十几年里的历史主角，以及他们的死敌。就连坎农小说中的使徒保罗也站在罗马人和犹太人中间。

卢卡奇认为，历史小说的第二个结构特征是必要的不合时宜的人或物。即使一位作者试图努力对他描写的历史时代保持正确的意识形态和自我理解，也无法达到他的目标。不知不觉地，他所处时代的自我理解会阻碍他对过去的理解。然而，传统历史小说和当代历史小说在这方面是有区别的。在当代历史小说中，不合时宜的人物是有意为之。有时通过反讽暗示着目的，像帕慕克的《我的名字叫红》。有时作者则直接说出来，像塞勒，他想知道他的国家美国是否会遭遇类似罗马共和国的命运。最后，通过对不同历史时期的平行故事的呈现，使间接提及的当下明显化。就像皮尔斯在《西庇阿之梦》中所写的那样，第三个故事和最后一个故事的发生地都在第二次世界大战时期的法国。

当代历史小说家有意识地制造不合时宜，传统历史小说家则无意识地制造出了不合时宜，这也表明历史本身的观念发生了根本性的变化。如果历史没有目的，如果这里没有普遍的进步和倒退，过去的事物就依然可以解释当下，反之亦然。那么，过去曾发生的事情在现在会再次发生，但是以不相同的方式，然而，就个人的命运而言，却是相似的方式。

历史小说的第三个结构特征是对所谓人民的描写，即对低下的、被排斥的、边缘的阶层或阶级的描写。在传统历史小说中，阶层或阶级的成员毋庸置疑是理想化的：托尔斯泰笔下的普拉东·卡拉塔耶夫（Platon Karatajev），沃尔特·司各特笔下的贫苦的女人、犹太人、侍者，或者《乱世佳人》里的梅兰妮。当代历史小说中也有相同的阶层或阶级描写，但是没有一点感伤色彩或浪漫主义的色彩。在当代历史小说中，并没有因为在社会阶层中的地位不同而产生的道德差异。

所有有代表性的当代历史小说具有共同的历史视域和可能性，以及对历史相关行动的可能性和价值相同的评判。虽然在很大程度上说，没有任何作者曾真的读过黑格尔，他们仍不断与黑格尔就历史理性作用的理解进行论战。这并不是因为他们知道历史是不存在理性的，而是因为他们相信即使有，我们也对其一无所知，从这个意义上说，这个"理性"的存在与否对我们来说毫无意义。他们是以极度怀疑的眼光看待一切所谓的世界历史个体。在黑格尔的历史哲学中，主要的世界历史个体是亚历山大大帝、尤里乌斯·恺撒大帝和拿破仑。不用怀疑，他有充分的理由选择精确到这三位。是他们，通过他们的征战，向所知世界的西方范围传播了较高的文化成就。当代历史小说的作者不认同黑格尔的论断。在他们的观念中不再是军阀们，而是完全不同类型的人们扮演着人类历史的最有重大意义的角色。他们是艺术家、贸易家、地图制作者、哲学家、学者。最重要的事件都不是武力战争，而是文明的战争，是像输血那样的科学发现，甚至是南海泡沫。更不用说当代历史小说很少有分享黑格尔对邪恶在世界历史角色的理解，因为在他们的作品中没有一个扮演世界历史的角色。此外，当代历史小说家更不能认同黑格尔对恶的世界历史作用的理解，因为在他们的作品中，没有任何东西起到世界历史的作用。当代历史小说家写的历史是复数式的，而不是哪一种世界历史。更重要的是，他们不相信邪恶能扮演什么重要角色，即使使用透视主义的方式来理解恶。如果是视觉主义者就可以接受，每一种新的、不寻常的行为或思想，从旧世界的视角来看本质上都是恶。即使我们弱化邪恶的观念使视觉主义最小化，我们也不再接受新的，作为恶的东西会促进历史变得更好的这一信条。在西塞罗眼里，摧毁了共和政体的恺撒就是恶。虽然塞勒笔下的主要人物戈尔迪安不赞同西塞罗的观点，但是他依然对恺撒及其阴谋持很低的评价。

当代历史小说家对人类有许多不同的想象。匈牙利作家施皮罗·久尔吉的哲学人类学是极度阴暗的。在他的世界中没有简单的人，不是顽皮邪恶的人，就是天真愚蠢的人。在马修·珀尔的历史世界里尚有几个例外：正派的男人和女人，以及一些没有失去遗憾或忏悔资格的人。利斯的小说世界充满了宽恕，人类是脆弱的，应在一定的限度内给予他们理解，其中也包括他的两部小说的中心人物。然而，若有人一再地跨越这种限定，利斯，更好地说，他的主要人物，是永不原谅的。哈里斯如果发现哪怕一丁点的非自我中心主义或者简单的移情，就会让他的角色对那些精明的操纵进行谅解，就像《最高权力》的叙述者泰罗和西塞罗。他还毫无保留地欣赏那些对科学和真理拥有无私激情的人，比如老普林尼。

虽然历史小说家对人类的想象大相径庭，但他们对历史的想象非常相似。有些故事总是重复上演——男男女女都把希望寄托在某些事物上。他们坚信，只要努力尝试，只要达到这样或那样的目标，世界将会变成更美好的地方。有时，他们的情感被投入，但没有激起一丝浪花，他们的世界将崩溃，希望也随之破灭。而有时候他们的梦想会实现，但变得不像他们的梦想了。所有的感情都与最终消失的幻想紧密相连。世界虽然一直在变化，但从未改变。我们通过《周期性历史》的例子来说明，即使这个关于失去幻想的故事并不新奇。它和现实主义小说自身以及教育小说、童话故事一样古老。19世纪的经典小说，从司汤达、巴尔扎克到狄更斯的作品，都是关于失去幻想的故事。但失去的幻想是关于个人在爱情、政治和公共领域的成功的野心。至少就我所知，在当代历史小说中没有人对他自己抱有幻想。主要角色基本上是正派的人，对个人的升官发财似乎没有额外地感兴趣；确实，他们中的大多数已经占据了最适合他们的位置，通常也是在顶峰。但丁的学者想要继续做但丁学者，工程师就继续做水利工程师，调查员就继续做一名调查员。

这种共有的历史视域的感情色彩，主要取决于作者对于人类和英雄的想象。例如，对于哈里斯和马修·珀尔，甚至是塞勒，曾经徒劳的事物已经不再是徒劳的。由于拥有一个目标是一件重要的事，比如为被冤枉的成功辩护，发现一个独特的自然现象，或者找出某人的杀父凶手，真心实意地追随这个目标，为此不惜冒着生命危险，却不惜牺牲别人的生命，这是一件伟大的事情。相信和珍惜希望，哪怕是相信了某种幻想，也是很伟大的事情。只要他不有意地伤及无辜，也是伟大的事情，因为能与自己和平共处就已是不易。道德，体面，或是发现一些事情的真相都是有价值的。总之，在所有我知道的当代作家中，只有施皮罗的小说《囚禁》，以全盘放弃为结局。但当代历史小说和传统历史小说的区别不仅仅是对世界和人的看法。无论作为小说它们的质量如何，当代历史小说与宏大叙事也有多处不同。

全知全能的叙述者在当代历史小说中消失（大体上，大部分当代小说也是这样）。频繁地以第一人称单一地叙述故事，像利斯的小说，哈里斯的《庞贝》，艾柯的《玫瑰之名》。在哈里斯的《最高权力》中，以泰罗作为奴隶、属下和朋友的视角，撰写的西塞罗传记的方式进行叙述。在皮尔斯的《路标实例》（*An Instance of the Fingerpost*）中，从四个不同的方位诉说了相同的故事；在他的《西庇阿之梦》中，故事是从一份旧手稿中得来的。甚至在帕慕克的《我的名字叫红》里，一匹画的马或一种颜色都讲述了故事的一部分。当作者占据叙述者位置，站在主人公的立场上写作时，所叙述的内容就只能是主人公亲眼看到或是亲耳听到的事。

小说只是小说。它需要按照目的论建构。通过所有的偶然事件，故事找到了它自己的结局。无论结局是好的还是不好的，它都是特定叙事的结束。读者可以对叙述可能的延续进行幻想，但他必须相信作者。一个人可以对一部伟大的小说进行一千种不同的解释，但只能解读已经写好的那个。一部伟大的传统小说是一个世界，一个封闭的世界。然而，当代小说却并非如此，当代历史小说就更不是这样了。由于这里没有全知全能的叙述者，读者通常可以有选择性地进行体验。比如说，泰罗作为随从来写西塞罗。他是一位忠实的朋友，也是一名奴隶。我们怎么知道他所描绘的故事是真实的，他没有保留一些秘密？如果有的话，这些秘密可能是什么？我们是否必须相信在施皮罗的小说里，尤里真的在监狱单间里见到了基督？问题并不在于基督是否可能出现在耶路撒冷的单间监狱里（这是一个无法解决的历史问题），而是在于尤里的故事本身是否可以被相信。人类不应忘记，记忆通常是混乱的；观察到的和经历过的事情以一种类似扭曲的方式存在记忆中。因而在当代小说中，读者并不能得到叙述的确切性，他就必须批判性地阅读。他体验的是可选择的故事；他尝试揭露作者的谎言和误导。可以说，他是在不断地解谜。

第一部被熟知的当代、后现代小说是哲学家安伯托·艾柯所写的《玫瑰之名》，它建立了一个新的传统。《玫瑰之名》之后的当代历史小说都开始追随它的脚步。有些小说远比它的模式更好，但审美判断并不是这里考虑的问题。《玫瑰之名》开头像一部惊悚小说。修道院中发生谋杀案，故事的讲述者和他的挚友，这两个男人自发地前去调查，决意要抓住凶手。但后来的事实证明，即使还有其他的谋杀案接踵而至，他们也失去了最初的意义。在小说的最后，我们甚至对侦探工作失去了兴趣，更甚者说，这不再是最初的调查，而是另一种侦探工作，另一种与教会和王座之间的冲突、异端和惩罚有关的侦探工作。一个谋杀案件或几个谋杀案件的这种形式，也经常出现在皮尔斯、利斯、马修·珀尔、塞勒、帕慕克、哈里斯和施皮罗的小说中。在这些案件中，谜一般的谋杀者不过只是其他的谜题或其他的"案件"的表现。谁是真正的犯罪者？哪些罪行的犯罪者？诸如此类的问题给最初案件蒙上阴影。我并不认为当代历史小说的惊悚方面仅仅是为了炫技或者是博眼球。它所提供的信息是哲学式的。像我所提到的，在当代历史小说中所有的故事或者故事的片段都是谜样的，因为我们不知道故事讲述者的记忆是不是准确的，如果他出错了，我们必须提出这样的假设，那么有哪些事情被扭曲了，又扭曲到什么程度呢？有时，当相同的故事被几个人讲述时，一个扭曲的能证实其他的正确，但我们仍然缺乏确定性。例如，《路标实例》的最后一个故事讲述者通过揭示他自己是真正的凶手，揭露所有其他的人都是说谎者。然而，他的真实的故事听起来比他所揭露的故事更加荒诞。最后，我们只能放弃，我们仍旧不知道。当代历史小说并不能以令人满意的文字"结束"封闭起来。

　　在一部传统历史小说中，当下的过去和遥远的过去并不存在本质的区别。从当下的过去，或是从遥远的过去叙述一个故事，都同样被认为是"历史"。现在的情况却已经不是这样了。叙述一个故事从当下的过去和遥远的过去都被认为是同样的"历史的"。这已不再是个案。我们不认为关于当下的过去的小说是"历史的"。例如，我们并不认为关于第二次世界大战的小说《裸者与死者》是一部历史小说，更不用说少数关于大屠杀的小说，例如凯尔斯泰·伊姆雷的《命运无常》，我们也不认为它是历史小说。在关于当下的过去的小说中，卢卡奇所说的必需的不合时宜是不可能的。这不仅仅是因为我们认为过去的故事是与现在相关联的，还因为当下的过去已经清晰地、深刻地存在于当下。这不是一个封闭的章节。对此我没有什么要补充的，但我认为就大屠杀小说而言，它永远不会是封闭的章节。

当代历史小说不会涉及过去的整个范围。所有有重大意义的历史小说，即使并不出名的作品，都关注着两个历史时期。第一，他们关注罗马从共和政体末期到罗马帝国颠覆的故事。在我所提及的小说中，塞勒的《玫瑰下的罗马》系列悬疑小说中都对这段时期的故事有所提及，皮尔斯的《西庇阿之梦》的第一个故事，哈里斯的《庞贝》和《最高权力》以及施皮罗的小说《囚禁》也都是如此。人们对这一时期的罗马重燃兴趣，开始于更早的罗伯特·格雷夫斯的《十二宫》系列小说，它属于传记小说的类型。值得注意的是，即使是在对古希腊哲学极度痴狂的时期，也没有历史小说所写是关于古希腊人的。第二，他们关注从中世纪后期至启蒙运动期间，关于当代社会产生的故事。当代历史小说对于后启蒙时期的描写，则仅限于美国历史。马修·珀尔的两部小说，《但丁俱乐部》和《坡的影子》，都发生在19世纪。在我所提到的小说中，以下几部涉及现代性出现的时期：皮尔斯的《西庇阿之梦》的第二部分，利斯的三部小说，《玫瑰之名》，以及雷伊、莎拉·杜南特、普朗格、洛纳的小说。几部小说发生在相同的时期和相同的国家或城市，例如17、18世纪的英格兰伦敦和牛津；17、18世纪的法国凡尔赛、巴黎；15、16世纪的佛罗伦萨。以我所知的为例，有三部小说是以朱利亚诺·美第奇的谋杀，洛伦佐·伊·曼尼菲科的壮丽的复仇，对美第奇的叛乱，萨沃纳罗拉的统治与倒台为中心的。在这些小说中，我认为杜南特的《维纳斯的诞生》是最好的。为什么这些作家选择这个时期和这座城市，我可以想出的理由有四个。第一，"谋杀"行为在这里和政治有密切的联系。问题不是朱利亚诺为何会被谋杀（因为这是显而易见的），而在于是谁谋杀了他，谁策划了这一阴谋。第二，这一事件开启了将哲学家（如皮科·德拉·米兰多拉）和艺术家成为小说的中心的可能性。列奥纳多·达·芬奇的狂热信徒在其中三部小说中扮演了完全虚构的角色。第三，现代性的主要冲突之一，也就是我们至今仍能感受到的冲突，在朱利亚诺·美第奇被谋杀之后，第一次出现在佛罗伦萨。萨伏纳罗拉并不仅仅是一个狂热者，他可能是第一个有意识的原教旨主义者，他痛恨现代性的产生，这种痛恨将对宗教的自由态度与对奢华不择手段的追求结合在一起。他不仅准备将那些裸体画丢进篝火，还准备将它们的收藏者一起丢进虚荣的篝火之中。第四，除了富人之外，卫道者的主要目标集中在所谓的妓女和同性恋者身上。既然差异自行出现，取缔差异也可以被提上议程了。

所以总的来说，古代世界的崩溃和现代世界的诞生是吸引当代历史小说的特殊"时期"。一个世界在暴力中倒下，一个世界就在暴力中诞生。没有历史小说是不含暴力的。当代历史小说也不例外。但是在传统历史小说和当代历史小说中所描写的暴力的类型有本质的区别。在传统历史小说中，暴力都是以战争的形式出现，就像卡尔·施密特所描写的那样，都是我们与他人之间的战争。仅从主人公的角度来看，这些战争都是对抗天敌的战争，文明之战也是如此。在战争的环境中，一个人可以体现他的价值，勇气或怯懦，为荣誉而战，或是因耻辱而下台。传统历史小说的主要人物都是男性，当然，他们会爱上女性。战争是公共领域，而女人则留在私人领域。主要人物普遍地属于较高的阶级，非富即贵，因为只有他们才必须保护他们的荣耀。但是，像我已经提到的，所谓的较低的阶级，尤其是农民，通常也扮演着一个重要的角色，代替古希腊戏剧中的合唱队的角色。

在关注现代性诞生的时期的小说中，战争在其中毫无作用。当然，如果一个或另一个主人公的秘密被埋藏在过去，就会提到以前的战争，尤其是文明之战，就像在《路标实例》或《但丁俱乐部》中那样。在关于罗马共和国末期战争的小说中，塞勒都有过相关的描写。不过，它们被描述为毫无意义的。此外，战争是存在于主要叙述之外的，特别是存在于表现主人公性格的道德价值的叙述之外的。没有仅是为了诉说一个战争故事的罗马小说（施皮罗，皮尔斯或哈里斯所写），暴力的种类包括驱逐、处以私刑、大屠杀、政治迫害、追捕异教徒、谋杀政敌。有的暴力在公开的场所展现出来，如暴民运动，暴民们被财富和武力的既得利益者所煽动，有的则是在背地里进行的，由阴谋者所策划。在罗马的故事里，暴力行为是取缔和不能公开的特许的谋杀。这一类型的暴力表明，当代历史小说的许多类似惊悚片的特征不是一个恶作剧，而是属于故事本身的核心。暴力的目标主要是一些无辜者，通常意义上的替罪羊，针对他们可以轻易地调动人民群众的仇恨，因而许多当代历史小说的主要人物都是女性、犹太人和异教徒。但是这些小说的主角一般都是罗马公民。我知道一个例外，施皮罗的小说《囚禁》的中心人物是罗马公民，他也是一位犹太人，在这部小说中暴力无处不在，也可以这样说是"文明"地。相对于福伊希特万格，施皮罗没有描写犹太战争。在他的书中，暴力的主要场景是大屠杀：对犹太人的屠杀，对基督徒的屠杀，尤其是臭名昭著的、有据可查的亚历山大大屠杀。

现在让我再简单介绍一下当代历史小说涉及的第二个历史时期，也许是主要的时期，在两部小说（《我的名字叫红》和《女哲学家》）中，被认定为女巫的女性要被烧死在火刑柱上。猎杀异端的女巫在《西庇阿之梦》的第二个部分中扮演着一个重要角色。女性遭受迫害是由于她们的"放荡"，在关于佛罗伦萨的小说中尤是如此。在我所提到的五部小说中，犹太人都是主要人物，他们大多数是被憎恨和迫害的主要目标。例如，在大卫·利斯的三部小说中，以犹太人作为中心人物，利斯描绘了一系列关于西班牙裔犹太人在伦敦和阿姆斯特丹的故事，即使他们是政治上的边缘人物，但在贸易中以及在早期的银行世界中也扮演着不可或缺的角色。利斯的《纸的阴谋》里的英雄是一位边缘的犹太男人，一位前拳击手，他返回故乡去揭露杀害他父亲的凶手，但是发现他自己面对的是臭名昭著的黑帮老大乔纳森·威尔德，还卷入了南海泡沫，经历了种种历险之后，这些帮助他揭露了这一切。在其他以犹太人为主角的小说中，犹太人和女人都是暴力的受害者。几乎这些小说中讲述的所有的故事都可以从历史课本中得知。这些小说中至少有两部小说的成功是由于它们对历史事件的解释方法是对有趣的人物和变幻的个人命运的陈述。我属意的是雷伊的《罗盘大师》和洛纳的《特伦特的犹太女人》。第一个也是关于西班牙裔犹太人的故事，他们绘制了第一个可靠的海洋地图，这对成功的航海是必要的。他们的工作和个人的供养以及丰富的报酬都由阿拉贡国王提供，他们的领导人可以被私下召见。阿拉贡也曾遭受过卡斯蒂利亚的大屠杀。意外的灾难降临犹如一场可怕的意外。那些人感觉到他们自己是受尊重的和安全的。在阅读小说时，被称作不合潮流的人可以很明显地被感觉到。即使我们知道这些的确在帕尔马—马略卡岛上发生过，我们仍会在希特勒统治时期想着繁荣的德国犹太人小说。然而，小说是小说，可以这样说，大屠杀是"条件"或"契机"去展现两个年轻人——他们是朋友，在一个巨大的试炼中，他们知道了自己内在的自我。严谨的和虔诚的青年人将转变成为基督徒从而挽救了自己的生命，然而他的粗鲁的、有野心的而且时常愤世嫉俗的朋友宁可从巴塞罗那的一座塔跳下而死亡，而不是在胁迫下放弃他的信仰。如果大屠杀没有让读者感到意外，人物的活动和反应就会令人产生意外之感。洛纳的《特伦特的犹太女人》是关于发生在特伦特的一件血污案，大致地相当于萨沃纳进行宗教游行的时候，一个小孩被发现死亡了，人们断言他是被一位女犹太人谋害的（从前言我们可以知道，这个小孩20年后将成为天主教的一位圣贤）。犹太人被迫忏悔和接受改造。小说的发展围绕着两个中心。第一个中心是女犹太人和犹太团体。第二个中心是天主教，更准确地说教会的三个代表。其中之一是发起了对犹太人审判的人，是原教旨主义的狂热者，第二个人代表我们现在称之为"自主的"立场，第三个人是实用主义者，对天主教的改革并不谩骂。三位牧师主持了一个长时间的哲学辩论会。虽然这种辩论会在卢瑟之前就已经举行过了，也可能是在前天也举行了这种辩论会。

我无法下定论，因为新的历史小说会不断出现，这里有几部我没有提到的，因为太多的例子会模糊论点。我再简单回顾一下我在本章开头提到的问题。我的判断不是美学的。书里我提到的长篇小说，有的是非常好的，有的是还算可以的。非常好的有：《路标实例》《票据阴谋》《囚禁》《但丁俱乐部》《我的名字叫红》，这些小说在一定程度上反映了我的喜好。其他我所提及的小说在它们的类型里也是好的。一部好的小说很容易辨别——它是能够一读再读的。诚然，对品质的品位和感受都不是完全相同的，但是通过频繁地和多样地阅读、深思地阅读，人们慢慢地可以获得除了品位之外的一种对品质的感觉。杰出的历史小说很可能从未被写出。即使是《战争与和平》，我也有许多疑问。将来是否会有人写出优秀的历史小说，我们无从得知。但是我们喜欢已有的和偶然出现的好作品。我们很高兴，小说这种半艺术，并没有死亡而是被赋予了新的生命，而且无论何时我们造访一家书店，都会满怀对于新的、伟大的、积极的惊喜的期待。

（大卫·罗伯茨编辑）

参考文献

Cannon, James. *Apostle Paul*. Hannover: N. H. Zoland Books, 2006.

Diament, Anita. *The Red Tent*. New York: St. Martin's, 1997.

Dunant, Sarah. *Birth of Venus*. New York: Random House, 2004.

Eco, Umberto. *The Name of the Rose*. London: Secker & Warburg, 1983.

Feuchtwanger, "Lion," *Josephus*. New York: Viking, 1932.

Feuchtwanger, "Lion," *The Jew of Rome*. New York: Viking, 1936.

Feuchtwanger, "Lion," *The Day Will Come*. New York: Viking, 1942.

Halter, Marek. *Sarah*. New York: Random House, 2005.

Halter, Marek. Zipporah. *Wife of Moses*. New York: Random House, 2006.

Harris, Robert. *Pompeii*. London: Arrow Books, 2004.

Harris, Robert. *Imperium*. London: Hutchinson, 2006.

Kertesz, Imre. *Fateless*. Evanston, IL: Northwestern University Press, 1992.

Lohner, Alexander. *Die Jüdin von Trient*. Berlin: Aufbau, 2004.

Liss, David. *A Conspiracy of Paper*. London: Ballantine, 2001.

Liss, David. *The Coffee Trader*. London: Ballantine, 2004.

Liss, David. *A Spectacle of Corruption*. London: Ballantine, 2004a.

Lukács, Gyorgy. *The Historical Novel*. Harmondsworth: Penguin, 1981.

Mailer, Norman. *The Naked and the Dead*. New York: Holt, 1998 (1948).

Pamuk, Orhan. *My Name Is Red*. New York: Vintage, 2002.

Pearl, Matthew. *The Dante Club*. New York: Random House, 2003.

Pearl, Matthew. *The Poe Shadow*. New York: Random House, 2006.

Pears, Iain. *An Instance of the Fingerpost*. Berkeley: Berkeley Books, 1997.

Pears, Iain. *The Dream of Scipio*. Riverhead Books, 2002.

Prange, Peter. *Die Philosophin*. Munich: Droemer Knaur, 2004.

Rey, Pascale. *Le Maitre des Boussoles*. Paris: Lartes, 2004.

Saylor, Steven. *Sub Rosa Series*, 12 Volumes. London: Constable, 1991–2008.

Spiro, Gyorgy. *Fogsag* (Captivity). Budapest, 2005.

（罗婉　译）

西方传统中具身的形而上学

一 形而上学，具身和离身的危机

105　　例如，在《创世纪》中，上帝创造亚当便使用了两种物质：一是用来制作亚当的泥土，这是物质的；二是从他鼻孔中吹进的一口气，赋予他生命的一口气，这是从灵魂的孔中吹进的灵魂。在柏拉图的作品中，不朽的灵魂被囚禁在肉体凡胎之中；在亚里士多德那里，形式是一种精神的目的论的本质，它确保了个体实质的稳固性和主体性，对人类而言也是如此。无疑，人类个体的异质性不是哲学所独有的一个发明，实际上它深深根植于远古人类的想象中，并在所有的文化中无处不在。它表现为一种或几种最基本的经验，第一种是焦虑、不安、压力的经验，第二种是违背自我意图来行事的经验，第三种是罪恶感和羞耻感的经验。所有这些以及与这些类似的经验告诉我们，我们是二合一的，在我们的身体里住着两个人。事实上，在向他人和我们自己呈现时，我们的肉体，外形，脸庞，又或仅仅是我们的身体，都将我们显示为"一个人"。然而我们的经验却向我们呈现为双重或多重的合体。一个身体内的那些两重或多重可以相互结合成一个综合体，也可能在频繁的冲突中纠缠在一起。

　　然而，尽管肉体总是一个整体，但它对分裂的人格，更确切说是它所承载的各种互相对峙的力量却并不是漠不关心的，因为它通常会帮助某个力量去对抗另一个力量。凝聚在一具肉体中的某些人格或力量，与外在的力量（如精神，幽灵，神等）建立联系。那些"外在的"力量可以是具身的，也可以是离身的，看不见的，我们的身体可以和一些离身的事物相联系。基于这种根本的经验，一个极好的愿望产生了，或者说，这种希望本身会产生并强化这种经验。这个希望授予人们一种外在生活的可能性，即在死后继续生活。人们会有一种感觉，或者说是一种体验——人的一部分是可以离身的，它能够离开也可以重回肉体，这一部分是肉眼所不可见的。这种感觉或者说体验使人产生了一种信念、信仰或者说知识：这种离身的自我可以与其他离身的自我相互交流，相互陪伴，并且在肉体死亡腐烂之后依然存在，尽管肉体是不能永生的，但这种脱离肉体的自我是不朽的。一直以来，这些关于离身的共同"经验"都被裹挟在神话和传说等共同的叙事中。如今，这些经验甚至与那些从所谓的临床死亡中恢复过来的人们所亲身经历的故事裹挟在一起。他们声称看到了一些扩大了的精神性的东西，离开了他们僵硬的身体。任何生理学的解释都不能动摇这些经历。弗洛伊德曾经说过，尽管我们了解所有有关死亡的知识。但因为无意识是永恒的，所以我们并不真正相信我们会死亡。我们可以对弗洛伊德的见解加以修饰，可以承认诸如精神、灵魂此类的存在，或承认它们中的"一部分"是永恒的，这就是弗洛伊德正确的原因。在不承认自己会死亡这一点上，我们与我们的祖先是不相上下的。

我想推测的不是集体的神话或个人的经验本身，而是它们在西方哲学想象中的反射、反映或重述。诚然，哲学想象并非西方文化的特权。但是，这里我只想单独地探寻西方文化中关于具身经验的哲学答案，其一因为我的知识范围仅限于此，其二则是出于更多理论上的原因，这些原因很简单，我对当前的传统的形而上学哲学的危机感兴趣，这种兴趣将指导我重建身体-灵魂二分法。

我将涉及前面描述的原始经验的哲学理解，同时讨论传统的身体-灵魂二分法的变迁兴衰，以及身体-灵魂-精神的三分法构想。

直到文艺复兴时期，甚至到17世纪，传统的二分法和三分法一直被频繁修改，但始终没有被取代。然而，受用科学解释世界的启发，"灵-肉"

以及"思想-延续"这两种新的二分法取代了先前的理解。这不仅仅像后形而上学主义要使我们相信的那样，是个词语的变化，也是一个知识型的彻底改变，或者用福柯的术语来说，是它自身的历史的由因及果。这个彻底的变化意味着从这个时间开始，其他新的陈述将参与到这个对真理提出诉求的讨论中来。灵与肉的问题，或这种企图消除二元分类的尝试，以及随之而来的这个难题本身，一直标志着19、20世纪的讨论。但是，不能忘记的是，哲学不是一种精确的科学，即使在历史性由因及果的突变之后，传统的"灵-肉"二元论或"身体-灵魂-精神"的抽象水平的综合体的三元论仍然保留着运作的可能性。克尔凯郭尔就是一个恰当的例子。

简单地表述我的观点就是：二元论或一元论，这是个问题。但这个二元论或者说一元论的问题关注的不仅仅是物质和精神的传统论题，不管是从本体论还是从经验论来说，它要关注的还有自我的特征，以及一个分裂的自我如何成为主题并被理解。此外，这个问题还关注着人类究竟是生活在一个世界中还是多个世界中。二元论还是一元论，是一个范例学的问题，因为提出这个问题的不同方式不能整齐划一地归入形而上学或后形而上学这两大类。这意味着如今寻找简单的非黑即白的答案的惯例在这个问题上是行不通的。

要以类谱系学的方法进行研究，因为我想要发现如今这种论争的始祖，这些始祖是互不了解，相互无关的。尽管如此，我们从他们那里继承了很多，不仅仅有精神的基因，借用柯奈留斯·卡斯托里亚蒂斯（Cornelius Castoriadis）的术语，我们继承了他们的想象力，以及一些他们虚构的习俗、讨论、理论、真理。这些不同的理论、讨论或真理全都有他们自身的发展轨迹。在所有这些理论中间，都涉及了"灵魂-肉体"或"肉体-灵魂-精神"的问题，但是这些讨论在每一个案例中的终极都各不相同。有时候，依据实际的议程，同一个哲学家会进入不同的讨论而设计出不止一种模型。

我将要简短地介绍四个版本并且各用一个短语概括它们的特征：（1）灵魂被囚禁在身体的牢笼里；（2）身体被囚禁在灵魂的牢笼里；（3）身体是灵魂的表现方式；（4）痛苦，快乐以及"心"的物质。我的简短概括与任何一种哲学史都不相同。我的兴趣在于那些主要的想象，而不是在于哲学问题解决的顺序。

二 灵魂被囚禁在身体的牢笼里

众所周知，灵魂被囚禁在身体的牢笼里的隐喻来自柏拉图。与这一公式相联系的幻想和神话在一些亚洲文明之中广泛存在。然而，我将要在我的西方现代想象的类系谱学研究中忽略这些。被囚禁的灵魂是对必将到来的死亡的隐喻。根据苏格拉底在《斐德罗篇》中的说法，被囚禁的灵魂是病态的，身体令它生病。当肉体死亡，灵魂就将痊愈。或者在另一种处理下：根据苏格拉底在《斐德罗篇》中的说法，神圣的御车夫并不落入肉体凡胎之中。这种命运只适用于那些坠落人间时丢掉翅膀的灵魂，尽管他们仍然保留着对坠落人间前的神圣生活的微弱记忆。

然而这个故事中有个矛盾之处。古希腊的神并不是纯精神的生物，他们有身体。他们做爱；他们吃喝；他们生气；他们渴望……然而他们也并非不朽的。但这并不是身体的问题，神的身体并不囚禁灵魂，只有暂时的，物质的肉体凡胎才会囚禁灵魂。不朽的身体不是囚牢，因为灵魂既不能也不需要逃离它。同时神的身体也与人类的身体不同。神可以变形，就是说，可以出现在各种不同的身体里，例如变成一场黄金雨或一只天鹅，这意味着神的身体是精神性的身体。而真实的、物质的身体是不能变形的。唯一的一次变形是从生命变成尸体。众所周知，柏拉图试图通过把神的坏的爱好、欲望和需求归功于人类不正当的想象，来清除确定神的不朽物质性的唯一障碍。

身体和灵魂的差别起初是时间上的——是必死性与永恒性，暂时与永恒，易毁灭性与不可毁灭性之间的较量。但是这种差别不仅仅是时间上的，也是空间的，最终变成时空的。灵魂向上飞向天空，身体终归于泥土；或者人类灵魂坠入被泥土捆绑着的身体之中。

灵魂是自由的，除非变成身体的囚徒。换句话说，身体是一个监狱。所有这些有一个主要的认识论上的重大意义。身体阻止我们认识真理，灵魂却可以飞升到理念的范围，因此它至少可以接近知识或接近真理的幻影。灵魂是非物质的，只有非物质的东西才能够知道真理。

在这里我们第一次遇到了典型的形而上学的解释，这在之后的两千年内基本是一成不变的。

总是受到古希腊哲学传统约束的西方的想象力，还从另一个始祖那里继承了体系，这个始祖叫作《圣经》和圣经解释。《圣经》的思想不是一种形而上学，它不呈现为一种逻辑结构或理性大厦，它的思想是以叙述的方式发展的。但是，这种叙述也并不是以神话的思维方式来讲述的，它们讲述典型人物的典型故事。一神论排斥所有神话的本质：神之间的斗争。但是它们互不知晓，在不同道路上各自发展两位始祖却分享着三种确定性的组合，或者说是同一个联系，这个联系就是唯一、真理和美德。考虑到不同的思考方式，在哲学上将它们综合起来是不可能的，但是考虑到它们共享的确定性，我们可以忽视它们的不同点，把它们放在一起考虑。

这对肉体-灵魂二元性是有效的，尽管对它的二元论并不是必需的。二元性关注差异，二元论还关注等级，且多数情况下是那种不能调和的等级。二元性在圣经的叙述中随处可见，但是二元论只在随后的正典圣经书籍中零星可见。柏拉图、亚里士多德或者斯多葛学派有时指的是二元性有时又是二元论。但有一点是可以确定的，柏拉图把身体比作灵魂的囚牢的隐喻展现了一个二元论的坚实范例。

在圣经第一篇关于第六天的叙述中，上帝根据他的想象创造了一个无性的人。有一种从未在这篇文章中出现过的解释是肯定的：上帝的这种行为是没有考虑到肉体-灵魂二元论的。在第二个圣经叙述中，上帝制造出人类的外形，用尘土做成了肉体，即制造了物质。因此，肉体自身就是物质的单位，是形式，是一个完美神圣的作品。只有当物质形成之后，上帝才能向亚当的鼻孔中吹入生命。注入作为灵魂的生命是在创造出身体之后的事情。既然是有神圣起源的神圣气息，那么它就是连接人类与神的纽带，它不是由手创造的而是由嘴创造的，它是生命的原型和最初的吻，是爱的姿态。呼吸是无形的，但并不是没有外延，没有热度。它也是一种物质，一种无形的、温暖的、精神的物质。这是二元性的但不是二元论的，因为肉体和呼吸在人类生命体中是共存的，它们被约束在一起，离开对方就无法生存，因为每个个体的灵魂，他的呼吸都会随着身体的消亡而不复存在。身体和灵魂生活在一起。它们斗争（这是一个二元性），但是它们离开对方就无法生存，因此身体不是灵魂的囚牢，是它的家园。灵魂不能逃离肉体，因为它是生命，离开了肉体的生命，何谈生命。灵魂不朽的观念在这里是不切题的。要么灵魂和肉体都是终有一死的，要么它们都是或都将变成不朽的。或者死亡不是人类生命的最终命运，只是死者复活之前的中断或间隔。在后救世主时代和末世论幻想中，上帝会复活死者，并且不只是那些昨天刚刚死去的人。就像以西结和之后的丹尼尔预言的那样，他们会把干的骨头收集在一起，加之以血肉，如此这般按照他们自己尘世的肉体复活他们。这是耶稣基督和他的使徒们带给希腊罗马哲学家的旧世界的"好消息"。谁还在意灵魂不朽这个贵族化的梦想？被复活成为我们自己的肉体，从头到脚成为我们自己的身份，这是一个值得信仰的真正的允诺。

110

与诸多其他案例一样，基督教试图调和这两个完全不同的概念。这两个概念就是灵魂的不朽和再度赋予灵魂的身体的复活。他们不能放弃它们中的任何一个。不能放弃灵魂的不朽是因为早期的基督徒是被这种想象和希望哺育的，也不能放弃死后复生的想象，因为基督曾死后复生。此外，唯一的精神存在在与肉体的存在相比中，也不能获得更多的致敬，因为救世主基督变成了肉身，他是肉身化的精神，并且只有作为有肉身的人类，他才能够补偿那些信仰他的人们。早期的基督徒们很难接受这个非常犹太化的观念。相反地，他们中的一些人则认为他的身体确实死亡了，他的灵魂飞向了他的父亲——上帝。然而，东正教把两种观念都归为异端，这是因为耶稣受难一定是真的，不是虚构的，因为他通过肉体受难救赎了人类，并且他的灵魂不能遗弃他的身体，因为信徒们曾经看到他早期复活的身体的形态。身体的复活是个不能回避的话题，尽管某种意义上它可以被解释为更接近希腊人。当使徒保罗在他的《格林多书的第一封信》中讨论到身体复活的问题时，他强调身体分为完全不同的各种类型，复活的身体和易腐败的身体是不同的。那不是自然的身体，是精神性的。相比之下，约翰在《启示》里讨论到，一千年来，复活后生活在基督的王国中的人会吃喝，神圣并快乐，他们的身体是实在的而不是精神的。同时，居住在审判前王国的居民都将是正义和忠诚之士，他们的灵体是或者即将变成干净无罪的。

继承了双重始祖的遗产就必须面对另一个挑战。在古希腊-罗马传统中，不朽与理性是被视为等同的。或者说与"上层理性"是等同的，在古希腊语里被叫作"等同的"，在拉丁语里被叫作"灵魂"的这一部分是有认识论的特权的。例如，"灵魂-理性"越把它自己从身体的囚禁中解放出来，它就越能够获得更完美的知识。身体的牢笼或洞穴阻止灵魂或理性

（在这个例子中是相同的）获得完美的知识以及对真理的清晰洞察。那个牢笼或洞穴扭曲想象产生人为制造的信念、谎言，展示不混沌的画面，造成混淆或混乱。犹太人的传统在这里也存在于此。例如，没有身体就没有理性，或者如斯宾诺莎所说，外延和认识是同一物质的两个属性。

我不想要使事态进一步复杂化。在非常柏拉图式的传统里，关于灵魂不朽的思考（例如费奇诺的作品），甚至是对灵魂转生到完全不同的身体里的思考，都是与离身本身的认识论的观念没有必要联系的。尽管"牢笼"的隐喻始终存在于单个的个体中，但在斯宾诺莎那里，灵魂的永恒不变在范例上是不切题的，对于莱布尼兹来说，整个牢笼的隐喻听起来是毫无意义的，因为他把一切个体的实质都认为是活生生的，与其说存在死亡不如说存在转换。

我们仍然将这两种传统都考虑其中。在这里，我没有考虑到像神智说或人智说，以及基督教传统中的日常思维，即死者的灵魂与他们的造物主相遇这样的讨论，我只考虑了围绕灵肉问题展开的处于中心地位的哲学讨论。"不朽"或"可朽"的问题被无因果性或决定性的问题取代。这个问题也困扰着康德的先验论，自由是没有原因的，如果它有，我们将会变成被线牵引的木偶。木偶的隐喻只是对牢笼的隐喻的改写，甚至在当代有关大脑功能的讨论中也是这样。我们可以提出这样的问题：思想不过是大脑的功能吗？如果一个人能以肯定的方式回答这个问题，那么最后一个问题仍然还是有待解决：我们能从大脑功能的具体构架中理解此刻什么思想进入了我们的头脑中？我们究竟能够比我们两千年前的祖先更有把握地回答他们古老，但是在功能上非常等同的问题么？即使每个具体思想是由大脑"引起"的，"灵魂"并不存在，身体也仍然是一个不存在逃亡的牢笼。因此，形而上学或许会死亡，但是这个议题，这个时常在其他传统包括形而上学传统本身中掺杂的"存在主义"的关注点不会死亡。

三　身体被囚禁在灵魂的牢笼中

身体被囚禁在灵魂中的隐喻借用自福柯的《规训与惩罚》，意在对柏拉图的著名格言进行论辩性的颠覆。福柯在现代性诞生的时候对社会的先验性感兴趣,至少在这部作品中,他通过当时刚刚出现的"人文科学"这一概念及其制度化和学科化的实践来详细阐述或肢解这个隐喻的内涵。囚禁现代人类身体的"灵魂"的概念,是在人文科学的讨论中产生的。福柯认定"灵魂"不与我们的不朽的精神实质相关,而是与理性、知识、真理以及所有形而上学传统中的相关事物相伴随。这是对《斐多篇》里传递的信息以及《斐德罗篇》中的一个概念的相关颠覆,尽管一般来说,柏拉图本身并不是一种颠覆,他与福柯的这个非常20世纪的观念并不是完全不相容的。

然而这里仍然存在一个逆转。柏拉图,以及他之后的整个形而上学传统都在评论。对于他们来说,身体被灵魂囚禁是正确的,因为灵魂,尤其是它不朽的方面(如理性和灵性)保卫了认识论和道德真理。身体是我们通向真理、善良以及幸福的道路上的唯一障碍。精神或理性需要智慧,身体应当服从。福柯没有发现人类历史的普遍性的发展或倒退,他只发现了突变,他也没有对新出现的割裂与认识论做出评价。在《性史》中,他承认身体在欧洲文明的几个传统中曾经被灵魂囚禁,但是问题仍然存在——怎样囚禁,囚禁到何种程度,以怎样的方式囚禁。他同情一种实践比另一种多,反之亦然。简短来说,究竟是像斯多葛禁欲主义那样由自己的灵魂、理智或意志来调节和控制自己的身体,还是以一种普遍的、非个人的"感觉"、科学乃至知识这一所谓的客观理论来调节和控制身体,是存在巨大的差异的。在第一种情况中,一个人可以以自身出发创造出一件艺术品,这个问题很快我会再度提及。

每当灵魂被囚禁在身体里面时,灵魂便反抗并试图逃走。每当身体被灵魂囚禁时,身体便反抗并试图逃走。

圣经故事中关于所谓堕落的那部分为第二种情况下的行为提供了一个简单的线索。并不是夏娃的身体让她违背神圣的命令的。而是蛇对她的精神说,它唤醒她的怀疑,也唤醒了她的好奇心。怀疑和好奇心是精神力量,它们"居住"在"灵魂"里。夏娃的身体做了什么?它拿了一个苹果给亚当,同时她吃了自己的苹果。身体顺从精神,它不能抵抗,因此亚当和夏娃发现他们是赤裸的。但关于羞耻、裸体的知识,是灵魂的事。身体又一次被关进了灵魂的牢笼。在这个人类堕落的故事中,没有身体的所谓原始冲动的成分,例如饥渴感或性觉醒,都没有起到任何作用。

这种圣经的叙述思考从一开始就证明了身体所做的邪恶的事情是在思想、观念、理性和灵魂的指导下做出来的。但最主要的麻烦是，只有身体才能引发暴力，还有在以往的例子中，谋杀也是由身体引起的。灵魂、思想、理性能够自主行使权力，羞耻感和精神胜利也能如此，但是它们不能行使暴力。一个人只能侵犯另一个人的身体，只有身体才能直接接触到另一个身体。打击、伤害、强奸、谋杀，甚至是监禁或惩戒，这些都是身体对身体施加行为的表象。身体可以屈服，但是如果它不屈服，它可能会被侵犯。瓦尔特·本雅明《暴力批判》一文中提及的有关神圣暴力的概念在某些条件下是可以被认可的。例如，在大洪水时期，上帝侵犯人民的身体。他没有通过自己的身体做这件事，而是通过物质性的灾难和人类的身体，然而，该隐犯下的"第一次"谋杀，并不是对暴力的反应，而是在精神的需求下所犯的暴力。这被叫作"第一次"谋杀，尽管这种行为已经被重复了上千万次了。"第二次"谋杀是通过一个"身体的"反应实施的，这种反应处于愤怒中，而愤怒作为一种情感是先天的。然而，圣经的叙述思考没有解说诸如灵魂的"部分"或"功能"这种哲学议题。

每当柏拉图或亚里士多德或他们之后的大部分哲学家直接解说暴力的形成、谈及灵肉之间的部分，特别是在灵魂内部，在人类结构中占据了至高位置的灵魂本身的时候，都不可避免地、或多或少地得到了相似的结论。照柏拉图和亚里士多德的话来说，尽管灵魂、灵性和理性被认为是不朽的，但理性和灵魂还分为不同种类。只有"最高的"灵魂在认识论和道德上享有特权，与之对比的是它的低级部分或能力，如果灵魂开始引发罪恶的行为并同时监禁身体，它就只是灵魂的低等的部分或功能，是它的邪恶的劝告。灵魂的二分或三分的模式关注的是行动或行为善与不善的问题。在柏拉图的另一个隐喻中，御马夫是理性，是不朽的灵魂，是拥有特权的认识者，也是真理的道德担保。然而，御马夫指挥的灵魂之"马"中只有一匹是顺从的，另一匹是不顺从的。柏拉图认定那匹不顺从的马不仅是肉体欲望的代言人，还是贪欲的代言人。此外，在对暴力、谋杀、强奸的渴望的情况中，柏拉图把这些罪过与想象力或幻想相关联起来，它们是非常心灵和精神的系列。事实上，仅仅是身体的贪求是容易满足的，只有想象的贪求是无穷无尽的，因此，这才是暴力的动机。

于是因此，身体并没有被灵魂囚禁，而是被它的一个功能或部分囚禁。这种划分在康德那里变得最为复杂。最高的精神力量——理性，作为与先验自由一样的实践理性，它的道德需要是绝对的。然而，并不只是身体需要遵守，认识能力和想象力也需要遵守。康德详细解释了对合理性争论的道德上的怀疑，合理性论证不应取代对道德法律的屈服，没有知识能共同决定我们的纯粹意志，甚至好的知识也不能。另外，真正知识的保卫者是理解而不是理论上的理性。此外，康德争论道，不朽的灵魂是一种理性的想法，我们即使不认识它也可以思考它。康德甚至在《道德形而上学》中宣称，思想到底是物质的功能还是灵魂的功能，这是一个无关紧要的问题。

114

但是，正如福柯的公式——身体被囚禁在灵魂中——所表明的那样，在圣经和形而上学传统中涉及的问题已经比以往更加强烈了。如今，比以往更甚，理论、理念和意识形态把身体绷在弦上，逼它们犯下暴力，有时甚至是在没有完全意识到或没有看见后果的情况下，但是身体之间的调解正在扩大。即使一个人只是按下一个按钮就会引起千万人的丧生，尽管是由意识支配，那也仍然是由身体进行的一个动作。

让我用小说和19、20世纪的经历来例证这个古老故事的新版本。

在巴尔扎克的小说《高老头》中，前科犯和灵魂绑架者伏脱冷（Vautrin）对他设计的用以逃脱惩罚的犯罪工具拉斯蒂涅提出了这样一个问题：如果你知道按下一个按钮你就可以杀死一个你从不认识的中国官吏，并通过他的死获得金钱，你会这么做么？巴尔扎克预见了一种非常现代化的情形：罗马皇帝允许用一个手势取代言语去杀死一个决斗士，暴君通常以命令或暗示之类的言语杀人，若是雇佣杀人则会用模糊不清但容易理解的言语暗示。莎士比亚的世界中就时常出现他们的身影。但是，在链条的终端总是有谋杀者的身体参与其中，用手来勒住脖子，用手持尖刀插入心脏，或用手混合毒药。无论凶手是虐待成性地享受这血腥的"工作"，还是只是为了金钱做这件事，杀人者通常面对他的被害者，或是认识受害者。但是，广岛发生了什么？一个人给出了前进的信号，另一个按下了按钮。没有人看着他们的目标。这是谋杀，但谁是凶手呢？科学被应用为技术，被害者的身体因此受到暴力。让我重复一遍，身体一如既往地参与其中。如果没有按下按钮，也就不会有死亡。如果没有执行，"前

119

进"的命令也无关紧要。那个把手指放在按钮上的人的身体，是被算计的罪犯，是战争的机器，是战略和战术的傀儡。他执行的不仅仅是一个命令，而且是遵循一个漫长，并且对他来说未知并可能是很难理解的推理的链条。

在陀思妥耶夫斯基的《罪与罚》中，拉斯柯尔尼科夫杀死了老高利贷者，据其申诉，是为了她的钱。我们知道他还杀死了她的笨蛋姐妹。在案发当时他瘦弱的身体已经被意识形态的洞穴囚禁，这种意识形态就是与一种理性的辩护以及所谓神圣或值得称赞的目标和计算混合在一起的结果。我们都知道，在这个虚构的例子中，这种主导组合以悲剧告终。这始终是一个"主导组合"，如同20世纪的大屠杀通常是按照这一模式犯下的。理性辩护和理性计算一样从现代性早期就已经被摒弃，因为它们一直是为缺乏道德感等相关事物的道德问题指南。但当理性计算和一个神圣或值得称赞的目标相结合的时候，通常的结果就是赞成、宽恕，甚至美化暴力。暴力作为一种普遍推荐的补偿办法而大放异彩，这种补偿办法被用以针对真实或假定的普遍性疾病。每个人都可以被贴上一个"高利贷者"的标签，可以是一个犹太人，一个富农，也可以是一个人民的敌人。依我看来，当卡尔·施密特提出这个标签并不是一个所谓的"天敌"的时候，他提出了一个很有问题的建议。根据他的建议，意识形态本身构成了敌人，它变成了一个人为的、基于意识形态的敌人。在"天敌"的情况下，敌意是互相的。在意识形态构筑敌人的情况中，情况却并非如此。想想《罪与罚》，那个老高利贷女人不是拉斯柯尔尼科夫的"天敌"，拉斯柯尔尼科夫也不是她的天敌。她变成拉斯柯尔尼科夫个人的敌人，也就是说，变成他施暴的目标身体，只是因为他的缺点，只是因为他自己的阶段性的意识形态的构成。以历史事例作为参考，对犹太人来说，德国不是一个"天敌"，德国民族主义也不是；对于托洛茨基主义者来说，苏维埃共产主义也不是一个"天敌"。犹太人和托洛茨基主义者被意识形态挑选出来并且建构成基本的敌人。

我们可以认为或者说希望存在一个能够整个地从身体逃脱开的灵魂。我们也可以想象一个没有被囚禁的身体，一个由灵魂塑造并同时表达着灵魂并使其显现的身体。而这种建议，像其他两个一样，也是形而上学的一个传统。

四　身体是灵魂的表现形式

亚里士多德传统的形式质料说给出了另一种建议。它的模型是生命本身，以及所有的东西都是有生命的。所有的生命都有灵魂，灵魂居住在宇宙中，因此宇宙就不仅仅是物质。衰退是暂时的和相对的，分解也是这样，毁灭中亦有永恒的新生，没有未成形的生命，宇宙中迸发出生命所有的东西。在这里，关于身心的空间想象被颠倒了过来。灵魂这一形式是显现的，是"外在的"。事物是通过它自己的形式而变成它自己的样子的。形式承载着身份和"肉身性"，形式就是具身，也就是说，它是"身体"，尽管不是物质性而是精神性的。接下来我将会简述这个传统发展的三条路径：第一条，通过灵魂的物质化以及之后的社会化；第二条，通过灵魂和物质之间的一致和完美，其中艺术作品，尤其是雕塑，占据此项特权地位；第三条，通过艺术作品和艺术家的独特个性。

（一）灵魂的物质化和社会化

在亚里士多德最著名的形式质料说中，形式本身是不能保证不朽的。只有纯粹的形式可以是不朽和永恒的。理性，或者作为纯形式的精神，或许是不朽的，普遍的纯形式，即认为自己是并且不必负荷物质的神，也是永恒的。单纯的物质或混沌也适用于这种情况，因为宇宙是从混沌中脱体而出的。尽管单个肉体的形式是具身的，但它们不能仅通过这个本体论的转换而获得高贵的唯一，因为万事万物都有一个完美的形式或终极目的，那些形式构成了一个等级的链条。因此，自由道德的人类（在这个例子中即指一个自由且有道德的人）都是人类的形式。为了达到这个完美的形式，自由人必须把他的物质或不合理的灵魂浇注成模，也就是说，把他的感情和不合理的灵魂放到美德的形式中去，直至其成为自然的或是成为一种类似本能的实践。因此，一类人可以把他自己塑造成一个完美的艺术作品，但是他无法塑造美德，美德通常来说都是被给予的。与前两种具身的模型对比，这是一种贵族化的模型，因为只有从少数人的队伍中才能出现完美的人。

只要抛开整个亚里士多德的本体论和认识论，人们就能够轻易地在这个模式里发现一个简单的描述，这个描述今天被主流现代社会学和人类学概念化成"社会化"。婴儿不得不把他先天的未成形的"材料"浇注到社会习俗和生活模式中去，以便能够在他的环境中生存。这对一个人来说容易，对另一个人来说就是难的，取决于这个人的未成形的先天材料的性格、品质以及抵抗力度。从形式质料说的当代版本来看，这也不仅仅是一个文化适应的过程，至少初级阶段不是，在这一点上它与别的学习过程都是类似的。有一些可以浇注任何先天材料的社会形式，例如，学习如何说一种语言，如何使用物体，如何发现并跟随习俗。这不仅仅是类比人们所说的生活形式，所谓生活形式在这里指的是人类、社会生活的形式。

然而，并不是所有的"材料"都可以被浇注到所有的形式中去。如果没有日复一日的练习，克己自律的苦行，没有什么精神能力可以帮助肉体在竞赛、芭蕾舞或小提琴中表现良好。先天的材料有时不能适应生活的基本形式，所以存在紧张，甚至是反抗。如果没有这种紧张或反抗，没有这种先天的未成形的材料和生活形式之间的紧张，就不会有改变，就不会有庄严。不用说，并不是所有的紧张感都产生改变，更不用说庄严。然而，必须有一种张力，因为并不是所有的东西都以一种理想的方式固定成型。虽然，作为古老的亚里士多德派的形式质料说的现代形式，它带着形而上学的烙印，但是这种形而上学并不是依据内外的二元对立运作的，因为它的目标是消除对立。

（二）灵魂和物质之间的一致和完美

形式，就是终极，是精神性的，是同一性的，是"自我性"，也就是"第一实体"（Tode ti），它是所有生命的灵魂，尽管所有生命中只有人类能够将形式赋予混沌、物质和材料。这第二个传统是在我们对美学的理解中被发现的。在这里，对艺术作品的形式质料说的理解，不仅没有局限在亚里士多德逍遥派学园里，还在柏拉图的圈子里广泛流传，甚至流传至今。尽管柏拉图不赞成写作，但书面写作和文本已经被赞誉为思想的化身。然而，能够充足体现思想、精神、灵魂的典范案例是雕刻。雕塑是化身的本身。身体本身注视着灵魂。然而，这个身体没有血肉，也就是说，这个身体不是易腐烂的物质，它由大理石或青铜铸造，这种材料比人类，比人类的世代，几个世纪还要长，或者它就像时间本身一样永恒。

在灵肉问题的变化上，内部和外部发生了位置交换，至少看起来如此。这里的外部或许是永恒的，因为它的身体是长久的，在这个意义上是不朽的。然而逆转的或内外翻转的关系是迷惑性的，正如黑格尔后来在他的《百科全书》"绝对意志"一章中所说的，人类是"上帝的主人"。黑格尔的格言是模糊不清的，但是这种模糊不清是有意为之的，因为只有这样他才能涵盖了传统两面。例如，普罗提诺后来提出，作品的想法，也就是形式本身，在创作之前就已经出现在创作者的灵魂中了，因此内在的灵魂拥有优先权。它是个体人类的灵魂，它将观念表现在肉体的灵魂、形式的本体中。就像米开朗琪罗的诗明确表示的那样，观念和精神是客观的，它居住在大理石中。雕刻家的工作就是将形式从大理石中释放出来，简短地说，从单纯物质的牢笼中解放出灵魂或理念。是不是上帝理念上雇用了雕刻家作为他的造型师，或者是不是雕刻家意识里面的理念是造物主，因而足以创造上帝，就不得而知了。在物质和形式或内容和形式的最完美的统一中，精神和肉体合而为一。这里再也不存在任何紧张或甚至动作。完美的艺术作品在瞬间或永恒的光亮中闪闪发光。

艺术作品是最终实现灵魂和形式的完美统一的这一图景，在现代性里却成为一个问题，并且似乎和形而上学一起被否定。然而，对我来说，这个传统在今天的价值似乎远超过我们所能理解的。否定"灵魂–形式"的措辞，并不意味着否定事情本身。尼采所说的"伟大的艺术"，除了把一个全新的看不透的理念塑造成完美的形式之外，还有什么呢？我甚至敢承受所有海德格尔专家的嘲笑，也要把他的《艺术作品的起源》一书中提到的地球和世界的关系，解释为一种更复杂的新型肉体–灵魂关系公式。

（三）艺术作品和艺术家的个性

至少在黑格尔之后，关于灵肉关系或联系的古代的形而上学的问题消失了，并开启了第三种道路的发展。形式质料说的公式仅仅变成了一种隐喻。当涉及一个艺术作品时，"形式"的这一表达不再意味着它的精神、灵魂或具体化的神圣人类的观念，而是指向"完美""做得好""艺术上的成功"等这类措辞。

尽管如此，这里仍然有一些当代的子孙同他们的祖辈相似。第一，仍然有自我性或者"第一实体"。

甚至今天，甚至在所谓的后现代主义时期的今天，一件艺术作品仍然保持它自身：艺术品及创造者必须有一个统一性。当一个人参观一个当代的展览时，他能够立刻辨认出同一个艺术家的画作，即使展览上所有的画作都是不同的，且属于不同的艺术家。所有的画作都有一种自身性（ipseity），这是一种站在画作面前需要花上几分钟去发现的东西，他们都持有创作它们的艺术家的署名，即使他们没有签名。不被重复也不能重复的个性依旧是出现在作品里的"灵魂"（如果你愿意，我们可以把作品称为身体），没有什么可以改变群星荟萃的艺术作品和艺术家的个性，除非艺术的末日来临，然而，尽管有那个著名的口号声称如此，艺术末日的来临依然遥不可及。

第二，灵魂，也就是说不可重复的个性，这一特性是不可等同于"观念"的。有时一个艺术家提出一种观念，就可以对这一观念予以报道，至少他相信他能给予报道。有时艺术家甚至拒绝关于观念的想法，所以可能没有一个可辨识的指示物。在传统的尤其是在好的艺术作品中，指示物曾经为不可重复的个性的显现设下限制，想一想关于耶稣诞生的静物写生或者描述风景的绘画。在当代好的艺术作品中指示物的缺席可能导致物质和形式之间的差别被废弃。无法辨认的想象被认为是理所当然的，造成了一种其背后并没有观念的指引的表面现象，然而"事物"是"有灵魂的"。

简要地概括一下我对于具身讨论的第三种情况的讨论——身体作为灵魂的显示或表达。我以一种类历史顺序提到了三种不同的讨论，以便使其谱系分明。第一种讨论可以简单地表述为：个体灵魂是可朽的，但是它创造了身体，艺术作品是有希望不朽的。第二个讨论可以概括为：构成形式的主观或客观观念可以合并，从而体现出神圣的完美。第三个讨论概括如下：每一个艺术作品都是创作者的签名，无论知名或不知名，每件事物都有它自己的灵魂。正是围绕着第二个讨论，所谓的艺术宗教从文艺复兴时期开始得到了突出的发展，这里的艺术宗教指的是对于艺术作品的崇拜，有时也指对于艺术家的崇拜。

形式质料说的概念也被转译成生活的个人形式，并且能被概括成一句拉丁名言"健康的灵魂留驻在健康的身体之中"。这个概念在斯多葛学派和享乐主义传统中都有出现，有时它们是合并的，有时互相针对。此外，我使用"个人"这个词并不意味着每个人跟随他自己的格言去创造他身心的和谐，而是指在主流哲学中规定的普遍准则适用于单个人，作为指引个人生活的准则。换句话说，准则是被逐渐接受的，但是生活的行为是个别地形成的。在最初的亚里士多德学派的伦理形式质料说的模型中，他利用共识使美德在自我创造和自我构造中占据中心地位，但这一地位在古代晚期的语境中被取代了。没有人知道明天会发生什么。一个人可以获得，也可以失去他的财富；暴君可以与一人反目，亦可以赐予他赞誉；一个人可以一举成名，也可以名誉扫地。尽管聪明人可以为所有这些可能发生的事情做好准备，但是没有任何东西可以改变他的平静，也改变不了他享受生活赋予的一切美好。最重要的是，人必须自己照顾自己。福柯在他自己晚期的几篇论文中分别讨论了自我的主要"技术"，例如在《关心自己》中。

斯多葛派和享乐主义的关于保持自我的技术在很长一段时间中成为模式甚至延续到斯宾诺莎和歌德。诚然，歌德把故事朝另一个方向发展了，并且他并不孤单。他是领先者，紧接着浪漫主义加入进来了。我将从一个简单的陈述开始。康德和稍后的歌德得出了一个有趣的说法，每个超过30岁的人都得对自己的脸负责。我们知道脸是心灵的镜子这个古代格言。它告诉我们高贵的脸表达了善良，凶恶的脸表达了邪恶。可以肯定的是，从文艺复兴时期以来，上述格言的意思变得更加宽泛，而且发生了一些变化，肖像画就是一个例证。从文艺复兴全盛期起，肖像画画家就是按照模特的灵魂是神圣的还是邪恶的表现他们的灵魂的，而不仅仅是依据他们的独特性。肖像画并不仅仅代表所画的那个人的脸。一方面，因为画作是画家的作品而不是模特的作品，它包含了画家对模特的想法，而不是直接表现模特的灵魂；另一方面，因为这始终是一个表现比呈现更意味深长的时代，画作有意要捕捉教皇、枢机主教或者乡绅的类属特性，并将之与个人的特质联系起来。因此，没有一个文艺复兴时期的画家可以说他的模特和他自身可以为他的脸负责，但是康德和歌德想表达的正是如此。在启蒙的世界里，所有的人都有意要签署一个声明，声明所有的人生而自由并且被赋予良心和理性。在这样的世界中，每个人在30岁的时候应当对他的脸负同等责任。

这个简单的声明——每个人在30岁时都得为自己的脸负责——是形式质料说有关讨论的一个新的突变的标志。"灵魂"变得与个性等同，个性又与性格等同。此外，性格不再典型：它不代表一个社会文化的群体，而是唯一单独的，个人的。性格照耀在脸上，如果每个人对他的脸负责，那么每个人就对他的性格负责，而且，每个人是他性格的作者，所以每个人就是他性格的创作者。她是一个自我塑造的女人，但不是那种粗俗意义上，从卑贱提升到一个高等级或更富有状态的人，而是作为一个独特性的创作者，在唯一的创造者的意义上自我塑造自己的灵魂和形式。在自我创造的过程中，创造者和创造物是同一的，灵魂和肉体也是如此。福柯在《关心自己》中对这个版本的中心做出了如下陈述：人类用他自己只做了一件艺术品。当然，一个人出生于一个具体的环境中，每个人都有一个不同的童年，有些人生而幸运而有些人生而不幸，有些人天赋异禀然而有一些人没有天赋，有些人天资聪颖而其他人天生愚钝，有些人英俊非凡而其他人相貌平平。所有这些"条件"被看作物质、材料、原料，就像青铜、大理石和石头一样。然而，每个人都希望自己的原材料能被利用，从而塑造出一个完美的雕像。像歌德表述的一样，即使是最卑微的人也可以成为完美的人；或者像尼采提到自己的时候表述的一样——一个人应该变成他应该成为的样子。现代的主流的伦理、个人的伦理仍然共同构成这个主题的变种。

举例来说，精神分析学可以被解读成对个人伦理和自我塑造完美雕塑这一范式的一种答案，因为它专注于这一计划的障碍。它不关注社会的障碍，因为这些障碍被视为偶然产生的原材料，人可以用它们来创造自己，它关注的是居住在肉体和灵魂中的障碍。尽管如此，在精神分析学中，肉体和灵魂也是和谐的，就如同在"雕像"概念里一样。性欲是物质的也是灵魂的，在弗洛伊德后来的关于心智的模型中，爱神和死神的本能既是肉体的也是灵魂的，他也把第三种模型与前两种（即灵魂囚禁在身体中和身体囚禁在灵魂中）联合起来。他接受了传统的对于灵魂的区分，把其中的一部分和现世联系起来，另一部分和另一个时空联系起来，打个比方说，其中一部分上升，另一部分下降。作为一个深度现世的思想家，弗洛伊德把"来世""永恒"归入低等级，也就是非个性的，他把暂时的和易腐败的归入高等级——超道德的自我，即我们短暂的意识。他的模型是一个互相监禁的模型，通过压抑，超我和本我将无意识的心灵体囚禁起来，然而通过精神创伤、神经质和疯狂，无意识肉体的部分将会使自我和超我成为它的俘虏，即使治疗的条件来自外部，来自精神分析和分析的科学，治疗本身是自治的果实。弗洛伊德继承了歌德的观点，认为自我创造的人的身体和灵魂是合并的，最终的产物变成了完美的个体性格，就像米开朗琪罗的摩西雕像一样。

五 痛苦、欢乐以及"心"的实质
——超越二元论

如果亚当和夏娃的不顺从能叫作罪的话，他们犯下了罪，但这种罪不是通过他们的身体犯下的，而是通过"灵魂"，或者说是通过他们的想象力。因为好奇，夏娃敢于抓住并吃掉那个果子，以满足自己的需求，事实上这已然是一种"物质"行为，她冒险了，然而，亚当和夏娃也都因为自己的过失，受到了身体上的惩罚。换句话说，他们所受的惩罚是身体的苦痛而不是精神的，是类似分娩和繁重工作的苦痛。夏娃还受到了欲望的惩罚，她对丈夫的这种欲望使她被丈夫奴役。关于《圣经》里为什么提到妇女的欲望而不提男人的，是十分有意思的。伴随着这些肉体苦痛的精神惩罚困扰着他们，并且这种苦痛是有意识的，那就是对死亡的意识。

所有这些苦痛都是徒劳的吗？

我们了解苦痛，但是不了解欢乐。与这个在"天堂"或"伊甸园"的痛苦冒险相对立的是，《圣经》没有提及那儿的任何欢乐。我们知道在上帝第二次产生创造一个女人作为他的"助手"的想法之前，第一个人感到了孤独。但是这个"帮手"有什么用呢？我们知道他们被允许吃园子里的所有的果实，对快乐却只字未提。亚当也给动物们起名字，但是这快乐么？有一个古老的讨论是关于这第一对情侣会在园子里做爱么？通常的回答是肯定的，因为上帝不会无缘无故创造出两种性别。然而，没有一个单词提到了性的愉悦。正如天堂没有痛苦，欢乐也发生在"天堂"之外。在

《光明篇》的解释中，从"天堂"中被驱逐出去，代表着从母亲的子宫中被驱逐出去。

《圣经》中所有的叙述，尤其是关于人类起源的叙述，都承载了一个关于人类生存环境的哲学信息。很难说痛苦是领先于欢乐的，但是不需要进一步的解释就可以确定的是，身体是首先被"抛"进灵魂的牢笼中的。起初，只有身体被用作文化移入的手段，对人体施予欢乐或痛苦是奖赏或惩罚的最初方式。这种通过成年人的身体施予的奖赏或惩罚调节着灵魂从而使人顺从，这里所指的也就是合理性和习俗。因为不顺从是顺从的反面，所以亚当和夏娃被驱逐出了"伊甸园"。

让我来重复一下，在"原初"，身体被抛向了一般"灵魂"的牢笼，或者说是"客观"灵魂。直到后来一些先天的感情才加入进来，诸如恐惧、羞耻和对于一个熟悉友好的面孔的需求，即基本的爱的需求等。作为情感的爱随后也加入进来。

这第四个故事在基本观念的一个方面上与前几个不同，因为它很少或基本没有为二元论的结论提供论据。不同的感觉或情绪通常会被定位于我们身体的某一个"部位"，或是与之相互联系，例如愤怒与肝，厌恶和轻蔑与胆，爱与心之间的联系。性格类型也常常被身体特征所描述，例如在19世纪，骨相学作为一种科学和艺术被接受。它的前提是，仅仅头盖骨的形式和结构本身就可以提供关于能力、内容和洞察力的可信信息。黑格尔甚至在他的《精神现象学》中取笑此为"外貌学和骨相学是在直接现实中观察自我意识"。

"原料"的范例仍然存在，但是这个材料很难成型，至少在形式质料说的观念中是如此。从亚里士多德《修辞学》中发展出的洞察力从未完全被抛弃。它的前提是，所有的感觉和情绪的"材料"都是天生的。所有的哲学家提到欢乐和痛苦，有些甚至提到渴望或诸如愤怒、羞耻、厌恶、愉悦和悲伤等简单的情感。哲学家们也赞同另一个主要观点：对情形的认知和评估也成为情感和一些更复杂感觉的组成部分。它们判断情势。会见老朋友、聆听音乐、得到色情的回答、做了对的事时所感觉到的欢乐是不同的。感觉和情绪自身是不同的，正如爱自己的孩子，爱一个美丽的春日，或一顿令人满意的大餐时，其中的爱是不同的。认识成为感觉的一部分，对情形的判断和评估很难被叫作"形式"。它不具备形状，甚至不类似一具身体，但是它也不单纯是精神性的。情感和感觉统一材料和认识，它们评价，但是不能被评价，至少不能从道德上评价。所有古今中外的哲学和文学围绕着两个问题，第一个问题是情感到底是"灵魂的激情"还是身体的激情，第二个问题是哪种情感更容易被理解成为第一种情况，哪种容易被理解成第二种情况。例如，头痛是一种直接的身体的疼痛。但抑郁症患者所遭受的疼痛又怎么说呢？渴望出色地通过考试是精神性的，然而怦怦直跳的心脏和不断流下汗水又怎么说呢？另外，哪种感觉或情绪是善良的，哪种又是邪恶的呢？或者说它们有哪些不需要这种普遍性的评价，而只有它们出现时，才能对它们的强度、发展和刺激力进行评价？其中哪些是主动的，哪些是被动的？何时何地会出现呢？

不难发现，感觉和情绪是相关的，也就是社会性的，简短地说，感觉和情绪是人类内在的事件。欢乐、痛苦和渴望是接触性的感情，它们确定和认定的时候，就可以为我们的生活、人格和行为平反，同样地，它们也可以抵制、否认和拒绝，那便会给我们迎面一击。

当我们讨论"身体是灵魂的牢笼"这一隐喻时，我试图说明只有身体能够侵犯别的身体。我补充一下，尽管暴力是由身体犯下的，但它大多是由"灵魂"发起的。如果压制他人的力量不依赖于身体来输出，它就成了约束或行使，相比肉体上的殴打，感觉和情感或它们的缺席，能给对方带来更多更持久的伤害，甚至在没有接触的情况下这种力量都可以进行谋杀。然而，感觉自身需要身体或类身体表达，才能造成伤害，或是带来祝福。面目表情可以表现愤怒或厌恶，亦可以表达性欲。然而，情感通常通过词语、演讲和文本表现，并因此蕴含其中。这些词语、演讲和文本可以令人毁灭，也能给人幸福。

人类的条件最初并非自主性，而是依赖性，我们依赖并不是因为缺少生存手段，而是因为对认可、肯定和爱的渴望。我们在感情上依赖其他的存在正如其他人在感情上依赖我们。缺乏情感依赖，我们就缺乏"人类实质"——如果这种表达仍然有意义的话。自古以来，在有关铁石心肠的男人和女人的童话故事里，它自然有意义。

然而，一般的情感依赖和两个人之间的独有的情感依赖是不同的。独有的情感依赖一般完全排斥第三方，或者是几乎完全排除第三方在对等的感情链之外，这是过分的，这在古希腊也是傲慢的。正如在几个傲慢的例子中发生的,两个人之间的独有的情感依赖是潜在的最好的祝福,或者是人类生命中最好的诅咒。矛盾的是,即使这种依赖是互相的和对称的,但它是傲慢的。这种互相的依赖的第一次出现,是在《创世纪》中关于雅各和蕾切尔的故事里,这就是讲述对称的感情依赖的故事。然而,嫉妒和妒忌的第三方创造了破坏和罪恶,创造假定失去对方的痛苦,傲慢招致惩罚,这次不是来自最终解决事情的上帝的惩罚,而是来自其他人类。然而,如果感情依赖不是对称的,互相作用消失,苦难达到它的最高音,结果将会是毁灭性的,欧里庇得斯的悲剧向我们讲述了其中几个故事。

我们会注意到,身体与灵魂关系的问题是如何被转换成为情感与理性关系的问题的。一个人如果把这两个问题合并,就需要在术语的精确应用上完成些转变。在如下叙述中,我将会尝试这样的转变,尽管我并不在乎传统争论中的一致性,这样将会避免揭露偶尔出现的非法的合并。

在灵肉等级的模式中,尤其当与灵魂中的等级联合时,例如在模式一和模式二中,灵魂,或它的"更高部分"理性,是享有认识论特权的。既然那些肉体的东西,即感觉器官,它们是感觉的来源,或者至少参与了感觉的产生,通过感觉获得的知识是不可靠的、令人困惑的、主观的和"经验主义的"。它不能保证真实可信,只有那些不依赖感觉或者不与感性经验混合的精神实体或程序是精神的,而真理也是精神的,因此可以捕捉真理。无实体的自我是真正知识的特权的"主体",这就是为什么"纯粹"的概念会进入涉及知识起源的问题中来。"纯粹"意味着不掺杂任何与身体有关的东西,在其所有理解中,"先天的"知识都应如上述所说的,是"纯粹"。

起初"纯粹"指涉的是身体,并且大部分是两个或更多能够分开的物质或"材料",它们不能两两混合,例如把某种物质搬离宫殿和神圣的地方,或通过水和洗礼净化它们。类似地,纯洁也意味着在某件事上是无罪的。有罪的人是不纯洁的,他或她有时被认为是污染源,他们玷污了环境,挑战了上帝,制造了灾祸,因此需要被消灭或是被放逐,如果是为了拯救城市、人民和家庭,他们甚至需要被杀死。古希腊神话和《圣经》都充满着关于纯洁和不洁的解释,尽管道德上的"纯洁"是一个类比,但原始故事并没有区分精神和物质,玷污不仅仅是精神事件,也是物质事件。

然而,最初纯洁和不洁的任何区分方式都与理性和感觉无关。不会有人因为仅凭感觉或顺应感觉,就去犯罪或违逆。这里紧要的事实是鉴定污染源，而不是"怎样"去鉴定。在如今的检测中也依然如此。

值得注意的是，尽管如此，"纯洁"观念的运送者，谦卑地从不混杂开始，一直无辜地继续着，并最终达到了认识论特权的最高地位。而同时，这是一个持续了很久的差距，从柏拉图，也许是从巴门尼德开始，至少延续到黑格尔，也就是历经了整个形而上学的历史，或许更久远。这里，化身问题的主要关注点是这个认识论的特权向道德的转移。这个转移解答了为什么我们需要形而上学。一个充分发展的形而上学是一种拼图，每一块小拼图都必须被个别关注。首要的是，哲学的思想性和实践性的方面需要一起被个别关注。于是，在思辨哲学中，纯灵魂和纯理性变成保证接近确定和真理的特权资源，同样的纯灵魂和纯理性在道德中也必须充当确定和保证真理的唯一资源。这是一个简单的轨迹。一个人只需要区分诸如视觉和听觉的感觉和诸如爱、悲痛、欢乐、紧张之类的感觉和情绪。简单来说，就是将感受、感情和情感区分开来，这样，就有了"外部感觉"和"内部感觉"。这两种感觉都是主观且不稳定的，因此我们都需要抛弃这两种感觉，以获得"纯粹"的知识，从而变得道德上"纯洁"。正如斯宾诺莎所说，我们需要跟随理性的指导去生活，而不是跟随我们的激情。

这里我们需要一个辅助性的解释，我的第二个版本就涵盖了这一点，即"身体在灵魂的牢笼里"。毫无疑问，大部分的邪恶都需要一个精神的源头。康德会说它们颠倒了格言的等级。一个暴怒的人也许可以杀死几十个人，但是一个观念、一个命令，可以杀死数百万个人。既然这是常识，即使是对单纯意见的最热心的敌人，也不能置之不理。此时出现了一种解决方案：并不是没有限定条件的理性和合理性，而是只有上层的理性——"纯粹"理性能保证善的知识以及真正的美德，这是一个恶性循环。只有这种理性能够授权善良，这种理性早就被用作化名善良的真理的唯一资源。但由于这是纯理性体系建筑的紧急事件，因此受到了"个别关注"。

没有人曾经体会过"纯粹理性"和"不纯粹"，包括康德哲学在内的传统的形而上学认为"纯粹"和"不纯粹"是哲学戏剧的特征，也是糟糕的隐喻。确实，如同在艺术作品和实践哲学中表现出来的一样，我们经常经历的是某种感情的无法控制，以及对某种感情的沉溺。到目前为止，这不仅仅是个道德问题，当它是道德问题的时候，道德的准则不一定站在理性那一边，除非我们把理性和纯粹善良视为一体，尽管我们没有理由坚持这一传统。没有一种情感是对立于认知之外的,同样也没有一种认知冲动或动机可以排除感觉。

斯宾诺莎在《伦理学》中十分清楚地认识到了这点。否则,他就无法概括出迄今为止在这个世界中最伟大的哲学智慧,即感情只有通过另一种相反的或更强烈的感情所征服和控制。与其他情感相冲突的被叫作"理性"的东西,有时是最有用的情感,有时是被我们的文化环境接受并期待的情感,有时它使我们遵从习惯性的思考和行为方式,或者说它会对我们沉溺于其他情感发射危险信号,抑或是说让我们做一些我们会后悔的事情。不存在"纯粹"理性,我们所做的和所渴望的都不是完全没有理性的。理论上讲,道德评价和选择不如形而上学思考推测那么简单,但或许也没有那么难。

我尝试通过"纯粹"的隐喻来理解对形而上学的沉溺。这是一种使系统作用的渴望,一种对完满、完美和美好的渴望。与此同时,还可以发现另一种欲望、需要,它同样激励着男人们和女人们,尤其是同一个方向的哲学家。从亚里士多德开始,他赞扬"独立自治",就是说人类不需要其他任何人,到康德,他建议我们抛弃我们所有的感觉,遵从我们自身中的纯粹实践理性或先验自由的要求,每一个个体的自治被赞誉为完美的顶端。但确实是这样么?

我不想把问题上升到自治是否可以达成完美,大部分哲学家认为不可能,我想说的是:完美的个人自治会把人类变成怪物。如果真的达成了完美,我们将无法摆脱相互之间的依赖,别人也无法从对我们的情感从属中解脱出来。这里所说的依赖我们都经历过,相互的情感依赖(萨特称之为"être-pour-autruí"——存在的同时还必须是为他人的存在)在人类的情况中是固有的。所以,这一点也许对女人来说比男人好理解。如果我们相信苏格拉底的话,男人尤其是哲学家,应该是充满了他们自己设想的观念,如果一个人充满了观念,情感依赖就会作为与纯粹思考不相干的东西而被忽略。但是怀孕的妇女不能被忽略她们的情感依赖,即与另一个生命共同生活,亦不能将这种依赖认为是不洁的或非哲学的,这应该被允许进入"真理"。

因此情感依赖就成为人类境况中固有的。然而,对自治的渴望是不可忽略的,事实上没有一种渴望可以被忽略,自治和他治是一个糟糕的对立，这并不是因为好的东西是在中间的某个地方，而是因为哲学无法回答中间在"哪里"，那条线该被画在哪里，在哪个点上情感依赖和自治可以共存，即使没有统一在一张婚床上。在大部分时候，"哪里"和"如何"都是无法回答的，只有单身的人才能回答，至少是这个问题并不存在最终答案，甚至是对单身之人也是如此，因为这个问题需要反复被提出。

我认为形而上学传统倒塌之后，我们需要辩证地考虑二元性，我尝试着说明我的证据。形而上学把二元性解释为二元论，然而在当代的哲学讨论中，类似两个基本内容的概念、两个不相关的属性、不朽灵魂和易朽身体之间的对立、纯粹理性和不纯粹的知识能力这类问题，几乎不能被接受，甚至不能被提出。然而，不管他们说过什么，形而上学研究的人类生活经验，不论它是变化的还是不变的。我们时代的哲学家仍然从事于人类的生活经验研究。其中之一并不次要的问题仍然是二元性。人类没有体验过同种的自我，一个人之中有很多个自我。此外，我们也生活在不止一个世界中，至少是两个或更多，迄今为止没有同一个自我最适合生活在所有它们之间。就像当我们听音乐的时候会闭上眼睛，我们有时关闭认知能力或者情感卷入以便准备好全身心地投入一个世界，在这个世界里那些牵连会妨碍我们的逗留，我们不断地离开一个世界以便于进入第二个、第三个世界，然后再回来，我们知道这就是我们要做的，并且通常不会把一个世界和另一个世界混淆。哪怕是动物园中游玩的五岁小孩，也不会将一个在动物园生活了五年的狼与《小红帽》中吃掉老祖母的那匹狼混淆。在听故事的时候，他会一直沉浸在故事中，不会想到动物园里的狼。这是怎么回事呢？

哲学总是在问幼稚的问题。让我们与之相伴。

参考文献

de Balzac, *Honoré. Father Goriot*, trans. Marion Ayton Crawford. Harmondsworth：Penguin, 1968.

Benjamin, Walter. "Critique of Violence," trans. Edmund Jephcott, eds. Marcus Bullock and Michael Jennings, in *Selected Writings*, Vol. 1. Cambridge：Harvard University Press, 1999.

Dotoyevsky, Fyodor. *Crime and Punishment*, trans. with an introduction and notes by

David McDuff. London: Penguin, 2003.

Foucault, Michel. *Discipline and Punish*. Harmondsworth: Penguin Books, 1977.

Foucault, Michel. *The Use of Pleasure*: *The History of Sexuality*, Vol. 2, trans. Robert Hurley. Harmondsworth: Penguin, 1985.

Hegel, G. W. F. "Observation of the Relation of Self-Consciousness to Its Immediate Actuality," 185-210, paras. 309-346, in G. W. F. Hegel, *The Phenomenology of the Spirit*, trans. A. V. Miller with an analysis of the text and foreword by J. N. Findlay. Oxford: Oxford University Press, 1979.

Hegel, G. W. F. *Encyclopedia of the Philosophical Sciences in Outline and Critical Writings*, ed. Ernst Behler. New York: Continuum, 1990.

（陈锦琪　译）

欧洲关于自由的主流叙事

在本文中，我想要借用一下皮埃尔·瑙拉（Pierre Nora）记忆和历史派的精神中提出的"主流叙事"这一概念。[1]此外，本文将涉及小说、历史、幻想，以及在既定的文化中扮演了"本原"的作用的想象模式。当提到文化的时候，我使用的是对这个多面而复杂的概念最广义的解释，这种解释与克利福德·格尔茨的解释十分相似。他把文化定义为"一种历史上沿袭下来的，以符号形式体现的意义模式，以及一种通过符号形式展现的继承性观念系统。人类通过这种模式或系统交流、保存和发展他们的知识以及对待生活的态度"[2]。一个人能够谈到一个具体的、单一文化的例子，在某种程度上，他就涉及了主流叙事。

在古希腊语的理解中，主流叙事可以被看作文化的"本原"。"元故事"是指其他的故事总会返回到它上面来，是一种文化想象模式的最终或者本质的基础。由于对于文化想象的指引作用，他们也可以制定规则、实施控制，并且拥有一定的权力。直接或间接地指向主流叙事给新的故事和新的想象提供了力量和权力，"元故事"给了他们双倍的合法性，这种合法性来自传统或者是神授的能力（因为就主流叙事的传统而言，其本身是有魅力的）。提到一个共有的传统并不仅仅是认知上的理解，也是一种情感上的体验，无须注解，也不需要过多的解释和阐释，对于人们来说，他们甚至没有必要去熟悉主流叙事本身，因为他们生存的世界周围有大量的记忆，对它们的理解浸透在他们的精神里面。几处典故都提到了主流叙事，不论其评价如何，荷马的两部史诗是古希腊文化的主流叙事，这是毋庸置疑的,然而,柏拉图总是给予它们以消极的态度,因为他对于荷马建立的主流叙事有着深深的不满。然而,为了他同时代的人正确理解,他不可避免地要提到它们。

叙事是否成为一种文化的主流叙事,并不是一开始就决定的,也并不一定取决于叙事的质量和想象力。比如,我们可以像某些学者那样推测:如果在晚期的罗马帝国中诺斯替教的异教徒运动取代了东正教、天主教和基督教,成了一种主流叙事,那么将会发生什么呢?诺斯替教作为一种与我们的文化不同的主流叙事就会发展起来,但是它没有。虽然诺斯替教是一个有趣的探究话题,也是一个值得科学探索的对象,但它仍然是一个神秘的议题。因为它没有像主流叙事那样提到离子、流溢说,或者因为索菲亚的罪恶,并不能使一个单一的观点、想象或者欧洲历史上的故事合法化。即使它提到了蛇和亚当以及苏格拉底之死,也没有能继续下去。

在文化的广义范围内,每一种文化都有自己的主流叙事,大部分是神话、基础性的小说或者是宗教形象。因此在我看来,"欧洲文化"是生活在欧洲这片土地上的不同国家和人民所共有的主流叙事,当然,欧洲的不同人们有他们自己的主流叙事,且不被其他人所共有,更进一步说,非欧洲人也可以分享欧洲的主流叙事中的故事。在接下来的论述中,我的解释将只限于欧洲人所共有的主流叙事。

欧洲的主流叙事包括两方面,一方面指《圣经》,另一方面指古希腊、罗马哲学和历史。它们都是文本的形式,除了通过文本我们没有其他的途径去知道发生了什么、做出了什么行动或者已经说出了什么话。最新获得的知识来源于考古学的发掘和发现,这些对于我们所了解的主流叙事没有什么影响。这些文本,而非考古学的发现,仍然在文学、绘画、哲学、政治学和我们日常的生活中不断地被重新阐释、呈现和加工。

在下面,我将完全从自由和解放的有利角度谈到欧洲的主流叙事。我想就这个议题的重要性谈一些想法,欧洲人对自由的思考、我们想象中的自由和解放的制度,不断地从两方面提取原料:一方面是《圣经》,另一方面则是古希腊、罗马的哲学和历史写作。

让我们从《圣经》开始。自由的概念最早出现在《圣经》中,并被解释为"自由选择"和"自由意愿",在这个文本中,选择和意愿之间没有区别。亚当和夏娃从智慧树上摘了一个苹果,然后吃了它,正如我们所知道的,从这一刻起人类有了在善恶之间做出抉择的机会。

任何事情都在一开始就决定会选择某一个而不是其他。选择善,对于一个人来说是容易的,对于另一个人有可能是困难的,但对任何人来说都不是不可能的。人类都有选择的可能性,这意味着对其他人和自己负责。该隐是第一个从母亲的子宫中出来的孩子。他已经"继承"了自由选择的权利,上帝警告他说:"为什么你发怒呢?你为什么变了脸色呢?你若行得好,岂不蒙悦纳?你若行得不好,罪就伏在门前。它必恋慕你,你却要制伏它。"[3]正如我们所知道的,该隐未能成功地控制住自己的欲望,在《创世纪》的后半段中,相同的情况发生在以扫身上,然而他成功地控制住了欲望,没有杀害他的兄弟而是选择了欣然接受。

从基督教的神父到康德、黑格尔和克尔凯郭尔,最伟大的哲学家总是不断地回到这个范式中,康德甚至两次这样做。欧洲的文学,包括戏剧和小说,都是这种主流叙事哺乳的结果,例如,在古希腊戏剧中完全没有出现过的角色——蛇(即诱惑者),在这里扮演了一个核心的角色。麦克白被女巫和他的夫人引诱犯罪,拉斯蒂涅和瑞莫普林(Rumepre)被恶魔般的伏脱冷引诱犯罪;拉斯柯尔尼科夫被关于拿破仑的神秘想象引诱犯罪。至少两千年以来,哲学家和神学家们一直在讨论自由意志是否存在的问题,不管得出了什么结论,这个讨论都永远没有结束,这些文本一直都是主流叙事。

《圣经》中关于自由的第二个基本故事是对解放的叙述,即从古埃及奴隶制中解放出来。比如说,《圣经》中有一句:"让我的子民去吧。"已经变成了在美国的非洲奴隶之歌曲的副歌部分。这句话表达了他们对于解放的渴望和决心。尼采在《道德的谱系》里写道,没有这些解放的故事就不会有现代的民主精神或者社会主义,尽管他是带有批判性的,但他是正确的。一个民族不宣称自己是上帝的后裔而宣称自己是奴隶的后裔,这转换了价值的等级制度。

关于解放的最核心、最强调的提法,可以在西奈山上有关神的启示的文段中找到。上帝作为法律的创造者,向以色列百姓表明他不是世界的创造者,而是解放者,是带领他们逃离束缚之地的神。上帝使人们立即意识到了他们的解放,因为法律只能被赋予自由的人,只有自由的人才能遵守或违反法律。当上帝揭示他是解放者之后,他就掌控了人们,命令人们在他面前不要有其他的神,人们不应该把任何其他事物当作神来侍奉,最重要的是不能侍奉人类或他们的雕像。所有的法老、君主,包括后来者希特勒、斯大林,都是偶像,对于他们的崇拜就是一种偶像崇拜。正如专制主义的受害者经常宣布的那样,万王之王凌驾于其他国王之上。

恪守圣经叙述延续了金牛犊故事的每一个范式,这也是一种欧洲的主流叙事。人们不想去获得自由;他们更喜欢古埃及奢侈的生活。在陀思妥耶夫斯基小说《卡拉马佐夫兄弟》中基督和主教之间的冲突,再现了金牛犊故事片段中摩西和亚伦的矛盾。

第三个欧洲自由的主流叙事蕴含在撒勒的耶稣的故事中,第四个存在于救世主耶稣的信条中,这两个故事是有联系的,但不是同一的。在人身上和拿撒勒的耶稣的传授中,首先出现了对宗教、良知和信仰的自由的诉求,宗教的自由、信仰的自由是所有自由诉求中的第一位,即使到现代也仍然是第一位。拿撒勒的耶稣并没有发明一个新宗教,福音书告诉我们,他是以新的方式解释了祖先的宗教,同时他身边的门徒也学会了分享他的理解,拿撒勒的耶稣代表一种自由的精神,他拒绝为了制度性的解释去放弃他关于宗教的激进和自由的思考。因此,他引起了神庙统治官员的愤怒,但赢得了许多人的爱戴。人们可以把他的殉道者之死理解为对信仰、宗教和舆论自由所做的第一次的牺牲。基督教徒中的异端分子也曾以这种精神来诠释福音书,然而他们并不是唯一做这件事的人。主流叙事之所以被称为主流叙事是因为它胜过了单一信仰集体的界限。例如,萨特在他早期的戏剧《巴约拿》最早在纳粹战争营中上演时,就讲述了在这个意义上的耶稣诞生的故事。

在欧洲第四个关于自由的主流叙事中,基督被认为是人类的救世主。这个教条包含了一个自由的叙事,它是对于《创世纪》中关于自由选择和自由意志的故事的激进化。最初的故事表明,人总是可以选择善的,没有人先天被预定为有罪恶。然而这种救赎的承诺应该在此进一步发展,它的确是一个承诺,它不仅警告有信仰的人们的责任,还许诺他们一个完整的全新的开始,它甚至表明,即使一个人选择了邪恶的道路,他的性格和命运并没有永远被掩盖,他可以把自己从罪恶中解放出来,从自己的过去,从所有错误的决定中解放出来,成为一个完整的全新的人,一个人可以重生。扫罗王和圣徒保罗的故事很可能是这个承诺的第一个范式,欧洲人的

欧洲关于自由的主流叙事

想象一次又一次地返回此处。

我现在要谈谈古希腊和罗马的故事，和《圣经》中的故事一样，它们也将成为欧洲的主流叙事。我再次重复，一个人并不需要知道所有的故事或任何一个，以此来保持作为主流叙事的活力，因为它们已经被欧洲大陆上的一系列想象机制所浸染。

作为一种初步的说法，古希腊和罗马的神话并不属于欧洲的主流叙事。当然，我们可以返回到它们那里，不断地复活它们，这发生在从文艺复兴晚期到巴洛克时期的绘画中，或者19世纪体育课的课程中。这种文化以细微的知识为基础，并且在很早就保持了它的神秘性，正如早期的诺斯替教的传统，当然也有一些例外，比如阿芙洛狄忒和维纳斯、爱神和阿莫尔的形象，然而是他们的功能作用而不是他们的故事变成了范式。考虑到自由叙事，唯一留存的英雄是普罗米修斯，他作为反叛者，象征的不是神话的相关性，而是上帝对专制的反抗。在欧洲的主流叙事中，古希腊和罗马神话是缺席的，尽管人们不断尝试去复活它们并使它们发挥作用，但是这些主流叙事是在恪守《圣经》理解的神教传统中形成的，这就排斥了其他各种各样的神话，《圣经》并不是神话，早期的基督教神话是神秘主义，比如说诺斯替教，它们最终也消失了。至少在过去大概1500年间的欧洲，没有诸神之战的故事，神不生子、不做爱、不变形。古老的神与我们同在，虽然他们不是作为神的形象，也不居住在奥林匹斯山上，而是陈列在博物馆中。

当然，在19世纪，一个巨大的变化正在酝酿。经由尼采推广，海涅宣布的犹太人基督教的上帝死了的信念为人们广泛接受，但经过了一段时间后，人们意识到这个概念建立在错误的类比上。古希腊和罗马的神与他们的文化一起死亡，因此人们得出了一个结论——现代性作为一个完整全新的文化和文明，将随着犹太人基督教上帝的死亡而死去。虽然在今天被简·阿斯曼（Jan Assman）等优秀的文化史家所强调，但当时人们不理解的是犹太人和基督宗教并没有文化上的特殊性，他们适应了各类完全不同的文化，并且很可能在未来仍然这样去做。[4]然而，至少在欧洲，只要犹太基督教的上帝即将消逝的信条仍然流行，就会有少数人试图去用其他的上帝替代古老的上帝，这些神大多数只是从古代神话世界中借来的。尼采就试图用寓言的方式来恢复先知查拉图斯特拉和酒神狄俄尼索斯的形象，毫无疑问，让古代神话和现代欧洲的思想产生关联的这种尝试注定会失败。还有一些异教徒极端分子的幻想也注定会失败，比如纳粹主义想尽力去复兴对于日耳曼神明的崇拜，尤其是对沃坦（Wotan）的崇拜，这个想法只是限于瓦格纳的狂热和他的光环下，在那里，神话人物本身作为普遍事物的寓言而存在，至少是在作曲家看来是这样。

然而，尽管古希腊和罗马神话并没有赋予欧洲以主流叙事，古希腊和罗马的哲学和历史学却遗留下了一些，其中有三种关于自由的主流叙事。

第一个主流叙事基础性的文本是修昔底德所说的佩里克勒斯的演说，这个演说虽然不是主流叙事的确切言说但至少代表了他的精神，这个演说是亚里士多德的《政治学》中的定义的参照点："城市是市民的总和。"[5] 正如解放的主流叙事是从《圣经》中继承下来的，叙事中解放的机制则是古希腊人和罗马人所留下来的。以色列人从上帝那里来的法律，自由的雅典公民制定了法律，并且准备去遵守，他们还创造了基本法，即一切法律中的法律——宪法。在拉丁语中宪法一词已经表明，我们在谈论一种人造的东西，在这里所说的情况下，是由人类制造的，亚里士多德甚至将制定宪法称为一种技术。在这种主流叙事的大多数变体（这些变体一个接着一个把最初的叙事转换成主流叙事）中创造宪法的人是在宪法的保护之下的；因为宪法的作用，他们保存和享受他们的自由权，他们是自由公民，他们就是城市，其他的人都是异乡人。让我们再一次回到《圣经》的概念中，法律不是人类创造的，也没有被制度化，它是上帝馈赠的礼物，虽然他的代言人是一个自由的公民。法律面前人人平等，不管是男人、女人、仆人，还是奴隶。法律甚至包括面向陌生人的义务。每个人都有平等的权利去遵守十诫。

人们已经遇到了欧洲文化的一个特征——在不同的主流叙事间存在某种张力，因此一个主流叙事或者一种对主流叙事的阐释可能与另外一种主流叙事对立。这并不是一种缺陷，而是这种文化的动态特征中所固有的，如果没有某些主流叙事之间的张力，一种主流叙事的单一解释很有可能僵化，张力可以促进不断的交流，有时候两者之间会建立一种"普世"（okumene），尽管这些叙事没有融合在一起。它们和另外一种主流叙事相互交流，并且互相影响，这种互相迁就就是所谓的社会契约理论，这甚至与法国大革命的口号（"自由、博爱和平等"）相似。在政治理论和口号中的主流叙事互相调和，但并没有消除张力，在实际的政治生活中，这些冲突已经被鲜明地写进托克维尔所写的《论美国的民主》中，托克维尔发现了这种两难状况，并且主要关注两种主流叙事（它们的信息和它们共存的困难）。

不过，托马斯·霍布斯作为第一个呈现社会契约理论的作者，为了将两种主流叙事结合所做的尝试远比这要多得多，而不是止步于政治神学领域的第一本著作《利维坦》的第二部分。契约或者协定的思想试图将《圣经》传统与古希腊罗马良宪思想融合在一起，虽然这个契约是由那些想和其他人达成契约的人设计的，但他们将自由异化给了君主。再者，虽然人类是自己法律的制定者，但他们仍然在自然法的指引下。然而，自然法本就是神圣的，自然法也无可争议地成为人类行为的来源，并且对人类行为进行限制。

社会契约理论在卢梭那里达到了最有影响的形式，在这之前，人们在两种主流叙事中尝试着不同种类的调和；甚至用其他的叙事来进行补充，比如，在洛克作品中亚当和夏娃的故事。卢梭想出其他调和的方式，虽然他的共和政体全部建立在古代模式的基础上，或者说是建立在对古代反自由主义的古希腊公民制的强力解释基础上——或者说是斯巴达的才更合适，他仍然需要上帝这种超自然的存在，来作为权力之上制度之后的权威，而宪法就其本身而言，是完全由公民创造的。上帝绝不是法的源头，但对法的服从是由一种共同的信仰来保证的，即对上帝的信仰。退一步说，在自由方面两种主流叙事的紧张状态总是产生了不同的形式和意义。毋庸讳言，两种关于自由的主流叙事之间的张力总是以不同的形式和意义出现，例如，今天这种关系就出现在美国共产主义者和自由主义之间的狂热斗争中。

古希腊政治中继承的第二种主流叙事是苏格拉底的故事，是以我们从柏拉图的对话中知道的形式呈现的。它是关于良心自由的故事，这个故事不断地被哲学家、作家、政治学者重述、引用，那些支持言论自由和良心可贵的人们深深地珍惜这个故事，不需要注脚这些故事就可以被理解。例如，在二战时期，约翰斯坦贝克（John Steinbeck）写了一个人不愿意去背叛自己的良知，结果被纳粹判处死刑的故事，在判刑之前，他站立着，只是背诵了柏拉图《理想国》中苏格拉底的话，观众都流泪了。[6]

欧洲的哲学家和其他的讲故事的人已经频繁地比较过耶稣和苏格拉底的命运。在文艺复兴时期，人们几乎将他们合二为一，正如在宣言中说的："伟大的苏格拉底，为我们祈祷吧！"如果我们只是从自由的方面入手考虑主流叙事，这种比较是公正的。但耶稣和苏格拉底的死则是因为他们拒绝不符合他们信仰和原则的行动和语言。

然而，这两个故事也传达了不同的信息。对"苏格拉底"这一主流叙事的解释就释放出了他自身特别的信息，苏格拉底的故事不是一个关于宗教自由、宗教实践自由和信仰自由的主流叙事，而是关于思考自由、表达自由、观点自由和个人良知的主流叙事，它是一个与质疑自由有关的故事，同时也是关于在国家、宪法和传统问题上个人和对立的判断和意见的尊严的故事。在柏拉图的叙述中，苏格拉底死于捍卫一种新的语言游戏，也就是说，当你在讨论任何话题，比如政治、诗歌、伦理道德尤其是智慧的时候，捍卫说一些事情的自由，比如，说出"你认为正确的东西事实上不是正确的，你认为公正的实际上不是公正的，而其他的事情是好的或者公正的"这样的话的自由。哲学家一直对此深感兴趣，但是这些对于有关自由的主流叙事没有什么很大的影响。苏格拉底是一个有趣的古老的圣人，他以讽刺的态度对待他的控诉者，否认法官和大众的偏见，用他的优越感和尊严来保卫自我、保持真理。现在苏格拉底仍是欧洲关于人格自由、个人思考、道德自律的主流叙事的英雄。这是关于自由反对专制的特殊例子，它反对的是暴君、大多数、公共观念的专制。康德也延续了这种传统的精神，发明了绝对命令的模式，正如他建议的，道德律令代表了人的内在性，并不是外在。

第三种是与古希腊和罗马文化遗产共同发生作用，与自由相关的欧洲主流叙事。这是一种复杂的叙事。它复活、应用、重述几个有关政治和其他的制度（其创建、生存和变迁）的故事。这个复杂的主流叙事的根本资源包括哲学家、作家还有最重要的历史学家们的文本，让我仅提及其中的一个来源，普鲁塔克的《希腊罗马名人传》。[7]欧洲历史人物有关的社会和政治的想象力一直深受这些故事的影响和塑造，直到现代性的全面发展。例如，人们可以从来库古（Lycuygus）到罗慕路斯和雷姆斯的神话中，找出奠定基础故事，以及神话中"奠定神父"的历史。一个完整的新的政治实体因此被创造和建立，它不仅打下了基础，还建立基本制度，确保了政治实体的稳定和长久,这些常设机构准许有变化却不允许其本身有变化,以保护政治机制反对专制。保护伟大的常设机制不受内敌和外敌的侵害,也需要英雄的事迹。古希腊和罗马主流叙事就为欧洲提供了榜样——"自由的捍卫者",比如布鲁图斯、格拉古兄弟和加图。

现代第一位政治作家马基雅弗利在他所著的《论李维》中,详细描述了"奠定神父"的故事,显然他将摩西也包括其中。他的故事的延续也是这个主流叙事的最本质的部分。这个故事的续写大致如下:"时光流逝,人们渐渐习惯他们的自由权,他们停止去关注它们了。他们变得富裕,他们习惯去奢侈,道德变得越来越糟,暴政即将来临。"或许这个故事会伴随着暴政的建立而结束,但除暴政以外,还可以选择"革命",革命意味着重新开始,回到故事开始的基础姿态。这种主流叙事在政治理论上直到现在依然保持活力,从卢梭到汉娜·阿伦特的理论,阿伦特对于新的开始,新的诞生的概念,是传统的自由叙述现代化,她在《论革命》一书中表达了希望,或许美国人可能回到它的建立初期,自由权建立的光辉时代。在该书中,美国有他自己的建国故事,而且这次不是借助神话故事,建国的姿态据说总是一个自由的姿态,是一种无中生有的创造。[8]

然而,这并不仅仅是不断地被加工和重述的关于建立、失去、再返回自由的故事,在古代的哲学和历史书本中的几个具体的制度都被用作新的甚至是现代制度的范本。重复一个大家都知道的故事,与故事有关的演员也被塑造了。虽然现在的新事物没有被理性合法化,在这一点上它与在前文明时代已经得以成功尝试的事情并不相同,然而对旧事物的参照仍然使新事物在情感上更容易被接受。关于罗马共和的故事,共和的理念和共和主义是这种关于情感和历史连接的例子,拉丁术语"res publica",即"共和制",仍然以"保民官"的形式被沿用至今,所谓的"保民官"指的就是代表制度,这种制度作为现代民主的主要支柱仍然被保存到今天。按照宏大叙事的描述,拿破仑最先成立了一个议会,然后是一个帝国,虽然他也宣称第二步将是自由主流叙事的继续。美国有参议院,就像罗马有他们的"罗马人民"。然而,这些制度的功能和内容发生了变化,它们不可能仅仅是简单的复制品。

然而,在这一古老的欧洲主流叙事中,有一个关于政治制度创新的教训,在世袭君主政体和有尊严制度的时代、在自由的城市、在一些新教徒派别的制度中,这个教训一直在反复,一再被申明,因此,在现代性中占据了一个中心的地位。这个教训可以总结为以下几点:人不会一直处于权力的巅峰,因为人在选拔或选举中夺魁的时间总是有限的,因此,权力只是暂时的。在源自《圣经》的第一种有关自由的主流叙事中我们已经熟知了自由选择的观点,不仅仅是关于道德的问题,一个人在政治上也可以自由选择,在道德选择的情况下也是如此,在政治上也是如此,一个人可能后悔自己的决定,也可能在下次选择时做出不同的、更好的抉择。

共和主义的主流叙事是一个多元文化的主要故事,同时也是关于政治自由的脆弱性的故事。罗马共和政体的灭亡使其遇到了最恐怖的景观,大规模谋杀、大量的死刑、放逐、偷窃、国内战争、道德败坏、原教旨主义都在这个恐怖的景观中呈现,最后还出现了帝国和专制主义。关于罗马帝国,还有关于多元化、多样性、早期基督教徒的其他故事可以讲述。然而,就自由叙事而言,结果就是共和政体自由的消失,君主尼禄成了主流叙事中完全失去自由的英雄,同时也是关于专制国家的欧洲的主流叙事中的英雄。在近 2000 年的时间里,尼禄的名字是丧失自由的同义词,隐含着个体的无穷权力,他出于贪欲和一时的念头用权力去谋杀。尼禄的故事是间接关于自由的故事,它警告人们:自由也可能成为负担,但是丧失自由本身就是一个十足的灾难。尼禄一直都被用作欧洲专制主义的隐喻,这一地位直到 20 世纪才被希特勒所取代。

所有自由的主流叙事也都谈论到自由的脆弱性。自由是一种负担,它与太多的责任相伴;正如伊曼努尔·列维纳斯(Emmanuel Lerinas)所说,解放是困难的。自由并不承诺立即实现所有的愿望,获得幸福,甚至个体的安全。如果我们开始去重新思考欧洲关于自由的主流叙事,我们将得出一个相当悲观的图画,让我们来扼要重述一下,该隐在正义和邪恶之中可以自由选择,他选择了邪恶;以色列的人们放弃了把他们从奴役中解放出来的上帝,而去信仰金牛犊;拿撒勒的耶稣被钉在十字架上,苏格拉底喝了毒药。自由共和国在兴盛了一阵子之后,就会枯萎,专制主义兴盛。

然而,失败的出现和消极主义没有任何关系,如果我们问它是否值得,所有关于自由的主流叙事给了我们一个明确的答案:是的,它是绝对值得的。只有这些值得拥有的事情才可能失去。生命是可贵的,因为我们

欧洲关于自由的主流叙事

的生活和我们所珍视的人终将会死去。自由是可贵的，因为我们的自由和我们所爱的人的自由终究会失去，虽然这永远是不确定的。在自由的主流叙事上下功夫，也就是在为自由做努力。

我讲了一些关于自由的欧洲主流叙事的简短的故事。这些故事被生活在这种传统中的思想家、演员和讲故事的人解释、使用、应用、利用和重塑。无论我们居住在被称为欧洲的次大陆上，还是携带着主流叙事的甜蜜负担走向新的世界，也无论我们是有宗教信仰还是没有宗教信仰，是富人还是穷人，这些是我们认识自己的文本、是欧洲文化最基本的原则。

然而，让我再重复一遍，单个或者每一个民族的文化，或者种族、人类、宗教、人类团体、专业人士、派别或者家庭的文化，都有它自己的主流叙事，他们自己不需要注脚就能理解，其他人却做不到。不用说也知道的是，印度、中国等伟大的文明古国都有他们自己普遍的主流叙事，其他的文化和民族也是如此。然而，"人类本身"并没有，虽然一个叙事可以或多或少地被翻译成其他语言，各种叙事的不同阐释也可以相互交流，却不可能形成"普世的"主流叙事，或许，人们也并不期待它形成，然而自由叙事的"普世"是人们所期待的，并且我希望，这种期待是有可能实现的。

我期待这些主流叙事——关于自由的欧洲主流叙事可以和其他自由主流叙事形成一个"普世"。然而一般来说，欧洲的主流叙事比起关于自由的主流叙事要更加宽泛，更加多样化和复杂化。这里只是提到其中一个基本的主流叙事，即形而上学，它一直以来关注和探究的问题都围绕着一个中心："是否有一些事情，而不是没有任何事情。"还有一些是有时代和短暂性的主流故事，包括末世论，救世主的信息；关于神灵化身或者具体化的主流故事；关于从亚里士多德到莎士比亚，再到德里达的友谊的主流叙事。还有关于"爱慕激情"的主流叙事；关于艺术、宗教、哲学、命运、好的或者坏的运气、必要性或者偶然性的主流叙事，我并不认为就这些和其他的欧洲主流叙事，会期待文化"普世"地产生，尽管它是有可能的。就让我们保持与众不同和好奇心吧。

最后，我想引用汉斯·布鲁门伯格（Hans Blumenberg）的著作《神话研究》（*Work on Myth*）的标题。我认为，就欧洲文化而言，这个书名是错误的。既然欧洲文化的存在起始于主流叙事的两个源头结合之后，不是起始于古希腊人和罗马人的时代，那么我们就不是在神话上进行研究，而是在主流叙事上从事研究。欧洲文化显然是缺乏神话的，这就是为什么古希腊和罗马神话不属于主流叙事。我无法确定生活中没有神话而有主流叙事，对于我们来说是一种财富还是一种缺陷，任何一人都不可以确定。人只是从感情上作判断，也许是爱或恨的忏悔，也许这些都有，这就是为什么我带有一些忏悔地结束这篇文章，我爱主流叙事甚过神话。

注释

1. 参见 Constructing the Past: Essays in Historical Methodology, ed. Jacques Le Goff and Pierre Nora with an introduction by Colin Lucas (Cambridge: Cambridge University Press; Paris: Editions de la maison sciences de l'homme, 1985).

2. Clifford Geertz, The Interpretation of Cultures (New York: Basic Books, 1973), p. 89.

3. The Bible, "Genesis," 4.7.

4. 参见 Jan Assman, Moses the Egyptian: The Memory of Egypt in Western Monotheism (Cambridge, Mass: Harvard University Press, 1998).

5. Aristotle, The Politics, trans. with an introduction by T. A. Sinclair (Harmondsworth: Penguin, 1979).

6. John Steinbeck, The Moon Is Down (London: Penguin, 1995 [1942]). See Plato, "Socrates' Defense (Apology)," in Plato: The Collected Dialogues (Princeton: Princeton University Press, 1989), 3-26.

7. Plutarch, Plutarch's Lives (London: Dent; New York: Dutton, 3 Vols., 1969-1971).

8. Hannah Arendt, On Revolution (London: Penguin, 1979).

（黄双 译）

现代性的三种逻辑与现代想象的双重束缚

我的论点很简单，现代性没有基础，因为它出现于对一切基础的破坏和解构之中。换言之，现代性建立在自由中。这种想法并没有什么新颖的，因为实际上所有具有代表性的现代思想家以及所有现代基本文件（比如宪法）都一而再再而三地证实了这一点。我打算做的就是去阐释它。

现代世界以自由为基础，也就是说，自由是现代世界的基础。然而从整体来看，自由并不完全适合当作一种基础，因为它是一种没有建立起来的基础。用黑格尔和海德格尔的话来讲，自由作为一种基础，它打开了无底深渊。既然现代世界以自由为基础，在一个不能建立的基础上，它依然是一个没有基础的世界，这个世界不得不连续不断地彻底改造它本身。用黑格尔的话来说，这是所有现代世界创立的模式是抽象的主要原因之一，而根据反现实的定义，这也是所有条理清楚的叙事也就几十年内听起来真实可靠的主要原因之一。

现代性的基础是自由，但这个基础并没有形成，对于这个论断，我要简要地从构成现代性本质的二因素来举例证明。我把其中的一个因素称为现代性的动力（dynamics of modernity），另外一个称为现代社会格局（modern social arrangement）。

现代性的动力促生现代社会格局，尽管在现代社会格局出现以前现代性的动力已经出现于诸多场合——在这些场合中，希腊启蒙运动可能是最常被讨论的例子。这种动力持续不断地质问和考验真理、友善和正义的主宰观念。这些质问和考验抹去了任何特定世界里传统规范、守则和信仰等的权威，使之变成"仅仅是看法"，并接纳其他有关真理、友善、正义的概念，使之有其合理的定位——"这并不是好的，其他的是好的"。

现代性的动力为所有前现代社会格局避免了危险。因为它不断前行，似乎永无止境，它能让所有历史悠久的且具有影响力的条例、规则和信仰丧失权威。由于前现代社会格局并不是建立在自由的基础上的，而是建立在限制审问范围以及审问形式的本原之上，因此这些本原会被现代性的动力所破坏。黑格尔是第一个意识到现代性是唯一没有遭破坏的世界（至少明确地进行了哲学性叙述），并且在不断否定的进程中，保留并复兴。这也是说现代性是历史终点的主要原因之一。并且，在黑格尔的模式中，现代性的动力依然前进，但有所受限，因为现代社会格局本身——家庭、社会以及国家三位一体的伦理限制了它。然而，如果我对20世纪的文本读得还算可以的话，现代性的动力能突破现代社会格局本身的束缚并否认现代性。现代性动力会作为一种彻底的虚无主义说法继续前行，最终成为原教旨主义。

下面我将转向现代性本质的第二个因素，即现代社会格局。它在过去3个世纪里缓慢发展，首先在西欧和北美，然后迅速蔓延至全球。早期现代派用"人生而自由"这一口号解构了传统的大厦——也就是，财产与特权的前现代等级结构。在当时是理所应当的东西（即一些人是自由的，其他人不是）被宣布与自然相反。这样，现代社会格局也被当作基于自然的社会格局。如果人生而平等，那么，一个人在社会等级制度中的位置就不能由出生来决定，而是由他的自由活动和选择来决定。日常生活中社会不再分等级，社会的等级划分出现在劳动分工、商品分配、服务分工皆受关注的体系之中。自此，女人和男人生而自由——无论是偶然还是实然，这都具有无限的可能性——并且从这一点来看，男女也是平等的，但是他们实际上在这个等级社会制度中拥有不同的地位。简而言之，自由与平等的机会组成现代社会格局的模式。

自由作为现代世界的一种基础，赋予了其他价值观念（尤其是平等观和幸福观）平等的地位，这不仅是"优先原则"的运用，而且是现代性持久的条件，这最脆弱的社会格局，它的幸存总在平衡中高悬。

从现代性动力和现代社会格局这两个方面，我们再次证实现代性建立在自由的基础上这个简单观点。另外，自由作为一种没有建立的本原是矛盾的。从没有建立起来的基础的矛盾特征来看，许多其他矛盾伴随而来。如果你愿意的话，也可以把这说成是悖论或者自相矛盾。康德（像后来的尼采）痛苦地意识到了自由的矛盾性，为了解决它的自相矛盾，他需要做一系列强有力的形而上学本体论的陈述，这种陈述有关世界现象和本体的区别。这个研究路径几乎不向我们同时代人开放，相比之下，黑格尔派对矛盾的扬弃更不适合现代思维，至少不适合现在，也不适合我们。

自由的矛盾性几乎切断了现代想象的所有方面，因为这就是问题意义的所在之处。自由意味着每种限制能够也一定能被突破，但是有没有一种东西像人类生命一样，一生之中唯一剩下的限制便是单一存在的消失？在这篇文章中，我打算简要思索的双重束缚就是想象视域下自由本身的矛盾性。

我想表达这样的观点：尽管自由的矛盾无法解决（这也是它是矛盾的原因），但那些被灌输自由矛盾论的人没有必要将其视作矛盾，因为每当反思回到自身时，他们往往会陷入矛盾。矛盾双方在正常情况下，似乎不处于同一水平上、同一范围内、同一故事中、同一时间里，而且它们往往指向不同。比如，以普遍性与特殊性为例，其中普遍性代表无限，特殊性代表限度，矛盾性极少被感知。在一种特殊的方向里有诸多的"推动力"，有时以这种方式，有时以另外一种，我把这种"推动力"叫作矛盾的世俗化。在我看来，这种"矛盾的世俗化"是一种正常的现代现象。如果群体带有这样一种信念，即如果他们只设法做正确的事情，其他的事情将会消失，那么悖论就仍不被重视。他们能把矛盾当作一种表面上的能被消除的矛盾或者当作一种能够也一定能解决的问题。他们也能设计一种简单模式，这种模式既能适应普遍性又能适应特殊性，给予双方应得的。在大多数情况下，在技术想象的视域下，矛盾遭到了否定（生活是一种能被解决的技术性问题）。但是我们也能这样认为，"差异性"仅仅是一种幻想或者一种传统，一种能通过启蒙克服的偏见，（正如康德认为的，尽管——不幸的是——我们有很多信仰，但是这里只有一种宗教）。在这种情况下，矛盾的世俗化是理论上的，并且它发生在历史想象的视域中。

本文的两个"主要特征"——技术想象和历史想象——不是用作理解的框架。第一，因为不是每种现代想象都直接与自由和真理的矛盾相关，与限度和无限相关。我采用这两种主要想象框架，大致是从海德格尔和卡斯托里亚蒂斯的角度上来设置的。我将讨论现代想象制度，除了"制度"一词之外，我还会运用海德格尔的"座架"理论，使用"座架"一词。可以说，我们被装在座架内，我们总是被束缚在现代真理观念中（还有处在那些所谓的"善"与"美"中），海德格尔在他那篇著名的关于技术的本质的论文中，阐述了技术的本质"绝不仅仅是技术性的"。

它是现代科学的主要现象，也是现代真理观念的载体，它利用真知（与事实相符的理论）以及无限前进的知识、技术和科学来辨别真理。用哈贝马斯的术语来说，科学作为一种意识形态，它已经成为主张现代性的人眼中占主导地位的想象制度。

我的观点是：这里有一种选择性，有的强烈，有的强迫，现代想象的框架用限制的观点束缚了现代性，即我们所说的感觉、意义、意义表现等等。它也有一个自己的真理观念，即历史的真理。正如技术的本质不仅仅是技术性的一样，历史的本质也不是历史性的。历史的想象以当前的历史真相/假相通过阐释的方式赋予当前/现代世界以意义。

我现在需要用多种言辞去例证这二者差异。有一天，我在新学院大学听了一场关于弗洛伊德的摩西与一神教的讨论，涉及耶鲁沙利米（Yosef Hayim Yerushalmi）、雅克·德里达和理查德·伯恩斯坦。在弗洛伊德的叙述中，他以一种特别的观点告诉我们他正在自然（或物质上的）真理的帮助下解开历史的真相。历史的真相不是一个需要解决的问题，而是一个需要以别的方式或者说另类的方式来解开的难题，那就是虚构（弗洛伊德把通常用于解读宗教故事的另类虚构作品叫作历史小说）。虚构的目的在于意义表现、解释、呈现家系宗谱。虽然这类作品是以过去为导向的，但是过去（历史真相）是现在的练习场地（以我看来，是为了通过现代科学，包括心理分析杀掉上帝，但那是另外一个故事）。弗洛伊德以恋母情结的精神创伤为线索，借助压抑反弹的理论，解开了隐藏的无法解释的历史真相。不过，假如恋母情结的精神创伤确实会造成神经症（真理符合论），那它就是一个需要解决的问题了。但是，恋母情结的精神创伤不是一种凭借另类虚构就能试着解开的难题。弗洛伊德清楚知道什么是恋母情结的精神创伤，他也的确用科学的手段发现并研究它，最后，当恋母情结的精神创伤彻底被治愈时（也就是问题解决了），他也才了解到治愈方法。在这里，我们同时运用了两种现象和两种不同的真理观念。我还要强调的是它们没有一种是关于形而上学、宗教、往事的真相。尽管技术想象转向无限（或无限进步，或无限倒退），但是在单一的存在中，无限作为限度存在。虽然马克斯·韦伯把这个描述成痛苦的经历，但是他也把它置于高处为之欢呼。科学家们都清楚地知道他们的伟大发现最终会被其他发现取代，但是他们依旧饱含热情，忘我地投身科学事业中。让我再说一点，相反，这种历史想象被授予限度，这种有限的事物（在《逻辑学》里用黑格尔的术语，也叫"此在"）——比如，在艺术创造中，对一件往事的解读或者对一次受意识形态启发的政治行为的解读——都有可能变得无穷无尽，从这一点来看，不管他们是创造者、表演者、受众或者阐释者，这种有限的事物还会为了表现意义的存在而变得无限。如果要是有什么东西能让现代性不朽，那它肯定是有限的，绝不是无限的。

在我开始谈现代性的三种逻辑与现代想象的双重束缚之前，我仍须阐述一件事情，在我的现代性三种逻辑的讨论中，我会把历史想象与浪漫主义启蒙联系在一起，把技术想象与理性主义启蒙联系在一起。但是现代性的一个事实特征就是事物彼此不兼容。这里有一个例子，如果一个人思考文化问题以及与现代性的三种逻辑交叉的文化的三层概念，结果直接表明历史想象不能单独地与浪漫主义联系在一起，同样的，技术想象也不能单独与理性启蒙相联系。大致来看，现代性的自我理解促进了这两种想象，技术革命时代也是解释学时代。

回到本文的引言部分，我打算区分现代性的三种逻辑或现代性的趋势：第一，技术逻辑；第二，社会地位的功能配置逻辑；第三，政治权力逻辑（自由制度、政体制度，包括权力和高压政治）。这三种逻辑或三种发展趋势仅证实现代世界不均衡的这一假设。在它们的活跃期，每种趋势拥有多种发展选择权。在它们的发展期，独有的选择权会变得具有排他性，要么永远，要么仅持续一段时间。如果所有三种逻辑协调发展或即使处在矛盾之中，它们仍能达成一致的话，三种动力会越来越呈直线发展。然而，在我对现代性文本的阅读中，这三种逻辑彼此之间不是绝对独立的，而是相对独立的，且没有一种会持续不断地统治或者决定其他两种，它们在相互影响中发展，在彼此斗争中发展，也就是它们互相支持或者相互限制另外一方。即使它们其中一种发展趋势仅在历史上微不足道的时期内受到挫败,如果发展不受拘束,其特征会与预设不同。从目的论术语中思考三种发展趋势是不明智的——不消说,回顾过去,一个人总是能设计一种目的顺序,但这也仅能证明我们从亚里士多德到黑格尔哲学就已经了解到的一件事,那就是,在所有范畴的形成过程中,它们只能发展其中沉睡的潜能。

当然,现代性的三种逻辑并不是盲目的自然力量,因为它们是由历史代理人或者表演者发展的,所以它们的一些潜能得到发展。它们的发展要求不同种类的行动以及不同的想象力量。下面,我将简要讨论第一种逻辑和第二种逻辑,以便从更深远的角度认识第三种逻辑。

技术逻辑

很明显,在现代性的第一种逻辑(技术和科学的发展作为现代性的主要世界解释)中,技术想象为主导。技术想象是以未来为导向的。它以问题解决的心理态度为首要任务。它把真理符合论当作理所当然,在对目标方法的合理性上它起控制作用。它把事物——无论自然还是人类,都当作客体。它包括在前进中和在知识积累中的信念,它更喜欢新颖而不是陈旧。它投入更多的资金在其实用性和效能上。很明显,技术想象也同样渗透到其他两个领域,因为马克斯·韦伯明确阐述了他的合理性及祛魅理论,这种趋势在哲学和社会科学方面已经得到了大量的描述并建立了丰富的理论,有的是批判性的,有的是赞许性的。我把这种由历史想象引导的批判性方法归因于浪漫主义启蒙。

公平地说,与历史想象对现代性的第一种趋势的影响相比,技术想象已经对其他两种现代性趋势造成了更深远的影响。从这一方面来看,似乎这两种想象的关系并不平等。技术进步,积累知识——这同时也是知识积累的结果,要求解决问题的思维力,这是合理的也是合理化的结果。一直以来,人们都在建议替代技术,但是没有实现,技术发展没有刺激意义表现活动。确实,历史想象也通过技术逻辑过滤(如现今生态学思考的渠道),但历史想象不需要成为技术逻辑发展的条件。一个人必须思考,在这三种逻辑中,只有第一种对文化和传统漠不关心,即使特殊传统及其态度(如新教主义)比其他的能为它的发展提供更好的条件。

然而，到目前为止，技术发展以及它的合理性在实践上变得普遍，这样的环境才是最重要的，事实上全世界都如此。相反，历史想象对过去和传统很敏感，它以回忆为依托，刺激人类能力扩张（用康德的术语来说是erweiterte），这不仅是以目标为导向，而且是以意义为导向的思考。

有人可能反对这种描述，认为革命性科学调动各种想象，没有革命性科学，普通科学解决难题的地位就不会长久。然而，人们并不能确切认识到，事实上现在革命性科学对现代性第一种逻辑的未来发展是必要的，即使一个人毫不犹豫地赞成革命性科学受好奇心和求知欲这样的理性本能以及对创造性的追求所驱使，事实上，它也是受历史想象的激励。人们也可以提出另一种异议。确实，人类对待自然的态度——包括人性自然——作为一种"持存物"（Bestand），在海德格尔的描述中，也是现代性的一个重要特征。同时，纯粹地喜欢一处美丽的风景或一棵树，这种也是一种确切的现代态度。确实，有人可能说，自然越被当作一种纯粹客体，一种人类运用的"持存物"，拥有者让自然处于它本该处于的位置，在他们眼里，它变得就越漂亮。并且，我不打算在技术逻辑中谈论双重束缚。沉思自然，就像写意山水，是一种文化态度，不提我没有空闲去讨论的文化三层观念，文化贯穿了现代性的三种逻辑。

社会地位的功能配置逻辑

现在让我简单谈谈现代性的第二种逻辑（趋势）。现代性的第二种发展性逻辑被描述为"社会地位、功能以及财富分支的逻辑"，这虽然听起来非常复杂，但是我还没有找到一种令人满意的更简洁的说法。

现代性第二种逻辑的发展趋势因争论正义而起或者因争论正义得以维持，而正义也是现代性动力的主要表现之一。不同的社会阶层都争论过正义。对有的人来说，被宣称为正义的东西被别人指责是非正义的。这意味着，在政治自由的条件下，对正义的争论（动态的正义）不会只在某一个方向推动改变。这种情境表明现代性的第二种逻辑相较于第一种，以一种不同方式展开。社会制度朝着某一个方向改变，仅仅是为了转变回来，最终回到原来的起点。理性在这里不会完全起作用或有帮助。如果一群人把一种制度当作一种非正义的事物来抨击，他们通常也会质疑它的合理性。有多少合理性的内容，就有多少诉求者谈论正义的现代语言。并且，这种内容并非对处于危险中的合理性无关紧要。社会群体和表演家通常都会从自由和生命价值的立场（生命机会的平等也包含其中）来质疑和考验正义的规范和条例的有效性，现代性的基础在这里被当作一种规范（作为一种价值）。然而，自由和生命价值的规范运用由历史想象主导。在争论正义的进程中，特殊的经历累积下来，而别的没有。此外，这些经历会不断被重新解释。人们能从以前的经历中学到很多或者很少。我不赞成汉娜·阿伦特的观点。她认为社会问题是有关解决问题的，因此，它只促进技术想象。社会正义本身的争论主要或者全部是受历史想象的引导。只有在做完决定或达成一致后，技术想象作为解决问题的方式才开始占优势。但是我想采用汉娜·阿伦特关于这一点的另一种独特观点，即现代人的生活与其世界之间存在某种差距。最能明白这一观点的地方就是在需求分配和专门化的情况之中，在两种现代社会分配的重要制度中以及两种现代性动力的典型战场上，在这个战场上，从技术想象和历史想象的角度去看，理性启蒙和浪漫主义之间的斗争一直在进行。

如果我们看一下现代性的第二种逻辑从市场到人类权力的主要制度，很明显，个体不必为了成功地重构他的生活成为有个性的人（自主个体）。他没必要把大量丰富的情绪带入他个人的空间中，他甚至不需要一种道德品质。他需要至少在一种职业中，或更低水平下，也就是在日常生活中，学会调节，学会效能计算，掌握解决问题的技术。仅凭技术想象的引导，生活就能过好。然而，人为了拥有世界，他需要从技术想象中脱离——不是放弃它（因为抛弃它，个人就必须入乡随俗，可到现在，即便是入乡随俗都还不够），而是形成（创造）一种与技术想象的距离。历史想象引导人类保持这种距离。值得注意的是，我正在这里谈论现代性第二种逻辑的双重束缚。在这方面（涉及康德和黑格尔，没有提及哲学家克尔凯郭尔），代理人是独立的个体或者独立的个体联盟。政治行为和（或）国家不会在这点上成为问题。我认为在现代性第二种逻辑中历史意识来源于现存的客观世界，关于后者，黑格尔用"绝对精神"这个术语讨论过，在绝对精神之下，引导具有且保持着个体性、选择性以及解释性，因为正是这种个体支撑着一种历史想象而不是另外一种，这是现代性的崇高恩赐之一。然而，在现代性第三种逻辑中，历史想象作为一种传统和意识形态出现，它指导并强有力地引导政治行为走向更好或者更糟。

我必须强调一个观点，我并不是说技术想象是"坏家伙"，历史想象是"好家伙"，因为我谈论的是双重束缚。但是鉴于双重束缚在第二种逻辑中是自由选择的，在第三种逻辑中它似乎不可避免。第三种逻辑中所谓的（相对）自由抉择也是传统和意识形态的内容，不是经济政治实力。

为了说明我的关于现代性第二种逻辑的观点，我会回到需求分配和专业化问题。需求分配和专业化是实用的例子，因为它们属于现代性第二种逻辑的一些本质上的直线发展趋势，在这种意义上，它们似乎完全受制于技术想象。

在现代世界，需求分配明显地从传统模式中转变。所有传统社会需求以及满足某些需求以定性捆绑分配，不同需求以不同身份的人为特征。在现代社会分配制度模式中，定性需求不再按社会分配，而是在原则上被私下选择，但是需求满足者按社会性分配，不是定性，而是定量。简要地说，需求满足者被货币化了。浪漫主义运动激烈地抨击了这种由需求满足者货币化引起的奴隶制新形式，然而理性启蒙追随者称它为自由选择形式下个性自由的条件。这二者既是正确的又是错误的。显然，定量需求满足者也要被重新转变为定性需要。没人用金钱吃饭或者跟金钱睡觉。恰恰是在重新把定量满足者转变为定性满足者的进程中，人才能由技术想象和历史想象引导（比如传统，包括道德传统、艺术、宗教、哲学）。从卢梭到阿多诺等人的文化批评中迸发出的愤怒，直击市场和社会的顺应主义——包括民主平等主义——因为在重新转变定量满足者为定性满足者的这个任务中，它们是技术想象的主要制度。他们的斗争依然是从历史想象的角度而战。文化悲观主义者认为，这是一场失败的斗争，虽然我完全不懂，但我认为情况不是这样的。

根据现代社会制度理想模式，在社会等级制度中，正是一个人表现出来的功能决定其在社会阶级中的位置。一种等级制度仅在单一的体系中构成。为了支撑这个观点，男女地位的分配需要"根据他们的优点或长处"进行，也就是根据他们的教育、技术和专长。因此，教育及其制度越来越促进技术想象，甚至历史想象也没有从课程中被排除，只是居于技术想象地位之下。有观点认为学校必须首要指导孩子们"为生活"准备——也就是追求实用、计算、成功，有机会成为大多数的满足者，而不是"最好的"满足者，这个观点越来越被认为是理所当然的。难怪从弗格森到卢卡奇等，浪漫主义者多次对专业化发起攻击。但是，不仅是浪漫主义在那时对处于萌芽状态的现代专业化感到不安。比如，黑格尔把现代社会叫作"精神的动物王国"。动物们被专业化，且无法超越它们的分配状态。阿伦特会说动物拥有生命，但没有世界。相比之下，人类是灵性的存在体，通过多方面的教化，人类完全能够"拥有一个世界"。然而，在现代"动物王国"，人类已经变得跟动物一样专业化，但这与人类的灵性自然背道而驰。当人类有生命没有世界时，他们就不能实践他们的精神潜能。

我们称之为文化（或者"一般文化"）的东西同时作为技术和职业的专门化而诞生。文化是历史想象中最易理解的当代制度。它向非历史家、非诗人、非音乐家提供没有专业使用的世界，比如历史、诗歌、音乐等等。它提供不同种类的文字以及品质作为阐释和意义表现的客体。毕竟，只有在已经获得了广义效用时代的真知灼见的情况下，才可能出现美好的喜悦而没有利益受到威胁的观念。历史想象最伟大的发明就是文化论述，一般文化谈话的机制，其目的既不在于取得一致也不在于做出决策；它自身就是目的，正因如此，它既令人愉悦又具有指导意义。这种文化论述是否会消失，以及文化精英对民族精神的生存是不是必要，都还有待观察。

政治权力逻辑

现在我将转向现代性的第三种逻辑。我的假设是，现代性第三种逻辑需要双重想象——没有历史想象，现代性不可能存在，这是显而易见的。我已经说过，历史想象既作为传统又作为意识形态出现，要么被鼓动成更好，要么更差。我会用一些观点、观察结果和故事来支持初步阐述。

让我以抨击我的说法开始。

有时，除了捍卫法律和秩序外，似乎在第二种逻辑的摆动中国家干预可能成为唯一剩下的国家职能。国家干预是一种解决问题的方式。即使问题涉及定性特征，但问题的解决归结于定量措施。由于需求分配的货币化，重新分配的进程本身（与调查可用资源一起）成为计算问题。这就是修复现代社会故障的必经之路。有时可以用"备件"代替一个机构。

但是正义的论争,作为摇摆不定的运动背后的推动力量,仅仅是出于务实的考虑?还是受到传统与意识形态的推动呢?又或者是在意识形态上受到传统的推动呢?我已经提到过,自由与生命(作为平等的机会),通常作为现代性的基础,特别是现代社会安排的基础,如果被当做最后的价值立场,按照这种立场,正义的规则无效,那么自由与生命应归入历史想象的必要条目中。我会进一步直接转向历史文本的解释工作。无论我是否同情地看待历史想象的运用,我仅提及少数几个争夺资源分配的案例。就这一点而言,我可能会提到意大利的北方联盟,以及美国的道德、性别和宗教冲突。如果在某些冲突中,资源的(错误)配置被当作意识形态的论据去支持另外的由传统或意识形态引发的冲突,比如斯洛伐克的分裂运动,对此,我不予考虑。有人会争辩在大多数事件中,不仅在那些枚举的事件中,技术想象占上风。涉及的土地冲突也能被称为"问题",每个争辩者都知道他们的问题应该如何得到解决(因为它能得到解决)。然而,在大部分情况下,通常在一段时间后,结果会是所讨论的冲突会变得无法描述,也很少能单凭技术想象就能处理好。因为我们远不能够处理能被解决的问题:我们正在与陷入双重束缚的社会行动者打交道,现代生活(不仅仅是一般的生活)不是一个需要解决的问题。一种冲突没有得到解决的话,它会消失,但随后在另一个地方,一种新的冲突可能会出现。

我已经局限于以资源配置为中心的当代冲突之中。但许多有代表性的冲突不属于此类。它们出现于现代性的一般隐忧中,来自生命意义、安全生活道路、信念、精神的遗失中。那就是,技术想象本身的主导作用使历史想象复活。在寻求意义的过程中,男男女女转向历史想象,但内容不同。在意识水平上(我不能谈论任何有关无意识水平的事情),他们恢复古代习俗,发现古代的敌人,并且回忆看似已痊愈但现在又复发的伤口。昨天的朋友又变成前天的敌人。波斯尼亚不纯粹是愚蠢;至少,它没有比美国宗教复兴者更愚蠢。现代性不是关于永恒的和平。尽管在一个方面或者其他方面撞到极限,但是现代性的动力还能不中断地继续。比如,在绘画上,在白色的帆布上画上白色的圆圈,在音乐上,十二音阶构成了虚拟限制。当所有的条例、标准、规范遭到否定或者破坏;剩下的还否定什么呢?一个人只能通过重建共同规则来否定共同规则的否定,但这一次是偶然的——一个人能回到过去去探索它。这就是模仿画与引语如何变得时尚的方式。比如，在我最近去Soho的一次拜访中，我注意到印象派已经成为最具探究性的流派之一，接近庸俗艺术。这是一个大转变，在所有层次上都有可能发生，而且这个转变并不是一直无知的。

假如一个人在政治上想要接近极限，那么巨大的骚乱就会产生，也就是早期现代主义者所说的"自然状态"。这里一个人通常不能达到这种极限，这是为了避免破坏整个传统；一个人要么（在构成自由上）建立限制或者转向原教旨主义。普遍的原教旨主义者运动以及欧洲原教旨主义极权主义政体（如纳粹主义），都能获得大量的支持，以应对混乱的恐惧。有差异的原教旨主义是这方面的另一个例子。只要存在神圣的基础，就没有原教旨主义：原教旨主义是自由与真理矛盾性的反应。

153　　回到美国宗教复兴这件事情上来。美国宗教复兴与相似的运动都属于现代性，它们的消失是不可能的。（尽管意外的事情总是发生）但在美国这种运动能得到控制，因为美国宪法和它的合法性阻止了武力和暴力的极度扩大，并阻断了以武力和暴力建立国家权力的可能性。现在，我们可能会问，宪法是技术想象还是历史想象的成果？无须多言，这也是合法化的问题。

宪法的起草或加工在亚里士多德的积极生命的确定性因素中，被描述成一种技术（techne），而不是一种活动（energeia）。在理性时代，在法国，宪法的起草变成了某种意义上的国家娱乐。尽管起草了各种各样的宪法，但只有少数实施过。甚至可以说，解决问题显然要涉及加工过程：例如，一个人可能决定结合民主、贵族统治和君主制的精华，创立最适合宪法的制度。

然而，就其本身而言，技术想象仅能在纸上生产宪法。在这方面，意识形态和特殊传统的意识形态的运用是一致的。阿伦特说持久的宪法构成了自由，而构成自由是一个新的开始。但如果它是一个新的开始，历史想象与它有什么关联？正如一切重新开始的新生婴儿，他出生在一个家庭之中，他生来就活在条条框框之中，他只有得到鼓励才能开始。宪法也是这样。我仅在括号中提到，通常在新的开始时期（不管是不是自由制度或者奴隶制度），绝对精神的范围，尤其是宗教和哲学，在现代性的政治生活中，既充当实际传统又充当意识形态，直接滋养历史想象。在所谓的"标准"时代，如果持续时间够长，技术想象通常占据上风。

举一个当代的例子。当今，中欧和东欧的新民主国家不仅先在美国寻求模式，而且还会在战后德国的宪法中寻找。但它们不能照搬。除波希米亚外，民主宪法在该地区是全新的，但公民生活方式根植于特定的历史文化传统，可以使新宪法具有合法性。宪法很容易被复制，但只不过是复制的宪法不会获得合法性，它将不会具有宪法的功能，就好比模仿伦勃朗，再怎么精确也不会是伦勃朗。"功能"这一术语须慎重使用。功能是技术想象的术语。似乎没有历史想象，技术想象的选择权不可能得到发展。这意味着在现代性的政治逻辑中，双重束缚是客观的，因为它既具有耐用性又具有变化能力。宪法要完成的任务就是成为一个国家的根本大法，成为一种权威。如果一个人把注意力只集中在完成这个任务上，宪法就不可能被起草。

这意味着第三种逻辑的普遍性在本质上与第一种和第二种逻辑的普遍性不同。相同的技术装置到处被使用，它们执行相同的功能。在地球上每个国家每个数学门类讲相同的数学语言。全球经济就是一种实际形态。在全球经济中，传统经济的确能获胜，更精确点说是徘徊，但前提是只要传统经济能找到合适的位置。

因此，技术想象在经验上变得普遍，但是照此来看，是否第二种和第三种逻辑的非直接经济方面（整体上）在经验上能够以类似的方式普遍存在呢？具有浪漫倾向的文化悲观主义者会说"是的"，因为在现代性的压力下，任何事物都会变得一样平平无奇且难以区别。平庸的理性主义者也会说"是的"，这很奇妙，因为每个人将会像我们一样，有着设备精良的厨房，吃快餐，说着蹩脚的英语。照现在的情况看，美国人轻而易举地出口了可口可乐、电视节目和麦当劳，但是美国的宪法制度属于也仅属于美国人民。

现代主义者在政治上极度地独出心裁。这里有一个简要的清单可以一览，他们创立了自由主义、议会民主、普选权、无记名投票、君主立宪制度、联邦共和国和联邦国家。他们还创立了三种主要形式的极权主义以及从右翼到左翼延伸的政治谱系。国际政治制度，比如国际联盟以及联合国、民族主义、国际主义也是现代性产物。这份清单很容易加以扩展，这似乎与我的政治制度不能出口的论点相矛盾。实际上，几乎所有列举的政治发现起初都只出现在一个地方，随后为各处采纳。这份清单似乎也与我的另一个关于现代自由漂浮的历史主义政治想象的论点相矛盾。但即使已在一个国家建立起来的特殊制度能作为别国社会行动者或宪法起草者的参考，可是政治制度也不会一样，其与国家政治生活的关系，与日常生活的关系，在质的方面总会不同。比如，瑞典的君主立宪制与英国的相同吗？

让我们暂时回到意识形态问题。

历史想象有两种基本方式可以"呈现"在现代性的第三种逻辑（但也不只呈现在这里）中。第一种方式会采取日常生活、态度以及心智的传统形式，它既是有意识的又是无意识的。我在这里谈论的不是弗洛伊德意义上的无意识，而是在某种意义上没有被思考，被认为是理所当然的无意识，等等。我们所持有的主要偏见属于这类。

技术依赖（面向未来）的态度以及以传统为导向的态度，既是有意识的又是无意识的。依赖技术，一个人通常非常容易调整（比如坐飞机旅行）；以传统为导向，一个人调整会极度痛苦，可能根本不会调整（例如，同化另一种身份）。另外，很少有人怀疑第一种调整是否有益，但是许多人反对以同化的形式调整，更倾向于异化。

意识形态根源于集体历史回忆以及对集体记忆、集体庆典、共同悼念的珍视。历史记忆重述故事、传说以及神话，并保存符号。历史想象为民族身份及其生活在打开一个过去的世界（或世界的一部分），也是他们当前的世界时，提供了第三种维度。如果刺激这种回忆是为了新行为和新举措，为了当前的合法化（即便在政治上，他们并不总这样做），那么，我们是在谈论意识形态。意识形态本身无所谓好与坏，为了更伟大和庄严的行为，历史想象会受到推动，然而历史想象也会为了无意义的报复行为以及敌友二分法的合并而受到推动，它也能够为了自由和奴役受到鼓动。然而，没有意识形态的引导（作为历史想象的证明）就没有任何有意义的政治行为，甚至就不会实现充满活力的政治生活。

意识形态（不论内容和方向如何）经常由于缺乏现实和合理性而遭到揭露。它们被认为是欺骗性的，是"赤裸裸"的利益的前线，或者是神话故事的原始残余，阻止我们解决实际问题。如果只是因为只有赤裸裸的利益是真实的，只有解决问题是合理的，那么这种批评是不明智的。

现代世界需要意识形态，但它也需要意识形态批评，这不是因为意识形态不现实且不合理的这种观点站得住脚或确凿无疑,而是因为意识形态确实能引起封锁,其中历史想象的世界与外界隔绝,也与现代性第一种和第二种逻辑隔离。在这种意义上,意识形态会缺乏安全和理性。但是意识形态的缺席也意味着集体行为者(首先是政治行为者)仅受历史想象的束缚。

双重束缚也是双重推动。现代性的两种想象体系一直以来都有矛盾,这个矛盾发生在以未来为导向和以过去为导向之间,发生在以解决问题为导向和以阐释为导向之间,发生在以事物为导向和以世界为导向之间,还发生在无限和有限之间。就是在这种矛盾(借助这种矛盾)中,自由的矛盾才被认为是生活的悖论。

在所有政治形态中,现代人创造的极权主义体现了双重束缚最极端的形式。自由的矛盾以及自由本身消失,是为了让想象的两种形式结合,让它们成为整体。可这些尝试都失败了,至少在欧洲失败了。但是想象的整体化依然在被尝试,很可能这种情况还会继续。

人们常指出纳粹要想灭绝欧洲犹太人只有用现代技术手段才可能实现。"死亡工厂"不只是比喻的说法。纳粹的案例就采用了"最大最小"原则(即用最少的努力换取最大的成果)。他们决定的就是对犹太问题(或者说是问题)的最终解决办法。

此外,(如齐格蒙特·鲍曼说的那样)只是归咎于极权主义(尤其是纳粹)的灭绝机器,这其实出自海德格尔"座架"概念的片面观点。因为除了技术想象,某些东西必须设置任务来消除种群或者"解决犹太问题"。当意识形态系统,在意识形态上构造的历史想象世界,转变为技术想象语言时,这个问题会因此变得具有技术性。技术想象,就其本身而言,可能真的会对现代性造成毁灭性的影响,但我对此表示怀疑——无论如何,生态学家否定的乌托邦是非常强烈的历史想象的产物,事实上也唤起了启示录的图像。然而,据我看来,历史想象本身几乎不会威胁到现代性。那些通过排斥技术想象及其逻辑从而活在"封闭世界"的人们,他们都被现代性边缘化了。他们宁肯集体自杀,也不会去说服全民加入他们。当然,未来会发生许多事情,我们的思维现在还不能彻底了解。

但也许可以毫不夸张地说,不确切地引用荷尔德林(Hölderlin)和海德格尔,我们对最大的危险在哪里有了一些想法。最大的危险不只是在

"绞刑台"上，而且也是在双重束缚中。我们也可以谈谈"救赎的力量"，不过是在较淡的节日氛围中谈这个话题。救赎的力量本身不是生产（poiesis），但所救赎的也是双重束缚。双重束缚既是最大的危险，也是"救赎的力量"。双重束缚是现代自由矛盾的主要表现之一，可能是主要矛盾，其中还包括了真理的矛盾。它既是缺陷又是现代主义者的机会，解决问题与解释，规划与回忆，计算与思考，反思或者冲动疯狂。不论何时双重束缚是一致的还是指向一个方向，极权主义的危险都会隐约变大。自由主义与民主（如果结合起来）（也许）能够提供在矛盾中共处的空间。这不是一个要达到的目标，而是一种维持的实践。

（陈林琼　译）

绝对陌生人：莎士比亚与同化失败的戏剧

人们可以把莎士比亚的作品视为人类处理时间的独特方式，正如哈姆雷特所言："时间是断裂的。"在莎士比亚所有的悲剧和历史剧里，时间都是断裂的。不过，这些剧里断裂的时间不是宇宙时间而是历史时间。莎士比亚探求在两种诉求合理性的权利或主张之间的历史冲突，一种是基于传统的，另一种是立足于"自然"的现代诉求。莎士比亚笔下最迷人的角色在双重束缚的重压下行动，他们既不完全接受反对传统的生活方式，也不充当纯粹的传统主义者。他们在传统的主张与自然的要求中同无以名状的紧张搏斗，同现代之前与现代之间的合理性规则的冲突搏斗。我相信，这种双重束缚是他所有剧作基本结构的组成部分。下面，我会以《威尼斯商人》和《奥赛罗》为背景分析这种双重束缚。虽然莎士比亚的历史想象和政治想象主要集中在陌生人或流亡者的传统性格，这两部剧却突出显示了一个新的形象，那就是绝对陌生人。夏洛克和奥赛罗并非传统语境中的陌生人，他们不是有家可归的流亡者，而是完全漂泊无依，他们与这世间的联系是偶然随机的。莎士比亚在国际大都市威尼斯发现了一种新处境，绝对陌生人正处于此。通过奥赛罗和夏洛克，莎士比亚开始写外地人不能融入世界都市生活的戏剧。对莎士比亚而言，绝对陌生人的形象颇具代表性，而《威尼斯商人》和《奥赛罗》是关于现代世界的戏剧。

条件陌生人和绝对陌生人

陌生人、异己者、流亡者、无家可归者、被逐者、寻求庇护所的男男女女，也许是悲剧中最老套的形象。根据理查德·桑内特（Richard Sennett）的观点，《俄狄浦斯王》本质上不是一出家庭伦理剧，而是一出陌生人的悲剧。[1]俄狄浦斯是科隆那斯的陌生人。其他许多古希腊悲剧人物同样如此：俄瑞斯忒斯是流亡者，厄勒克特拉在自己的城邦中算陌生人，伊菲革涅亚在奥利斯和陶里斯都是陌生人，普罗米修斯被放逐，狄俄尼索斯和他的信徒在欧里庇得斯的《酒神女伴》中一直被当作异己者。然而，这些陌生人还不算是绝对陌生人。他们被逐出家园，但仍可归去，如同活着的伊菲格涅亚，死去的俄狄浦斯。这儿没有绝对陌生人，美狄亚可以算是一个例外，作为女人她受过许多罪，但不是第一个绝对陌生人。莎士比亚也许还没意识到自己依托的正是这种传统，但他还是改变了传统。

在《莎士比亚的政治》中，阿兰·布鲁姆（Allan Bloom）认为《奥赛罗》和《威尼斯商人》最能体现莎士比亚的政治想法。[2]我不同意他的观点，恰恰相反，莎士比亚的政治想象和历史想象着重于条件陌生人，而非奥赛罗和夏洛克这样的绝对陌生人。受困于双重束缚的通常是条件陌生人，他们苦于两种本性的折磨，为传统所束缚，又独自按本性行事。当莎士比亚式的人物预感到一些混乱的、不可预料的、难以理解的事发生在他们身上时，他们就会疏离这个世界。然而，只有曾经属于这个世界并理解它的那些角色才能被疏离，例如科里奥兰纳斯疏远罗马。感到被完全背叛的人也会同这个世界疏远，像雅典的泰门。类似的，安东尼作为罗马人，懂得罗马人全部的所作所为，但在他爱上一个陌生女人后，并通过这个女人爱上东方之后，他感觉自己与罗马疏远了。然而作为罗马人，他不算陌生人。克利奥帕特拉在家乡古埃及也不算陌生人，但对罗马人而言，她是个陌生人，她与罗马完全疏远，不只是凯旋队伍中的一件陈设。不过，不论是否因为身陷爱河而感到疏远的男人或女人都不是绝对陌生人。

此外，有疏离感的人还会举止异常。当他人不理解时，当行为超出所料、挑战常规时，他们会举止怪异。然而，举止异常的人并非绝对陌生人。他们奇怪的举动只是个困惑，是一个亟待解决的困惑。有疏离感的人周围的人对解决他或她的困惑感兴趣。比如，哈姆雷特知道他的敌人想方设法打开他灵魂中紧闭的房间。他很奇怪，举止也怪异，然而他不算绝对陌生人，只是令人费解。

举止异常也意味着举止荒唐。然而，荒唐的举动并不总是怪异的。如果下层阶级人士并不知晓"高贵的"或"国外的"意思，就使用它们，如果他们用不合逻辑的方式争论，或者不正确地使用主人的语言，那他们就变得荒唐可笑，却并不怪异。在莎士比亚的剧中，每当他们的行动超出理解或进入未知的领域时，他们才显得怪异。例如，在《无事生非》中，当荒唐且正直的长官从哲学的角度用一大堆废话揭露阴谋时，这种情况就意外发生了。这的确是事件与人物角色的奇怪巧合。还有，道格贝利，波顿（出自《仲夏夜之梦》），甚至特林鸠罗（出自《暴风雨》）也不是绝对陌生人，他们在所属的社会阶层中正常活动，他们认真对待他人，也大体知道各自能带来什么。如果高一级的阶层（有时是一些像他们一样的观察者）看这些人，会觉得他们荒唐可笑，不过，只要他们安分守己，就知道他们会带来什么。

条件陌生人是许多莎剧中的主要人物。但是只有两个是绝对陌生人：奥赛罗和夏洛克。重要的是，两个故事都发生在威尼斯这座国际化都市。当然，莎士比亚接手这些故事，不过，他在其他许多故事中恰恰选出这两个放在自己的剧中，我想，这具有重大意义。

绝对陌生人并不疏远这个世界，因为他们从不属于此。他们不是陌生人，因为他们不按他人期待行事，相反的是，他人希望他们的举止像个陌生人。他们同这个世界的联系很偶然，所作所为同他们的祖先、教育及传统毫不相关。并且，他们周围的世界、社会阶层同他们的传统格格不入。《奥赛罗》中没有第二个摩尔人。同样，虽然《威尼斯商人》不只夏洛克一个犹太人，却不见夏洛克同其他犹太人一块出场，只看到他和威尼斯的异教徒一道。成为绝对陌生人的首要条件是，作为陌生人受雇，从事国际化都市的本土人不会去做的工作。

奥赛罗是那种被雇来外派的指挥官，只不过这次去的是威尼斯。这座城市雇佣他完成危险的任务，冒着生命危险和土耳其人作战，做着威尼斯年轻人不愿承担的工作，因为那些年轻人只懂享受胜利的果实。他被雇佣，也被利用；只要他还有用，他就能被雇佣。他赢得决定性的战斗之后，将会立即被解除职务。（正如我们所知，这件事发生的时候，威尼斯贵族还不知道苔丝狄蒙娜的命运。）

夏洛克作为一个放债人以同样的方式被利用。尽管威尼斯的商人们认为借贷获利有损尊严，但他们还是向夏洛克贷款，支付利息后，他们还能得到更丰厚的收益。夏洛克的职业显然遭到蔑视，但又不可或缺。莎士比亚同样明确指出，虽然夏洛克为了利息借款，但他并没损害威尼斯商人们的利益，反而使他们更富足。这些商人是冒险家，他们的商船在海上冒险，一旦商船成功返航，他们就能赢得巨大的财富。另外，这些商船抢劫土著人，比如我们所知道的来自东方的人，事实上，这些商船还偷盗财宝，从事奴隶贸易。这所有的一切，威尼斯商人都用他们基督徒的良心接受了。与他们在东方做生意的也是陌生人。威尼斯商人可能会公平地对待自己人，但对陌生人可不是如此。虽然在剧中这已经很明显，但该剧的阐释者经常忽略这一切。

同样的事情也发生在奥赛罗身上。战争的目的是对付陌生人（主要是土耳其人），对付东方人，而来自东方的奥赛罗被国际化的威尼斯贵族用来对付其他东方人。

如果莎士比亚的剧中有什么政治寓意的话，自然不同寻常。其典型的政治/历史剧是关于君主制或共和制的。我们看到的是世界主义的剧。莎士比亚想探寻所有重要处境下的人性本质，因而发现了威尼斯的绝对陌生人这一种新的处境和新的角色。莎士比亚通常将人物置于传统与现代的夹缝中，但是，在国际化的威尼斯，过去的规则已经消失了，绝对陌生人所处的新世界已经重新洗牌了。

奥赛罗和夏洛克成为绝对陌生人是因为他们在这个世界毫无归属，这个世界雇佣/利用他们，而他们也以此为生。另外，他们为雇主所不齿，并且这合乎常规。毋庸置疑，身为雇佣兵的奥赛罗与放高利贷的犹太人夏洛克同样被威尼斯人鄙视。他们被视为异教徒、非基督徒，是彻头彻尾的他者。还有，莎士比亚为绝对陌生人的本质所绘的肖像中还有另一个要素，即周围的人们并无兴趣理解他们，对他们个人毫不关心，只在乎他们（被嗤之以鼻却有用）的功能。苔丝狄蒙娜，莎士比亚剧中最美丽最叛逆的女孩/反抗者，是独一无二的角色。在《奥赛罗》中，只有她不把奥赛罗当作工具，而是视其为一个人。在《威尼斯商人》中，连一个关心夏洛克的人都没有，哪怕是只有片刻。作为人的夏洛克是不存在的。

当然，只要有人提供服务，就有人购买他的服务。另外，提供服务的人可以只出售他的服务。但是，提供服务的人也能提出更高或不同的要求。他可能认为完成服务后，他就能完全融入其服务的对象群体。他可能觉得为威尼斯服务后，自己就已经是威尼斯人，至少能够变成威尼斯人。奥赛罗和夏洛克都这样认为，他们都是同化主义者。他们幻想着只要他们不断服务于这个世界，就足够使自己成为这个世界的一分子。奥赛罗和夏洛克并不认为自己高人一等，只是有点不同而已，他们是想要拥有和本土人一样待遇和尊重的陌生人，尽管他们也知道这不过是空想罢了。他们性格矛盾，极易烦躁，时而谦和，时而暴怒，这一些都是源于处境和需求之间的矛盾的心理表现。

对奥赛罗的同化幻想，细读文本便能理解，但夏洛克则需要一番解释。在我对1998年布达佩斯观看的戏剧的解释中[3]，夏洛克也是同化主义者。整个布达佩斯的演出都围绕着一句话，这句话很重要但常常被忽略。在第四幕中，鲍西娅第一次作为法官出场，也是第一次看见安东尼奥和夏洛克。她首先问道："这儿哪一个是商人，哪一个是犹太人？"[4]也就是说，她不能从外表辨别两者。夏洛克看起来像个威尼斯商人，他穿着威尼斯贵族的衣服，他的身材、打扮和他的面部都无法表明他是犹太人。那么他为什么是犹太人？是什么让他成为一个犹太人？即使鲍西娅无法从外表区分犹太人与商人，但商人、总督以及所有的威尼斯人知道谁是商人，谁是犹太人。他们之所以看得出，是因为他们觉得他们看得出。他们看得出是因为他们期望犹太人该有犹太人的样，威尼斯贵族的举止就该有威尼斯贵族范。他们知道两者完全不同。他们知道安东尼奥是他们中的一员，而夏洛克是纯粹的异族。人人都讨厌夏洛克就因为他是犹太人。

如果有人被指望变得不同，那他就真的不同了。在奥赛罗一例中，差别表现在肤色上，没人会问谁是凯西奥，谁是摩尔人，因为第一眼就能分清。奥赛罗同化的期望因他的肤色被疑。不过，他未能意识到，他的天真，对人性的完全无知，易怒与脆弱，推动了他的罪行与毁灭。它们肯定不是原因，只是条件而已。

虽然在夏洛克的例子中，从外表不能区分商人与夏洛克，但是对犹太人的认知，还有对他的职业认知，决定了威尼斯人的行为。夏洛克从事放债业务，没有开往东方的船只，没有抢掠他人财富的胳膊，买不了奴隶。简而言之，他无法冒险。作为犹太人，他从事威尼斯贵族所不齿的职业。威尼斯人赞同亚里士多德所说，钱不能生钱，钱生钱，反自然。显然，用船只贩运金子、香料、奴隶可不反什么自然，还是件高贵的营生。主人需要奴隶，是高尚的。主人用对待奴隶的方式对待奴隶，是高贵的。冒险是高贵的。冒险获财亦是高贵的。这就是威尼斯的商人阶层，他们认为这样的财富并不有损人格，相反，他们在获取巨大财富的同时，还能做高贵的人，虔诚的基督徒。但是，通过反自然的途径而致富的那些人理应受到谴责。

莎士比亚还从另一方面刻画出夏洛克的犹太人身份。他有威尼斯人的穿衣打扮，举止行为，连微笑也不无二异，但他像犹太人一样祈祷。以下是夏洛克与杜伯尔，另一名犹太人之间的小场景："去，去，杜伯尔，咱们在会堂见面。好，杜伯尔，去吧，会堂里再见，杜伯尔。"[5]当剧末夏洛克被迫改信基督，我们在最末一幕中读到夏洛克的誓词时，他极有可能遇害了。

就这样，莎士比亚刻画了奥赛罗和夏洛克这两个绝对陌生人的形象及他们同化（失败）的过程。其他方式再也刻画不出这两个角色。莎士比亚也无法写出摩尔人或犹太人社区的戏剧。即便是写了，这些剧也不会与绝对陌生人相关。

在莎士比亚大部分的政治剧和历史剧中，有两个世界总是在发生冲突，无法同化对方。这就是在所有陌生人中只有两个绝对陌生人的原因。绝对陌生人注定失败，因为他们根本不可能赢。他们是剧中同化失败的角色。可以肯定的是，莎剧中不只绝对陌生人努力同化。比如，一些私生子也试图融入生父的世界，有时，直接得到父亲世界的尊重，有时，则间接获得合法地位。但是，莎士比亚的这两个绝对陌生人想要保留异乡特征（宗教、肤色）却又想被完全接纳，这是一场没有希望的冒险。我认为这不是幻想，但很长时间以来，它是幻想，而莎士比亚把它当作代表性的愿景表现了出来。

《威尼斯商人》和双重束缚

在观看新的布达佩斯演出之前，我认为《威尼斯商人》是出不可能完成的戏剧。在鲍西娅这一角色的帮助下，它串起了三个故事。其中两个是寓言或者童话故事。第一个故事讲的是求婚者们为了迎娶鲍西娅并获得她的巨大财富，需要在金盒、银盒、铅盒中做出选择。这个故事并非原创，莎士比亚也没花太多心思让它变得更有趣。戒指的故事也是预料之内的喜剧结尾。这么看来，似乎夏洛克和威尼斯商人安东尼奥的故事是夹在两个童话或爱情故事之间的。但是，该剧的题目指的不是鲍西娅，而是安东尼奥，因为他才是威尼斯商人。安东尼奥这个人并不让人感兴趣。每当鲍西娅和她的寓言故事没有占据戏幕时，夏洛克就会出现。这就是为什么大家普遍认为夏洛克才是剧名所指的威尼斯商人。

但是，不只该剧的结构问题，该剧的类别也值得讨论。该剧的类型到底是什么？长时间以来，《威尼斯商人》的传统演出方式都是喜剧。然而，只有当观众完全倾向威尼斯朝气蓬勃的年轻人并排斥陌生人时，这部戏才是喜剧，才能被演成喜剧。如果观点片面，那么夏洛克就只是一个邪恶的喜剧人物。他之所以邪恶是因为他嗜钱如命，他想要安东尼奥的肉。他令人可笑，是因为他失败了，败在了自己的诡计之中。最终，善良征服一切，卑鄙邪恶被消灭，满堂欢喜，普天同庆。根据这种说法，《威尼斯商人》是出狂欢剧，其主题是战胜邪恶后过上载歌载舞的生活。

但是，这种解读不再流行了，原因不只是奥斯维辛集中营的影响。随着每次对莎士比亚的复杂解读，它逐渐不再风行了。针对该例，我将把重心放在我自己的文献阅读上，用双重束缚的视角来分析。双重束缚是指在传承的权力与自然的权力之间的冲突，围绕着什么是自然的两种概念。第一个概念把传统等同于自然。女人在家从父，出嫁从夫；兄友弟恭，爱护姐妹，财产和头衔由父亲的合法儿子继承，人应该活得充实，年轻人要么战死沙场要么老死故乡，这都是自然而然的。人自然是可以完全行使权力的，但滥用权力是不应该的；宽宥他人，也是自然的。因此，"自然"等同于等级秩序，上帝选定的王稳坐宝座之上，出身天定。人一旦被赋予社会角色，只有鞠躬尽瘁死而后已。这一切在莎士比亚看来，同样顺理成章。

根据"自然的"第二个概念，凭借自身才能而非等级获得成功，这是合乎自然的。人的身体、灵魂、志向以及想凭天赋争取一席之地的决心，统统合乎自然。因为我们生而自由。照这种说法，"自然的"是本性赠予个体偶然的礼物。这一切在莎士比亚看来同样合乎自然。

秩序合乎自然，但无序同样如此。传统和忠诚合乎自然，但追寻个人自由和实现自我最大才能亦是如此。莎士比亚认为每样都合乎自然——也没一样是合乎自然的。[6]

莎士比亚的大多数男女主人公都是佼佼者，因为他们无法在上述两种权力中作抉择，或者两种都选。另外，莎士比亚并不把两种权力之间的选择当作善恶抉择。更确切地说，这种抉择是人人都会面临的不同类型的善恶，不同阐释的德行与罪行。倾向恶的人会打着传统或自然权力的旗帜为恶，选择善的人会以此为由行善修身，维持信用和荣耀。莎士比亚还是对道德与非道德的需求做了解读。

不过，在选择继承的权力与"自然的权力"的概念之间还有一个重要区别。传统给予创新和重塑性格的空间更小。纯粹的传统分子，不论善恶，都不会成为莎剧的中心人物。典型的传统观点认为罪行和邪恶源自缺乏思考和认为一切理所应当。丹麦对盲目服从，随波逐流，不问对错的人而言并非监牢。再重申一遍，莎士比亚从未将"自然的"两个概念之间的选择等同于善恶之择。

尽管莎士比亚从未如此做过，但我们还是会问：在这两个"自然"的概念冲突之中，他站在哪一边？他支持把自然等同于传统的观念？还是他认为这个"自然的"概念出现在"自然的权力"这些想法中？我认为，莎士比亚最早对受困于双重束缚的人物感到好奇，他认为他们最有趣，最迷人。值得强调的是，不论莎士比亚的个人评判如何，他笔下最迷人的主人公不是传统分子，不管他们是善还是恶，喜剧人物还是悲剧人物。也许是因为各自的责任背负的道德原因，因为这两种权力太容易就能接受，他们在双重束缚的重压下行动。莎士比亚最聪慧的主人公绝不是最理智的人物。

如果双重束缚是莎士比亚剧中结构性的要素，由此便可解读《威尼斯商人》。之所以如此,是因为夏洛克也表达了自然权利的观点,而那些善良之辈或邪恶之辈,埃德蒙或朱丽叶,以及亨利五世也曾表达过这种观点。下面继续从双重束缚入手解读《威尼斯商人》。即使已重新开局,传统所剩无几,这个统治之下的世界依然接受着有关自然权利的挑战。让我们接着从双重束缚的角度去解读《威尼斯商人》。

我们不能简单地将《威尼斯商人》当作像《奥赛罗》一样的悲剧。奥赛罗是一名将领,为人高尚又十分适合成为一个悲剧角色,而夏洛克则与之相反,后者是一个放高利贷的邪恶人物,不敢冒险,从事低人一等的职业,所以他无法担任悲剧人物。但是原因不止如此。首先,在《奥赛罗》中,有两位无辜女性——苔丝狄蒙娜和爱米娅死于奥赛罗的嫉妒之下,而《威尼斯商人》中除了夏洛克没人受到伤害。因此,《威尼斯商人》既不是喜剧也不是悲剧,也不是莎士比亚后来的浪漫剧。尽管这个剧本给人的感觉就是把三个不同的传说故事松散地拼凑起来,看似结构杂糅,但比起剧中的其他角色,在塑造夏洛克这一形象上,莎士比亚更用力,也更富有意义。显然,莎士比亚不只从人物片刻的独白塑造人物,还从他们的人际互动中塑造。

从一般解读来看,夏洛克,放高利贷,只在乎钱,而威尼斯的年轻人,不能说全无错处,显然在乎更高贵的东西,比如爱与友情。由此看来,该剧的中心思想就是公正与宽容的冲突。鲍西娅代言宽容,夏洛克诉求公正,却不懂得宽容。如果这样解读,《威尼斯商人》就是《一报还一报》的副产品,最后就是公正与宽容一决胜负的较量。

我的解读则不同。放高利贷的夏洛克与得体的年轻人的对比,从文本中看不出来,不过,宽容与公正的对比看得出。这正是剧中鲍西娅用来说服夏洛克的论点。《一报还一报》中,伊莎贝拉为了说服公爵也如此说。然而,在莎士比亚的剧作中,争论绝不是一番哲学和宗教的声明。在文本中,所有争论只是争论,它们只是行为。伊莎贝拉寻求公爵宽容,她值得宽容。鲍西娅试图让夏洛克宽容,自己却不如此。推理的文本真实性在两个戏剧中是毋庸置疑的,但是在戏剧中,一个论点的正确性还要看人物是否言行一致。两出剧在这一点上并无相似。嘴上呼吁宽容,行为却相反的人是虚伪的,譬如鲍西娅,但是嘴上常常不饶人的,可行动上却变得宽容的人是心有悔意的,譬如伊莎贝拉。鲍西娅和伊莎贝拉说得一样,做得却不一样。

我对《威尼斯商人》的理解就是，不只是夏洛克沉迷于金钱，而是整个威尼斯都如此。剧的开始就是，巴萨尼奥以爱之名向安东尼奥勒索："因为你我交情深厚，我才敢大胆把我心里所打算的怎样了清这一切债务的计划全部告诉您"。[7]巴萨尼奥需要借钱得到鲍西娅和她手上更多的财富。当安东尼奥的船还在海上没回来时，如果巴萨尼奥不那么急迫地坚持要钱的话，如果安东尼奥不是那么事事满足挚友所愿的话，整个故事情节就不会开展了。

众所周知，安东尼奥仇恨犹太人。犹太人一般是受歧视的，安东尼奥的厌恶是出于个人原因。安东尼奥仇恨夏洛克是因为夏洛克为了赢利放高利贷，而非出自朋友道义借钱，而他的仇恨滋生到了极限，变得毫不理性。安东尼奥是个反犹分子，这不是因为他像每个人一样蔑视陌生人，而是因为他沉迷于仇恨。安东尼奥这个威尼斯商人，是个不理智的人。他对巴萨尼奥的爱同样不理智，这份爱让他慷慨过头，为友献身，准备借钱给朋友缔造一段可能终止二人友谊的婚姻。他们的关系也许是，也许不是同性之爱，对此，莎士比亚只隐晦提到。但毋庸置疑，安东尼奥爱着巴萨尼奥，他甚至不顾自己的强烈感觉也要帮朋友促进婚事。安东尼奥对巴萨尼奥的爱让他变得冲动，心甘情愿地去冒不值得冒的险，而他的这份爱有多浓，他对夏洛克的恨就有多深，深到他做出十分不理智的行为，如同入魔一般。这出剧对威尼斯商人来说，最后的胜利付出了惨痛代价。安东尼奥的仇恨得到宣泄，爱却没有得到回报。此外，鲍西娅赢得了申诉，他却输了。因为对他而言，与其看见巴萨尼奥在一个富足女人的怀里享受幸福，与其看着他的爱人不再需要他的爱和他的钱，他更愿意成为夏洛克刀下的受害者。

重新回到我的观点。剧的开始，每个人都拥有金钱、收入和财富。其他的事都不值一提。甚至连爱也离不开或者从属于对金钱的渴望。夏洛克与其他威尼斯人的不同之处并不是前者爱钱而后者不爱，恰恰相反，后者更爱钱财。虽然夏洛克也对获利感兴趣，但他也是理性地积累财富，他是遇到安东尼奥之后才变得毫无理性的。他变得同安东尼奥一样。在决定二人胜负的对决中，在二人的生死博弈之中，两人关心的都不是钱，而是血肉。这是不理智的反犹分子与犹太人的胜负决斗，前者反对夏洛克这个犹太人想要同化的愿望，并且比其他任何人都强烈表示夏洛克在威尼斯不受欢迎，后者仇视安东尼奥，这份仇恨甚至压倒了攫财的贪欲。不要钱，只要安东尼奥的一磅肉的夏洛克，已经不是那个只在乎获利的人了。夏洛克想要安东尼奥肉的贪欲同安东尼奥对巴萨尼奥的爱意一样强烈。两位角色站在舞台中央，沉溺其中，做好杀人或者被杀的准备。只有他们才不再关心钱，那些还关心钱的其他人，形象变得苍白，沦为陪衬，成为伟大对决的见证者。莎士比亚的高明之处不在于塑造了犹太人这一人物，而是刻画了一个怒气勃勃、想要融入当地的异乡人形象。

夏洛克的愤怒象征着"邪恶的激进化"。这一术语来自萨特，他在为弗朗兹·法农（Franz Fanon）的《全世界受苦的人》所作的序中说，压迫者的目光和看法决定着受压迫者，他们必须接受压迫者赋予他们的角色。受压迫者只有通过接受自己本来的样子才能解放自己，对视他们为物件的人，还以其人之道，以此立刻推翻压迫者。萨特认为，唯有实行"邪恶的激进化"，受压迫者才能获得政治和哲学上的解放，这（邪恶的激进化）也意味着暴力行为，而受压迫者也确实是通过暴力得以解放的。[8]

尽管我不同意萨特的最后结论，提起他只是想说明这正是莎士比亚所塑造的要点。一刀在手，怒火冲天的夏洛克的确准备挖下敌人安东尼奥的心脏。刀在手上，夏洛克很想杀人，但他从未杀过任何人。一个表现谦卑、屈从、柔顺的人画风突变，这究竟像谁？像个睚眦必报的异教徒。但夏洛克是个犹太人，他从未违背法律。他不听敌人关于宽容的辩解，因为宽容只是基督徒的美德。然而遵守法律是犹太人的义务。他认识到有违法律的那一刻，他放下了刀，哀叹自己的死刑。这同科利奥兰纳斯放弃抵抗罗马十分相似。在邪恶的激进化过后，他又变回那个谦逊的接受他人所言的犹太人，一件由敌人决定其价值的东西。不过，邪恶的激进化之后，只是表面跟过去一样。夏洛克成了过去自己的影子。

夏洛克人生之中这一紧要的胜负之斗，邪恶的激进化，仅有的悲剧和邪恶的时刻究竟是如何发生的？是在什么时候，这个犹太人被逼得暴跳如雷，甚至撕破谦卑的伪装，握刀准备大肆为恶？这不是马上就能发生的。在订约之时，夏洛克就保证只要安东尼奥的船顺利返航，他就只收本金，不收利息。他提出以肉抵息，像安东尼奥表明两人地位一样。也就是说，他跟安东尼奥是一类人，这不是靠钱来衡量的，而是靠血肉。他一刻也未想过从所憎的敌人身上挖下一块肉。那么中间到底发生了什么事呢？夏洛克的女儿，杰西卡，同一个威尼斯的基督徒私奔了。还有，她不只是被诱拐，还听从基督徒的建议带走了父亲的钱。杰西卡尚未成年，她的私奔就如被强奸一样。现在，想象一下，他唯一的女儿被夺，私奔，被诱携走父亲的一部分财产——没有父产的犹太女孩还值钱吗？这也是利哥莱托（Rigoletto）的处境，他用刀解决了，但夏洛克没有。

夏洛克听闻安东尼奥失去财富时恰逢女儿被拐。那时，他决定复仇。那时，他使用了本能的权利。听听夏洛克对安东尼奥所说的：

> 拿来钓鱼也好，即使他的肉不中吃，至少也可以出出我这一口气。他曾经羞辱过我，夺去我几十万块钱的生意，讥笑我的亏损，挖苦着我的盈余，侮蔑我的民族，破坏我的买卖，离间我的朋友，煽动我的仇敌。他的理由是什么？只因为我是一个犹太人。难道犹太人没有眼睛吗？难道犹太人没有五官四肢、没有感情、没有血气吗？……你们是要用刀剑来刺我们，我们不是一样也会出血吗？你们要是搔我们的痒，我们不是也会笑起来吗？你们要是用毒药谋害我们，我们不是也会死的吗？……要是一个犹太人欺侮了一个基督徒，那基督徒怎样表现他的谦逊？报仇。要是一个基督徒欺侮一个犹太人，那么照着基督徒的榜样，那犹太人应该怎样表现他的宽容？报仇。你们已经把残虐的手段教给我，我一定会照着你们的教训实行，而且还要加倍奉敬呢。[9]

转到安东尼奥在审讯时嘲笑的那一幕。在得知夏洛克债务的有效性时，公爵劝他和善点。和善是莎士比亚的流行语；和善在正义的执行中经常被提到却很少做到。夏洛克陷入愤怒之中，他不和善，反而变得残忍。不过更重要的是，没有人期待他除了残忍之外的表现。他们期望他表现得像土耳其人和摩尔人，而非有教养的基督徒。听证会上的旁观者认为夏洛克这个犹太人不会表现得像个绅士。他们事先假设的唯一情况就是，如果给夏洛克更多的钱，他会让步。但是他们不明白给他更多的钱不会让他改变心意放过安东尼奥只会火上浇油。用萨特的话说，在他们的眼中，他们认定了夏洛克是一个绝对陌生人，一个不像他们的人，一个犹太人，仅此而已。看下面这段：

> 巴萨尼奥："难道人们对于他们所不喜欢的东西，都一定要置之死地吗？"夏洛克："哪一个人会恨他所不愿意杀死的东西？"然后安东尼奥插话："请你想一想，你现在跟这个犹太人讲理，就像站在海滩上，叫那大海的怒涛减低它奔腾的威力，责问豺狼为什么害母羊为了失去它的羔羊而哀啼……要是你能够叫这个犹太人的心变软——世上还有什么比它更硬呢？"[10]

这里有趣的是，安东尼奥也发表了一番自然权利的论说。不过，同夏洛克的恰好相反。夏洛克说我们——犹太人和基督徒——天生一样；二者的不同之处只是受到的看法和对待有所不同。然而，安东尼奥这个种族主义者却说，犹太人天生不同于基督徒，天生心硬，天生如狼。安东尼奥的论说将夏洛克置于绝对陌生人的处境。夏洛克越被这样对待，他就越想要反抗杀人。正是此处，夏洛克提到了周围世界的虚伪：

> 你们买了许多奴隶，把他们当作驴狗骡马一样看待，叫他们做种种卑贱的工作，因为他们是你们出钱买来的。我可不可以对你们说，让他们自由，让他们同你们的子女结婚吧！为什么他们要在重担之下流着血汗呢？让他们的床铺得同你们的床同样柔软，让他们的舌头也尝尝你们所吃的东西吧！你们会回答说："这些奴隶是我们所有的。"[11]

鲍西娅恰好赶来请求宽容。宽容减轻公正。这是一番精彩的争论。鲍西娅转向夏洛克请求他表现出宽容。巴萨尼奥（她的情人）立即打断。他告诉她，他们已经开出安东尼奥欠款的三倍数额，他还不愿接受。"请堂上运用权力，把法律稍稍变通一下，犯一次小小的错误，干一件大大的功德，别让这个残忍的恶魔逞他杀人的兽欲。"[12]

夏洛克被排除在这场对话之外。他们给钱，他拒绝。他们让他表现出宽容，他拒绝。但他们做这些的同时，又持续不断地辱骂他。我重复一遍，他们判定他"天生"不会表现出他们坚称他该有的样子。当鲍西娅的精明让夏洛克输掉官司时，风暴才刚刚开始。每一个呼吁宽容的人开始变得残暴。即便夏洛克不要所谓的利息,也就是他不再复仇,可这对那些人而言远远不够,他们按照法律条文夺走夏洛克的金钱,瓜分他的财富。事实上,他们分了一半给那个拐其女夺其财的男人。安东尼奥并不隐藏这些,因为他说自己死后得留些钱给"和他女儿私奔的那位绅士"。[13](什么样的绅士会和女孩私奔?)战胜夏洛克之后,鲍西娅问道:"'你满意吗,犹太人?你有什么话说?'夏洛克:'我满意。'"当然,鲍西娅用的是嘲讽的口吻。有趣的是,她——同在场的绝大多数一样——几乎不称呼夏洛克的名字,只叫他"犹太人",此外再无其他称谓。当夏洛克被迫去做一切违背其意愿之事后,包括改信基督教,他说:"请你们允许我退庭,我身子不大舒服。文契写好后送到我家里,我在上面签名就是了。"[14]毋庸置疑,夏洛克死了。在第五幕中,他们宣读了他的证词。但是在现今的布达佩斯演出中,在夏洛克被打击致死后突发了一幕戏。如果一个人能认真读下文本,设想一下,在集体的复仇中,仇恨是如何失控的,这种解释就说得通了。

我详细说明第四幕的第一场,是为了展现绝对陌生人和世界发展之间的戏剧性互动。夏洛克认为犹太人只是天生像异教徒,而安东尼奥认为犹太人是完全不同的种族,天生更坏,这两个基于自然法则的相互矛盾的论据表明绝对陌生人本体和空间上的处境。在条件陌生人的案例中,身份变得模糊,自然的两种概念——一种来源传统,另一种受自然权利支配——互相冲突或不一致。但是,在绝对陌生人的案例中,没有传统,传统概念的本性不存在。没人属于任何传统。只保留着"本性",但本性自身分为身份/非身份。在《威尼斯商人》中,安东尼奥因为他的爱将会与巴萨尼奥疏远,陷入孤独。杰西卡,因为父亲被判,也会陷入孤独,成为又一个受爱蒙蔽的人,如同许多莎士比亚的人物一样。不过,杰西卡仍是她父亲的女儿。她也是一场同化失败的一个例子。是什么样的基督女孩会被劝服偷父亲的钱呢?虽然舞台上看不到杰西卡的未来,但她的行为会给她的未来留下阴影。只有鲍西娅不蠢,也不受爱蒙蔽。她掌控着这出剧。她舞弊,而且还不只是在挑盒子的游戏中舞弊,因为她总是按自己的需求歪曲法律。她在莎士比亚的女神中成为个案。一方面像罗莎琳德,另一方面又像玛格丽特,鲍西娅独立、顽强、残忍,她不仅是个现代女性,还是个女性马基雅弗利者,是个女政治家。但她是个女人,她的赌注是个人的,胜利也是。

《威尼斯商人》像《奥赛罗》一样是一出关于绝对陌生人的剧。另外，这两部戏剧都有关现代世界，可惜莎士比亚看不到，只能感知。在现代前与现代之间的尖端，两种本性的概念，传统权利和自然权利在碰撞。然而《威尼斯商人》和《奥赛罗》预设出的现代世界，一个全球性的世界，传统不再有主宰权，自然权利有了合法性。不过，如我们所知，自然权利能从两种相反的角度解释：诉求平等和不平等。这次，不平等不是传统意义上的不平等，而是自然上的不平等，也就是种族不平等。所以，法国大革命的世界和殖民化的世界会同时出现。

作为绝对陌生人的夏洛克与奥赛罗

我在好几处提到威尼斯人对待奥赛罗与夏洛克的相似性。如果我们考虑这两人被称呼的模式，就会发现二者也有惊人的相似性。在通常情况下，不管夏洛克在场不在场，他都被称为"犹太人"，无独有偶，奥赛罗也被称为"摩尔人"。连苔丝狄蒙娜在第一幕的第三场也叫过他"摩尔人"两次。奥赛罗第一次是怎样被提到的？伊阿古警告苔丝狄蒙娜的父亲说："就在这时候，就在这一刻工夫，一头老黑羊正跟你的白母羊交尾哩。"[15]这里用动物王国的比喻来暗指种族差异，正如安东尼奥所说的那番话。《奥赛罗》里，正如在《威尼斯商人》里一样，不带传统的"本性"才是主角。苔丝狄蒙娜的父亲勃拉班修，咬定女儿被下了蛊，因为他相信奥赛罗不施法绝不可能赢得女儿的芳心，他说："去跟一个她瞧着都感到害怕的人发生恋爱！假如有人这样说，这样完美的人儿会做下这样不近情理的事，那这个人的判断可太荒唐了。"[16]

我们清楚地知道，苔丝狄蒙娜倾心于奥赛罗的故事，而非他的外在。她爱上他是因为他陌生人的身份，而且还是绝对陌生人的身份，因为奥赛罗同她认识的威尼斯绅士是如此的不同。但是，对绝对陌生人来说，爱上一类人而非一个人，也是个陷阱。苔丝狄蒙娜爱上奥赛罗时还不了解这个人；她只知道他的故事、长相、痛苦，以及他的身份得不到威尼斯年轻人的认同。

对于夏洛克这个犹太人和奥赛罗这个摩尔人而言，无论别人喜欢或仇视他们，这就是事实。在威尼斯人眼中，夏洛克和奥赛罗是他们种族的代表，绝对他者的代表，不是作为某个个体或某某人。要了解一个人的个性，就得了解他的个人背景。如果了解许多犹太人，就会得知夏洛克作为一个人的独特个性，而不是把他当作笼统的"犹太人"。如果跟许多摩尔人一起生活，也会了解奥赛罗的个性，不把他当作"摩尔人"。但是，这就是绝对陌生人的命运，哪怕在至亲的眼中，在爱他的或恨他的人眼中，绝对陌生人从生到死大都带着一个集体身份，而非个体身份。绝对陌生人在周围人眼中是一类人。这也是为什么会有人给他们贴上各种标签。比如，夏洛克，掉进钱眼的人，奥赛罗，有勇无谋的小兵。

然而，莎士比亚打破了这个体制。尽管在威尼斯人眼中，夏洛克还是"犹太人"，奥赛罗还是"摩尔人"，但是莎士比亚不这样看。他把贪婪的高利贷者置于一种非理性激情取代贪欲的情景之中，他把天真勇敢的士兵置于非理性嫉妒战胜荣誉和自尊的情景之中。而且，这两种情景都不是"再现"他们非理性的罪恶。奥赛罗不是嫉妒的化身，夏洛克也不是残忍的化身。更不用说，两者还有显著不同之处。夏洛克再次沦为谦卑，奥赛罗则自己做出判断。《奥赛罗》本不该演成喜剧。

人类本是复杂的，没人能完全弄懂。即使"典型"如绝对陌生人，也难以把握。倘若他们能够有确切的称谓，也许情况就会有所不同。

注释

1. Richard Sennett, *Blood and Stone: The Body and the City in Western Civilization* (New York: Basic Books, 1996).

2. Allan Bloom, *Shakespeare's Politics* (New York: Basic Books, 1964).

3. 我赞同杰弗里·奥布莱恩（Geoffrey O'Brien）的观点，他在评论布鲁姆著作的文章中认为，演出一部戏剧就改变了这个戏剧。（"The Last Shakespearean、Review of Shakespeare: The Invention of the Human by Harold Bloom," *New York Review of Books*, February 18, 1999）. 最近布达佩斯上演的《威尼斯商人》，是罗伯特·阿尔福迪（Robert Alfoldi）导演的，对这位观众来说就改变了这个戏剧。就莎士比亚作品中的绝对陌生人来说，我不能忘记夏洛克在这种版本中被描述的方式。如果没有看见这个版本的演出，就从来不会想到这种解释。然而观看之后，这种解释就显而易见。

4. *The Merchant of Venice*, IV, 1, *The Complete Works of William Shakespeare*

(London: Hamlyn, 1976), 203. 本译文参见〔英〕威廉·莎士比亚《莎士比亚喜剧悲剧集》, 朱生豪译, 译林出版社, 2010, 第三幕, 第一场, 第 116 页。——译者注

5. *The Merchant of Venice*, III, 1, 197. 本译文参见〔英〕威廉·莎士比亚《莎士比亚喜剧悲剧集》, 朱生豪译, 译林出版社, 2010, 第三幕, 第一场, 第 99 页。——译者注

6. 我认为在《冬天的故事》中潘狄塔和波力克希尼斯的对话表达了莎士比亚最深刻的"自然"观念:"潘狄塔:因为我听人家说, 在它们的斑斓的鲜艳中, 人工曾经巧夺了天工。波力克希尼斯:即使是这样的话, 那种改进天工的工具, 正也是天工所造成的; 因此, 你所说的加于天工之上的人工, 也就是天工的产物。你瞧, 好姑娘, 我们常把一枝善种的嫩枝接在野树上, 使低劣的植物和优良的交配而感孕。这是一种改良天然的艺术, 或者可说是改变天然, 但那种艺术的本身正是出于天然。潘狄塔:您说得对。波力克希尼斯:那么在你的园里多种些石竹花, 不要叫它们做私生子吧。"(IV, 3, *The Complete Works of William Shakespeare*, London: Hamlyn, 1976, 302. 本译文参见〔英〕威廉·莎士比亚《莎士比亚全集》第四卷, 朱生豪译, 人民文学出版社, 1984, 第四幕, 第三场, 第 162 页。——译者注)这是莎士比亚诗性中的哲学:没有"艺术"就没有人的自然, 然而"艺术"之所以是人的自然, 因为它通过自然本身的方式改变自然。自然又是艺术的限度, 艺术是自然的限度。每一朵花是世界的花园, 历史既是自然又是艺术。

7. *The Merchant of Venice*, I, 1, 186. 本译文参见〔英〕威廉·莎士比亚《莎士比亚喜剧悲剧集》, 朱生豪译, 译林出版社, 2010, 第四幕, 第一场, 第 134 页。——译者注

8. Frantz, Fanon, *The Wretched of the Earth*, preface by Jean Paul-Sartre, translated by Constance Farrington (New York: Grove Press, 1968).

9. *The Merchant of Venice*, III, 1, 196. 本译文参见〔英〕威廉·莎士比亚《莎士比亚喜剧悲剧集》, 朱生豪译, 译林出版社, 2010, 第三幕, 第一场, 第 97-98 页。——译者注

10. *The Merchant of Venice*, IV, 1, 202. 本译文参见〔英〕威廉·莎士比亚《莎士比亚喜剧悲剧集》, 朱生豪译, 译林出版社, 2010, 第四幕, 第一场, 第 113 页。——译者注

11. *The Merchant of Venice*, IV, 1. 本译文参见〔英〕威廉·莎士比亚《莎士比亚喜剧悲剧集》, 朱生豪译, 译林出版社, 2010, 第四幕, 第一场, 第 114 页。——译者注

12. *The Merchant of Venice*, IV, 1, 203. 本译文参见〔英〕威廉·莎士比亚《莎士比亚喜剧悲剧集》, 朱生豪译, 译林出版社, 2010 第四幕, 第一场, 第 117 页。——译

者注

13. *The Merchant of Venice*，IV，1，205. 本译文参见〔英〕威廉·莎士比亚《莎士比亚喜剧悲剧集》，朱生豪译，译林出版社，2010，第四幕，第一场，第 120 页。——译者注

14. *The Merchant of Venice*，IV，1，205. 本译文参见〔英〕威廉·莎士比亚《莎士比亚喜剧悲剧集》，朱生豪译，译林出版社，2010，第四幕，第一场，第 121 页。——译者注

15. *Othello*，*The Complete Works of William Shakespeare*，I，1，982. 本译文参见〔英〕威廉·莎士比亚《奥赛罗》，朱生豪译，译林出版社，2010，第一幕，第一场，第 405 页。——译者注

16. *Othello*，*The Complete Works of William Shakespea*re，I，3，985. 本译文参见〔英〕威廉·莎士比亚《奥赛罗》，朱生豪译，译林出版社，2010，第一幕，第三场，第 412 页。——译者注

（傅其林　张婵　译）

希腊诸神：德国人和古希腊人

汉娜·阿伦特在她早期的一篇论文中，曾对古希腊做出了有趣的评论，她认为，在古希腊，包括雅典在内，没有哪种东西能像文化一样——如果我们所指的文化是那些所谓的文化人具有的品位、学识、活动和兴趣——能将人分成有文化的人和其他人，后者可能更有钱或者出身更高贵，但是他们不曾享受过精神上的活动，因为这个是博学之人才拥有的特权。根据阿伦特的说法，一种文明需要另一种文明提供其自身不能提供的文本和著作，他们把这些文本和著作奉为一种优越的资源，而且他们还会吸收这些文化并努力赶上，但他们也不会全盘吸收。因此，阿伦特说，罗马人最先炫耀他们中间存在一些有文化的人。他们通过欣赏希腊的艺术、诗歌、哲学变得有文化。一个有文化或文雅的人至少了解希腊，了解希腊母语中的一些著名作者。

因此，柏拉图或亚里士多德的著作会成为有文化的罗马人眼中神圣的阅读文本。罗马的斯多葛派、享乐派和怀疑派都是效仿古希腊的例子，即使他们采用了最初的形式。比如，西塞罗就是一个饱含学识、教养良好的罗马人原型。拉丁美洲的戏剧作家，像塞尼加（Seneca），就模仿了古希腊悲剧作家的创作模式。许多喜剧也是用古希腊所谓的"新喜剧"的方式来写，尽管"新喜剧"已经遗失了。

我可以这样说，古希腊文化的流行程度已经远远超过了知识分子阶级。整个罗马帝国，包括中东在内，都在忙着建圆形剧场、可以赤身洗浴的公共浴室以及供奉古希腊神的寺庙。但是阿伦特对这种广泛流行的"希腊化"类型不太感兴趣，因为她——这只是我的猜想——一直认为德国与古希腊有关联。的确，德国在某一方面的确与古希腊有关联，就像罗马与古希腊有关一样。这也证明了古希腊几乎在每个方面都远远领先于罗马。事实上，就是因为这个缘故，德国对古希腊的喜爱就开始了，温克尔曼（Johann Joachim Winckelmann，1717-1768）的作品就是一个例子。但这份喜爱也有另一面，而这一面就让德国人对古希腊的喜爱比罗马人离文艺复兴更近了一步。我们知道文艺复兴时期的作家，尤其是艺术家，都痴迷古希腊和罗马。他们挖掘出古希腊和罗马时期的雕像，并且顶礼膜拜，把它们放在一些宫殿和公共场所做展览。如佛罗伦萨的学校发现了柏拉图和普洛提诺，费奇诺还把这些"古典"作家们的作品翻译成拉丁语和地方白话。但是，与西塞罗、塞内卡和斐洛不同的是，他们从不认为自己不如古希腊人。这不仅仅是因为他们同样作为基督教徒的一种优越性，而且是因为他们认为自己的发明创造同古希腊人一样完美无缺，宏伟壮丽。事实上，他们认为自己在灵魂上可与古希腊称兄道弟，是唯一可以和古代大师们相媲美的人。

黑格尔有一个观点通常遭到误解：德国人与古希腊人的关系成为罗马人与文艺复兴时期作家和艺术家的关系的综合。他们将古希腊作品视为自己流派中无与伦比的大师模范，是不断解释的永恒对象。然而他们非常自信德国对古希腊的喜爱将会诞生出伟大的德国文化，因为只有德国人最像古希腊人，德国人是现代的古希腊人。甚至有一部分德国作家并不认同德国的文化和艺术具有优越性，也不得不接受这个观念，因为用卡斯托里亚蒂斯（Castoriadis）提出的一个概念来看，这个想法变成了德国人自我理解的想象机制。

那些揭秘古希腊人，并将他们的东西转换为德国人所用的德国人是了不起的作家。这有一些经典的小说，我会在后面讨论一二。所有的这些小说有以下三个共同特征。第一个特征是怀旧，即使是黑格尔有时也是怀旧主义者，更不要说席勒、荷尔德林、克莱斯特、尼采、卢卡奇和海德格尔。古希腊是失乐园，无论小说中展示的是田园诗般的梦幻世界还是一个悲剧的伊甸园，在这方面并没有太大的不同。而且，对德国人而言，失乐园是一个宏伟壮观的地方。小说中这样写道：在古希腊，尤其是在雅典，生活很美好，这也是古希腊的艺术也很伟大的原因，然而，在我们现代的德国世界，艺术必须伟大，因为生活是微不足道且没有意义的。

这些德国小说的第二个重要的共同特征并不是它们都在说的一些事，而是一些作为雅典人生活的重要方面却没有提到和讨论的事。那就是民主。我并不认为德国人对古希腊的接纳缺少政治因素。黑格尔的伦理精神范畴包括了这一点，当他提到出现在公共场合的人时，由于当时的历史时间关系，他间接谈到了民主方面的制度。浪漫主义者，包括年轻的卢卡奇以及在他之前的尼采都认为民主制度索然无味。海德格尔坚信城邦和政治没有关系，并且柏拉图也从不谈及政治。正是美国民主制度的影响使阿伦特对雅典人的民主政治感兴趣。而且，人们所敬仰的古希腊神如阿喀琉斯和伯利克里也是非常伟大的。在《人的条件》（*The Human Condition*）中也仍然有许多怀旧主义。即使人们有时会情不自禁地注意到晚期的海德格尔和卡斯托里亚蒂斯在解读柏拉图上的共同之处，但是二者仍然存在绝对的分界线，即他们对雅典民主制的本质有着不同的见解，在卡斯托里亚蒂斯那里是重要的部分却在海德格尔那里从未提及。

关于古希腊人的德国小说的第三个共同特征就是文中甚至不会掩饰对罗马的一切和拉丁美洲精神的敌意。这包含对合法思想和合理性的一种反感情绪。并且，一般又包括对法国高卢精神和法国人的反感。尽管并不是在所有的事情上都下了同样的功夫，但法国人还是被认为继承了罗马人的肤浅和理性。古希腊和德国是有内涵的，罗马和法国是肤浅的。古希腊人和德国人是具有原始性和创造性精神的，而罗马人和法国人则是照搬的教条主义。从古典悲剧开始，笛卡尔、卢梭、萨特，每个人都受到谴责。对于莱辛来说，狄德罗是个例外，对于尼采、伏尔泰等人而言，没有人例外。

总之，这三个共同特征都指向一点。在德意志解放战争时期，德国中产阶级知识分子学习古希腊文化学得很好，从而能在德国的宫廷中抵抗法国语言和艺术的文化垄断。在这篇文章中，我不会用辩证法去针对法国和意大利音乐，它们就类似于对一个虚构希腊世界的阐释，一个有助于使德国的音乐在欧洲产生影响的论证。这种通过与古希腊保持一致，增强德国人自我认同的趋势，随着德国民族主义的诞生，在拿破仑战争中变得特别强烈。

我有提到，德国有文化的中产阶级发起德意志解放战争，是源自德国宫廷的文化偏好和实践，尤其是普鲁士宫廷，在那里他们讲法语、扮法国人、穿得像法国人、模仿法国礼仪、迷恋让·拉辛（Jean Raciney，1639－1699）。在德国人狂热追求全盘法式的这件事情上，莱辛（Gotthold Ephraim Lessing，1729－1781）发起了第一个重大辩论，不过正如我所提到的，他还翻译了狄德罗，后来的歌德也这么做了。而且，两者都把"半野蛮人"莎士比亚戏剧中所展现出的宏伟壮丽和法国情怀的小家子气进行对比。我不想评价这个辩论，只是想指出德国文化和法国文化敌对的历史渊源，这一状况增强了对罗马传统的敌意，并且为古希腊人理想化的观点添砖添瓦。

为什么要提到关于古希腊人的理想化呢？他们怎样变得比原来更加理想主义？毕竟，在欧洲艺术史中，他们创立了欧洲艺术中最伟大的体裁风格，这些体裁风格虽然消失了，但从那时起就奠定了欧洲戏剧和哲学的特点。并且他们还发明了民主主义。然而我所意味的"理想化"绝不是对他者表达震惊、崇敬、好奇和爱慕，而是这些作者（即使不是全部的作者）把自己喜欢的理想德国的形象转移到古希腊。通过刻画古希腊人的身体特征，德国作家和哲学家建构了自己的理想型，例如那喀索斯，当自己身穿古希腊人的衣袍，呈现出理想的自己时，便自我欣赏。这似乎与我所说的普通怀旧相矛盾。但是这两面相辅相成，并且除此之外，没有小说是完全一致的。有人会把德国精神当作古希腊人的复活，也可以把古希腊看作德国现在已经遗失了的最高文化代表。我们总是可以在身份叙事中看到这两方面。

那时候，德国人需要身份叙事。就在那时，一些国家纷纷崛起。但是德国崛起得比其他国家晚，也几乎没有德国本民族的文学值得一提。克洛普施托克（Friedrich Gottlieb Klopstock，1724－1803）被认为是德国的塔索（Torquato Tasso，1544－1595，意大利诗人），不过德国没有阿里奥斯托（Ludorico Ariosto，1474－1533，意大利诗人），这时已经是18世纪末尾的几十年了。早在莱布尼兹之前，路德就很出色地将《圣经》译为德语，莱布尼兹是伟大的德国哲学家，用拉丁语和法语写下了他所有重要的作品。类似的，但丁也在文艺复兴早期就用佛罗伦萨语写下了著作，笛卡尔也用法语写下了《谈谈方法》（*Discours de la Méthode*）。我提到这一点只是为了指出为什么古希腊人的理想化有时会完全聚焦在古希腊语言的理想化上。古希腊语和德语都属于印度日耳曼语系，它们是兄弟，最适合表达深邃思想。其他受拉丁语影响的所有语言则略逊一筹。的确，德国的古典哲学始于康德，但康德是世界性的，而不仅仅只属于德国。而且他对古希腊的关注也不是很多。尽管莱辛写过关于拉奥孔的著作，但在写古希腊人的德国作家先驱行列里，他没有一席之地，主要是因为他是一个十足的启蒙家，一个讽刺作家，涉猎一切历史哲学作品，但他不是怀疑论者。因此，我举一下温克尔曼的例子。温克尔曼是最早从事古希腊和罗马艺术比较的，并且证明了古希腊文化无可比拟的优越性。他对古希腊的迷恋不仅是"民族性"的，也还出于个人的动因。作为一个同性恋者，他看到的不仅仅是古希腊的宏伟壮丽，更是雅典人自由的生活方式，在那里，同性恋与其他任何两性关系一样是正常的。甚至更重要的是，他痴迷于这些比例匀称、身材完美的男性雕塑。[他与帕索里尼（Pier Paolo Pasolini，1922-1975）一样被一个面容俊美而充满活力的年轻人杀死了。] 温克尔曼提出了一个具有原创性的思想，他认为，一切原创的事物都优越于后来根据已存模型而复制的事物。这是一个新的理念，一个典型的很有说服力的构想。但是温克尔曼也通过罗马复制品的证据证明了古希腊雕塑的优越性。尽管这似乎看起来有点矛盾。但是，重要的不是证据，而是理念。

事实上，在那个时候几乎所有的古希腊雕塑都可以在罗马的复制品中获得。人们几乎很难从大理石的复制品中猜出青铜雕塑或其他非大理石材料的雕塑长什么样。有些雕塑根本没有复制品，甚至没有最初的尺寸。但是我们之中仍然有一些人愿意相信温克尔曼。例如，我们认为雅典娜的帕台农神庙是非常雄伟的艺术，尽管它已经遗失，也不存在任何可以获得的复制品。可我们为什么还相信呢？这是因为我们愿意去相信，因为对我们来说，壮丽的雅典娜雕塑形象会使雅典的故事更壮观。（大约十年前在海里发现的两个青铜雕塑的确是了不起的作品，但是谁也无法从这两件雕塑中就下结论说雅典娜帕台农神庙有多美。）

温克尔曼已经为优良艺术作品在现代性方面提供了艺术理论。尽管所有关于古希腊的德国小说和温克尔曼的付出没有直接关系，但是这些小说一直都受到了现代性思考的启发。德国解开自己与古希腊的兄弟情谊时，他们不仅敌视罗马/拉丁/法国的浅薄继承，而且还诉诸文化批评。用海德格尔的话来说，现代德国人是"诗人和思考者"，他们优越于其他人也是由于他们发现了现代性的问题特征，进步和理性中所包含的欺骗性，此外，他们还一直影响世界的觉醒。在现代性萌芽之际，德国中产阶级知识分子，像歌德笔下命途多舛的少年维特这样的市民，开创了德国文学和哲学，因此，有这种联系一点也不足为奇。

18世纪的法国人已经不再被古希腊神冲昏头脑，与之相反，19世纪的德国人却沉迷于古希腊神的巴洛克形象。古希腊的神，无论美丑，都令德国人沉醉，至少在他们的想象中，也占据一席之地。他们敬仰诸神，也痛惜他们的死亡，尽管大部分古人承认古希腊神的死是不可避免的。让我先用席勒的诗《希腊的群神》来说明这叙事的复杂性。

在席勒的想象中，古希腊诸神掌管着一个美丽的世界，这世界布满了诗意与爱，在自然界中的每一件事情都可以追溯神的足迹。英雄、神灵和人们之间始终相互作用，一切都很人性而且美丽，神也不会以享乐为耻，神庙代表宫殿。所有的一切也会在美丽的诗歌中出现。然后席勒问了一个问题：美丽的世界里，你在哪？它消失了，只留下了阴影。神的美丽世界不得不消失，是为了让天选之子成为最富有的人。就像今天一样，太阳只是一个火球，在神的世界里，只有万有引力定律留了下来。一方面，基督教在现代性和多神论之间只是一个插曲，另一方面则是逝去的笛卡尔宇宙哲学。诗歌以这种想法结束，这种想法就是诗歌中永恒不朽的事物也会在生活中消失。

三个年轻小伙——黑格尔、谢林和荷尔德林种下了一株庆祝法国革命爆发的自由树。虽然他们后来分道扬镳，但是他们每一个人都在自己的心中或思想上对古希腊的神保留了一个或小或大的位置。黑格尔认为古希腊神的死不可避免，并且我们不应当沉浸在缅怀和顺从中。古希腊所有的宝藏都被否定了，可即便被否定，但在现代社会，它们还是被保住了。黑格尔对古希腊神的描绘和解释与谢林的很相似。他写道，古希腊的艺术家是神的掌握者，并且，当"大潘死了"的这声喊叫在五湖四海回荡时，他声称自己感到非常震惊。

谢林，在他的晚年，很遗憾没有完成神话学的工作，但是，他成功地把多神论的解释作为神话学领域与印度日耳曼神的复苏结合起来了。目前就古希腊神的德国视角来看，谢林对酒神的讨论是杰出的。他着重讨论关于酒神过去、现在、未来的三个方面的区别，有两方面是作为古希腊神塞墨勒的儿子，第三方面则是作为古希腊神德墨忒尔的儿子。最后则是赎罪的酒神，使之与基督有一样的地位。这一线索又一次被尼采拿起。

荷尔德林仍独自保持自己年轻时的真实想法。在他的小说《许佩里翁》(Hyperion) 中，他的法国革命经历和爱情都来源于古希腊，小说里展示了现代和古希腊之间的亲密关系。古希腊神的足迹遗址留存，它们仍在我们身边。自然的每一个角落都诉说着神话，既热切又神秘。然而政治的背叛却是现代的。在他的《诵诗》(Hymns) 中，荷尔德林像一个古希腊人和现代德国人那样思考与期望。在他的戏剧《恩培多克勒》(Empedocles) 中，他自己就是恩培多克勒。他翻译古希腊作家如品达、索福克勒斯的作品，还有欧里庇得斯的《酒神的女祭司们》(The Bacchae)。荷尔德林从没停止生活在古希腊诸神中，但这可能会使他陷入疯狂。我曾说过，在《恩培多勒克》中荷尔德林自己就是恩培多克勒。引用一下弗洛伊德的表述，现代"文明及其不满"，就是指对现代文明的不满，这在有关古希腊的小说中有许多种不同的表达形式。然而如果是席勒、黑格尔和谢林的话，这些小说具有很概括性的反思。这种概括性的反思虽然包括个人的或主观的情感，然而它们并不是自传性的，无法成为作者的镜子。但是，在荷尔德林身上，恩培多克勒成了他的镜子。这也在尼采和后来海德格尔的作品中很明显地体现出来了。伽达默尔在他的一篇名为《海德格尔方法》(Heideggers Wege) 的研究中曾作出对海德格尔的评论："当然，他对希腊的思考起初是不清晰的，海德格尔在阿那克西曼德、赫拉克利特和巴门尼德中认识到的，正是他自己。"

在一些哲学家眼中，认同或者疏远古希腊人，成了一个重大议题，这些哲学家都是德国人。我脑海中首先想到的是海德格尔和尼采。从怀疑拉丁精神的理性主义（包括笛卡尔）到拒绝所谓的现代性技术想象力，德国人与古希腊人建立特权关系的所有根本动机都是激进德国哲学的中心。自从关于古希腊的德国小说中，雅典的民主制不再占据任何位置，对古希腊的喜爱和对民主制的蔑视就可以很容易连接起来。从早期的浪漫主义开始，就已经有德国的诗人或思想家认为没有回到古希腊的必要性了，尤其是对于回到柏拉图。而且，我也没有把处在同样传统的哈曼和施莱尔马赫算为典型的德国人/古希腊人，因为他们是基督徒，对他们而言，基督教的真理甚至优于雅典的主要哲学成就，如苏格拉底或者柏拉图的真理。

就古希腊历史遗迹的鉴赏而言，戏剧和哲学之间或神话和理性之间的体裁差异并不是很重要。对于尼采来说,更是如此。尼采著书探讨过柏拉图之前的哲学,他高度评价这些鲜为人知的古人,他们从无造有(creatio ex nihilo),创造了一种前所未有的智慧诗歌。在他的第一部重要著作《悲剧的诞生》(The Birth of Tragedy)中,他自己提出了关于神话起源、灵感和两个古希腊主神的存在,也就是酒神和日神。在他的整部著作中都弥漫着对多神信仰的赞美,尤其是在《快乐的智慧》(The Gay Science)中。让我们追溯到谢林对酒神三种方面的区别。《悲剧的诞生》中的酒神,精通音律的酒神,是第二个酒神,是现在的神,是饮酒作乐的神。但是,尼采后期作品中的酒神,以自己混乱的方式命名他的名字,也就是第三个酒神,是德墨忒尔的儿子,是未来的神,既是个基督教徒又是拜火教徒。

尼采有关古希腊人的故事是非常有说服力的。因为这与他本人当时的处境密切相关,当时他热心支持瓦格纳复兴酒神精神,强烈反对理性主义和民主制,这种爱憎表现在了人物身上,也表现在他对苏格拉底和欧里庇得斯的看法之中。欧里庇得斯的戏剧受到了民主主义和理性主义的精神的启发,正因如此,同时代阿里斯托芬的判断却为人鄙夷,但是他的判断被所有德国思想家接受。唯一让尼采保持热情又建立私人关联的哲学是古希腊的,(至少在我看来)这可能不只是因为他是一位古典语言学家,对他们了解很全面,还有可能是因为一些个人因素在内。只有古代哲学,尤其是苏格拉底/柏拉图之间的关系,可以成为他小说的镜像小说。他好几次思考这种关系,有时会把自己作为贵族的柏拉图,把苏格拉底等同于庶民瓦格纳,然而其他时候,他宁愿做一个在弹琴的苏格拉底,也不做像无欲无求的牧师一样的柏拉图,因为后者被认为是早期虚无主义的原型。我提这些著名的故事只是想再次回到德国人关于古希腊小说的共性,那就是反对理性优于神话,反感用"万有引力"支持激进哲学家,勇敢面对"上帝之死",不过这一次是基督之死,这一切席勒早有暗示,并且海涅也描述过。但是,每个人还是会怀念一个很不一样的古希腊,每个人可以认识到在不同古希腊镜子中的自己。如席勒笔下的"希腊人"是幸福的、欢喜的,沉浸在美丽、灯光、游戏和快乐中,然而尼采笔下的古希腊人是悲剧的、苦难的、深沉的、忧伤的、痛苦的。小说的反面只能部分地归因于伯克哈特(Hans Burckhardt)的历史,因为尼采的个人经历在其中扮演同等的角色。

快乐的古希腊人并没有完全被悲伤的古希腊人替代,他们只是及时回

希腊诸神： 德国人和古希腊人

到了原处，进入了最遥远的过去。即使悲剧作家所描绘的古希腊人是不高兴的，但是荷马心中的古希腊人简单又幸福。黑格尔曾把古希腊人评论为欧洲历史中快乐的孩子，这一直被马克思重复，他也认为古希腊是整个人类文明中正常的孩子，把"幸福"和"常态"带向荷马时期。卢卡奇在他的《小说理论》（Theory of the Novel）中告诉我们哲学是思乡的，在叙事诗神圣的那个时代，当精神在家时，就不会有哲学。但是，通过对比古希腊人和现代人，他很快地"归纳"出自己对于史诗世界的观察。他说："希腊只知答案，不知问题，只知结论不知困惑，只知规则却不知混乱。"这似乎听起来更像黑格尔而非尼采。黑格尔对古希腊人的兴趣主要体现在绝对精神的故事，即艺术、哲学和宗教。古希腊宗教在本质上属于艺术宗教，这种偏好已成往事。然而，古希腊的哲学，对于现在的哲学来说，却并不是"过去式"，古希腊的哲学留下来了而且变成了绝对现实。这也是海德格尔如此欣赏黑格尔的地方，尤其在他的《黑格尔和希腊》这篇研究中。然而，他补充道，黑格尔的长处也是他的缺点。正是因为他建立了他自己的哲学，而不是进入一般哲学领域，古希腊哲学中的四个基本术语"一"（hen）、"理"（logos）、"思想"（idea）、"能量"（energeia）——它们都表明是/存在（einai/eon）。然而，海德格尔补充道，黑格尔却没有使它们成为哲学的一部分，连提都没提古希腊的基本术语是"真理"（aletheia）。在这里，海德格尔形成了他有关古希腊的新版本德国小说。

尽管海德格尔对古希腊的理解在他漫长人生中改变了不止一次，但是其中有一个基本原则仍然没有改变。我指的是他作为最后的德国人/古希腊人，与温克尔曼，第一个德国人/古希腊人，共用的一个基本原则。就像温克尔曼认为罗马的复本扭曲了最原始的古希腊雕塑，同样，海德格尔也认为拉丁语的翻译扭曲了古希腊基本词汇的最初含义。欧洲哲学家接受了用拉丁语翻译的古希腊哲学，并且按照翻译的意思理解，如 physis（物理）、aletheia（真理）、logos（逻辑）、teche（技艺）、ipokeimenon（科目）和 ousia（实体）。然而，这些古希腊词浸透到了古希腊的传统之中，在他们的诗歌和每天的交流中被大量使用。因此，这些隐含意义毫无疑问丢失在了翻译中。Physis（物理）不是 natura（自然），aletheia（真理）不是 veritas（真相），logos（逻辑）不是 ratio（原因），hipokeimenon（基体）不是 subjectum（主体），ousia（实体）不是 substantia（物质）。当代哲学的一个主要任务之一，正如海德格尔所说，就是把这些概念从他们拉丁语的扭曲翻译中提炼出来，并且尽可能解释这些基本术语的最初含义。这样做只是为了揭露这些概念最原始的意义，以便让我们更好地理解这些概念在创造时的哲学语境含义。

因此，海德格尔开始把法语思维与该语言的拉丁词源联系在一起，与之形成对照的是，同古希腊语一样深邃、古老的德语思维。在海德格尔在斯大林格勒战争时期做的那些大学讲座中，这种联系仍然起到作用。德国可能输掉了战争，然而在诗歌和思考这件事上，德国仍然优于其他敌人。但是，海德格尔之所以敌对拉丁/法国传统也是有哲学渊源的。起初，海德格尔以德国人/古希腊人的名义发表言论，但后来，他也对德国人和古希腊人做了一些区分。在这里，有必要再一次比较他和黑格尔。黑格尔也对这个所谓的前苏格拉底哲学感兴趣，尤其是在赫拉克利特的片段中。对他而言，古希腊的哲学高峰出现在苏格拉底、柏拉图和亚里士多德时期。他认为，当世界变古老的时候，"密涅瓦的猫头鹰"开始它的飞行，而古希腊的世界在亚里士多德和柏拉图的时期就已经很古老了，因此，在那个时期——他们就是"密涅瓦的猫头鹰"，象征着古希腊最高的智慧。

因为海德格尔从来没想过超越，他可能几乎没有这方面的倾向。在他的哲学体系发展的早期阶段，他对亚里士多德和柏拉图还是很感兴趣，可能甚于他对其他古希腊哲学家。就这些思想者在哲学发展中的地位，他从没改变过自己的看法，但是这些伟大希腊传统所扮演的角色，对他而言却越来越矛盾。这些古希腊的思想家所建立的是形而上学的传统，在第二次世界大战后，海德格尔看见了这种传统的微弱灯光。他认为，通过技术思维的主导，形而上学的思维通向了现代技术，而正是这种技术的本质从里到外地约束住了现代人。在这一方面，海德格尔思考得越久，他就越得出这样的结论，那就是既然所有哲学都是形而上学，那么哲学自身需要被克服并且需要被非形而上学、非哲学思考方式所替代。

但是这种思考有传统吗？就是在这个点上，海德格尔回到了柏拉图时期前的哲学思想家那里，例如巴门尼德、赫拉克利特和阿那克西曼德。这不仅是因为他抱有幻想，即可以用一种非形而上的哲学的方式从那些古老的思想家那里获得提示。他使用这些先哲的思想碎片的方式与其将荷尔德林的某些诗句用作灵感的方式非常相似。简明扼要地说，海德格尔对古希腊的浓厚兴趣已经与雅典的关联越来越淡，因为他现在越来越相信不仅是罗马人扭曲了原始的思维，而且古希腊的形而上学家们早已先于他们做了扭曲。正如伽达默尔所说的，海德格尔在他后期的时候，是用一种非雅典的古希腊思考方式。

这种转变有许多后果。我只谈论其中的一个。在海德格尔思想的发展早期，他把"aletheia"更多的是作为"真理"来理解。在后期的写作中，海德格尔成了历史主义者，至少在这一方面他是个历史主义者，也就是对于古希腊人而言，"aletheia"是真理；而对于中世纪和早期的现代人而言，真理即智者对物的确定性把握，反之亦然；然而现在，海德格尔提到了海森堡，真理的问题甚至无法提出。

我提到过，面对古希腊作品的拉丁语译本，海德格尔向来都漠视拉丁文化。不仅于此，对于海德格尔而言，拉丁文化太过于理性、太正规、太合理。在这一点上，我最后回到黑格尔与海德格尔之间的类比，或者可以说是对比。当黑格尔在其历史哲学讲义中讲到笛卡尔之时，他感觉自己就像一个水手，终于看到了海岸，并且可以大声喊出"陆地！"我们终于回家了，我们到达了。但是，同样是笛卡尔的哲学，在海德格尔看来，笛卡尔是现代欧洲哲学的原罪，他是一个坏透了的理性主义者。但是，除此以外，他犯了一个极恶的罪行，因为他在欧洲思想的中心处安置了"主体"的概念。当然，这个问题更早是源于古希腊语的"hipokeimenon"被翻译为拉丁语的"subjectum"。但是古代的哲学不是认知论，这一点笛卡尔是知道的。真理的绝对基础（absolutum inconcussum）变成了人类自身的主体。这比肤浅还要糟糕。当海德格尔把尼采描述为最后一个形而上学家时，他主要是把尼采的权力概念作为笛卡尔哲学的最终目标。

现在让我形成最后的观点，海德格尔连接了德国人和古希腊人的传统，包括尼采在内。在启蒙运动之前是没有德国哲学的，启蒙运动之后的德国哲学与宗教的关系是有问题的。我指的主要是基督教，尽管尼采对佛教有过评论，但基督教对他们而言是唯一能算得上宗教的宗教。事实上，海德格尔、黑格尔和尼采共同认为基督现在变得不重要了（席勒、歌德、费希特和大部分早期浪漫主义者也有这种感觉或想法）。对于黑格尔而言，在所有的宗教中，路德教派是真理的最高形式，然而他认为，到目前为止，比起宗教的最高形式，哲学是相同真理内容上更确切的形式。众所周知,尼采宣称"上帝死了"。尽管海德格尔避免这样极端的表达,但是在他的哲学中,基督没有一席之地。这使哈曼、施莱尔马赫甚至是里尔克成了特殊例子,尽管他们都缅怀古希腊,但他们还是信仰基督教。

上帝离开了哲学世界之后,留下了一个空位置。尼采和海德格尔都试着去填补这个空位。正如我已经在荷尔德林那里简明扼要地提到的,他认为古希腊神的到来尽可能地填补了这个位置。但并不是所有的古希腊神,只有象征基督的那一个古希腊神才能填补这个位置。因此,年轻的尼采发现了酒神狄俄尼索斯,进而又发现了他将引领未来,是得墨特尔女神的儿子。然而,海德格尔却说到了"圣人"。他认为人们要创造一个适合圣人的壁龛,因为只有当"圣人"已就位等候时,"新神"才会出现。但是,在海德格死后发表的一篇近期访问中,海德格尔说了以下的话:"只有一个神可以拯救我们"。德国人/古希腊人的想象机制到最后都保持一致。即使有人几乎不了解一个故事什么时候结束,但我还是敢说"到最后"。然而,我可以自信地说,德国和古希腊的故事将会在20世纪结束。在海德格尔之后,只有汉娜·阿伦特走上了这条路,尽管不是很典型。虽然她仍然崇敬阿喀琉斯并且对法国没有太大热情,但是她也仍然热爱公共事业,也喜欢引用西塞罗。

二战之后不久,海德格尔又提出了一个想法,尽管法国的哲学处于劣势,但还是可能灌溉了德国的哲学并使之重生,进而德国的哲学变得像以前一样伟大。然而它却以其他的方式发生了。法国哲学被德国的哲学灌溉,从而大有所获。受到德国哲学的灌溉,法国哲学在20世纪的第二阶段繁荣发展。虽然黑格尔、胡塞尔、海德格尔和尼采是掌权人,但是,法国的哲学也不是小学生——他们也是自己权力的掌握者。笛卡尔和萨特就是这种情况,福柯和德里达亦是如此,他们二人在友好相处过后,在对笛卡尔的文本阐释上,彼此攻击。与此同时,德国人在自己的体系中也掺杂了一些美国的实用主义。

那么古希腊现在怎么样呢?

对于古希腊的卡斯托里亚蒂斯来说,这是他自己的传统,高于一切民主传统的自治理念。因此,他没有必要被古希腊人灌溉,但是他需要"另一个",即通过奥地利的弗洛伊德。

那么非希腊人的古希腊人呢?他们占领了当代哲学的荣誉之地,文化上也大致如此。罗马人、圣经、中世纪圣人和神秘主义者、东方的思想者，以及所有国家有创造性思维的人都拥有如此殊荣，因为我们是一个兼容哲学和"文化"的宇宙。

（邹玉莹　译）

自我再现和他者再现

189　　本文标题，涉及再现（representation），虽然含义模糊，其实是刻意为之。英语单词（或者更确切地说是拉丁语）中的"representation"具有多种含义。这个词语，可能指对某件事或者某个人以及对某一个体或某一群体的艺术描摹，也可能指一个群体的代表或代理人，还有可能是指能够完全代表一个群体的某个人。representation 一词还有很多其他次要含义，主要是第二种含义的衍生义。

　　然而，联结这两个表面看似完全不同的义项，并非只是出于英语（或者拉丁语）的突发奇想。无论使用"再现"两个义项中的哪一个，我的论文选题结合了异族再现（hetero-representation）和自身再现（auto-representation），不管用的是名词"representation"两个含义中的哪一个，这个选题成了一个政治性，或者说至少是高度政治化的议题。在美术或者文学中，一位作者在再现其所属群体的成员的愿望、需求、思想、行为、内心生活上，是否能做得比其他人更好更真实，是否比起自己在再现其他群体生活、思想和行为时做得更好更真实，这些都是一个问题。而在挑选或者选举一位代表的情况下，会出现一个问题，那就是一位内在并不属于这个群体的代表或代理人能否代表这个群体的需求或者兴趣。而且，另一个问题是，一个人的观点和判断能否代表全体。有人可能认为，这种代表体系在定义上明显歪曲了政治。在真正的政治生活中，每一位群体成员都应该直接参与决策制定，而不是找人代表他们参与。在第一种情况下，一个人能区分真正或虚假的再现，但在第二种情况下，他会拒绝真正再现的可能性。

虽然我们处理着"representation"两个看似不同的含义,但无论哪种含义,自身再现与异族再现的对比都能同时成为议题,并且值得思考。我们似乎正面对着民主的一个窘境。在前现代时期,每个人代表自己的社会阶层——国王代表王国,贵族代表贵族阶层,等等。相似的,在民主时代来临之前,对陌生的、异族的、不典型的群体成员的描写,真实与否不会成为一个问题。例如,莎士比亚对一个犹太人或者摩尔人的描写,不会被提出来质疑说,这个犹太人和摩尔人被一位英国白人新教徒描写成这两个族群的典型代表,而实际上他们并不是。过去没有人质疑,并不认识任何一名犹太人或者摩尔人的莎士比亚,是否有资格拿夏洛克和麦克白这两个个体作为两个族群成员习俗和行为的典型代表。但现在某些时候,人们却一直对此怀有疑问。《汤姆叔叔的小屋》中的英雄"汤姆叔叔"已经成为一个遭受虐待的代名词和行为温顺的参照物,汤姆叔叔是一个"他者"、异己者,即白人慈善家哈丽叶特·比切·斯托所描写的富有同情心、吸引力而且善良的人物。今天的非裔美国人不会再根据这种过时的再现认为自己是一个老实巴交的黑人。他们会说,正如他们已经这么说,这个黑奴的再现来自一位白人笔下,这位白人完全不懂黑人的内心世界,因此他对于一个黑人的描写是明显错误和虚假的,在这种情况下,超过认知的感伤。

有趣的是,当"再现"被理解为"代表"的时候,非常相似的考虑因素正聚集。在前现代时期,代表们(例如议会代表)作为个体高度自我,他们代表一个社会阶层或社会等级(例如,贵族阶层、教会阶层或者公民阶层)。但是,在民主时期,尤其是同时包含不记名投票和全民选举制度高度成熟的民主时期,代表们真实与否的问题变得政治化,因为它已经成为一个议题。议会代表或者成员通常并不来自他所代表的群体。而且,可疑的是,是否有人会在态度、行为、习惯或需求上,与他正式代表的群体成员完全一致,即便他是这个群体的前成员,例如,在一个政治机构里,一个人会用一些有别于群体大众日常每天思考时使用的语言。最近,尤其在美国,代表的原则已经略微呈现出一种新的含义——它要求全体居民中的每一个社会阶层,都应该以他们这一阶层在总人口中所占比例换算过来的人数参与政府事务。就女性来说,例如,她们占人口总数的50%,那么在一个理想的政府中,50%的政治家应该是女性。在这种情况下,这样的群体认同会掌控政治能力、资格等等。

这样一个由运动或意识形态所提出的代表的概念，被称为差异的原教旨主义（fundamentalism of difference）。在所有种类的原教旨主义中，它的原则都是政治正确。然而，代表的原则已经被激进的普救论者从直接民主的视角，以理想化的雅典城邦为范式全部质疑和驳回。直接民主过去和现在几乎都受到知识分子的拥护，这批知识分子在哲学基础上被注入各种政治再现（political representation）的观点。汉娜·阿伦特和科奈留斯·卡斯托里亚蒂斯忠实拥护直接民主，坚信并不存在真正的异族再现，至少在政治中没有。每一个代表显然都是异族再现，代表的是异己者、陌生人或者另一个人，因此就会歪曲观点，僵化政治活动。

在艺术再现和政治再现里充当代理人或者代表，会出现相同的问题，即一个人对他者的再现/代表是否会歪曲他者的形象、观点、行为、需求和愿望，换句话说，这里是否存在一种真实的再现，如果存在，那它是什么？接下来我会更全面批判讨论那些代表自我再现（self-representation）排他性的激进观点。我不会讨论建议合格选举权的另一极端观点，因为它现在已经脱离政治潮流。虽然我知道最近的形式主义观点在几个议题上给予了原教旨主义极大的权限，其中就包括再现这一议题，但我宁愿把一种自由选择的观点作为对应物。

谁是他者

谁是他者？每一个人对于另一个他者来说都是他者。如果另一个人的再现因此明显被认定为虚假，那么唯有自传是真实或者正确的。但是，再想一想，即使是自传也有可能是不合格的。因为在我描写自己的时候，我也在描写其他人。再者，当我开始描写自己的时候，我也已经在某种程度上开始异化自己了。为了与自我保持高度一致（这会使描写成为完全不可能的事），我必须坚持没有一点自我异化。

如果一个人也认为描写需要与我们自身保持一定距离，那么自我再现将会比自传涉及更多的领域。在一部小说，尤其是在传统小说里，描写一个人时，几乎不可能不描写这个人的群体特征。如果这位小说家是扎根于和他的人物相同的环境，那么这位小说家对于周围世界的描写将类似于自我再现。我们可以在这种更宽广的意义上谈论自身再现，例如在简·奥斯汀的小说中，女作者在描写和她属于同一世界并且为她所厌恶的某个特定类型的人物时，不知不觉就带有轻蔑的讽刺在里面。假如他们的世界具有共性，并且某一特定的身份特征被重点强调，那些从这一背景出来的个体将仅仅被作为个体描写，可爱与否取决于他们本身。而且，在这类优秀的传统小说里，每个人都表达自己的思想。从更严格更狭隘的角度来看，演讲同样能为个人的自我再现提供充足的空间，无论其形式是否为自我辩白、叙述或者对话。如此，所有人物都有机会使对他们的描写成为他们自己的演讲，就像在日记条目一样，只不过是以一种更好的方式。这种类型的小说类似于一种精挑细选出来的团体成员间的直接民主。即使女作家一个人召开会议，大家也能够在会议上轮流发言，捍卫自己的观点，为自己辩护，同时辩论一些手头的议题。

当一个社会变得越来越混杂时，完全不同的社会等级、种族、教派以及其他群体彼此联系、互相影响，被故事作者同时描述在同一个故事里，一个更严重的问题随之产生。即使前提条件是每个群体的单个成员都被一种他们能为自己代言的方式再现——为自己的原因辩护、叙述自己的动机、讲述关于他们自己的痛苦和喜悦的故事，仍然会有人提出质疑，即他们嘴里所有的话都是被位于他们之上并且据称非常了解他们的先验的叙述者所灌输的。然而，他——这个叙述者——不可能完全公平地了解或者喜欢他们。我们认为这位先验叙述者给予他最了解或者最喜欢的人物令人信服的台词，那些他不了解或者不喜欢的人物则是不太令人信服的台词。

无可否认，很了解一个人和很喜欢一个人并不总是同时发生的。我很了解我的同类人但我并不很喜欢他们，就这一点而论，在我的再现里，即使是批判性的，我也不会把虚假的言辞放进他们或者这一群人的话里。另一种，一个人有时会带着同情心去描写一个他几乎完全不了解的陌生人，而且会使用一种完全不属于他这一群体的说话、思考或者行为方式。前面提到的《汤姆叔叔的小屋》就是一个例子。

我已经指出，在一场议题以政治再现为中心的辩论中，就语言运用或者话语而言，因为一个来自与被代表者不同环境的代表会使用不同的语言。代表机构他们自己会给机构成员附加一种特殊的话语，甚至是一种行话。一些人，比如工人阶级，他们会被其他人代表，但他们甚至也许不懂代表他们的议会成员的语言。当那些不懂他们客居国家母语的移民，被一个也许也不懂他们母语的议会成员代表时，情况更是如此。

然而，还是让我暂时回到文学中的再现。自我再现最激进的拥护者声称，当描写其他群体，尤其是那些异己的或者陌生的少数族群成员和宗教少数派成员时，描写者的眼光不仅会误现或者歪曲他者，还会放大他的偏见去描写他者。他们首先认为描写者会聚集国家或者族群层面上关于异者的正反成见，这些在他们自己的环境中被认为是理所当然的成见会被扩展成为对这些群体成员的描写。另外，他们也可以扮演成传统的人类学家，把对他者的再现建立在外部观察而不是传闻或者个人接触之上。在这两种情况中，预先判断几乎都会自然地转变为偏见。

相似的，在围绕政治再现而展开的辩论中，人们普遍认为，宗教群体或者族群应该只能被他们自己群体的成员，而且最好是来自最核心圈子的成员再现，无论男女。在这两种情况（艺术再现和代表）下，内部经验都被拿来与外部经验相对比，日常接触与单纯的观察相对比。没有共享一些内部经验，一个人几乎不可能理解少数族群成员、宗教少数派、性取向少数派或者另一性别成员的愿望、兴趣和态度，这种看法被认为是理所当然的。

文学再现的悖论

让我用伪康德学派的方式简单阐述一下我们第一种情况中再现的辩证法，尤其是在文学再现的情况下。只有自我再现是真实的。这种观点在最近高涨的原教旨主义者群体认同的政治中广泛流传。只有女人能代表女人，非裔美国人能代表非裔美国人，耶稣能代表耶稣，同性恋者能代表同性恋者。自然地，政治正确的拥护者也意识到，无论是少数族群成员、宗教群体还是同性恋者等等，都不能同其他参与者或者其他群体成员完全隔离开来描述。一位中国女性写了一部关于一位在美国的中国女性的小说，通常这部小说会同时描写到中国男人和非中国籍的男女。至少在叙述文体中，没有能够脱离异族再现的自身再现。在这种情况下，坚持政治正确的男女们因此极力声辩，在与多数群体成员接触的情况下，少数群体能自己代表自己。在多数群体成员写作的作品（这就是多数群体文学）中，来自多数群体的作者总是会用一种比少数群体成员更讨好的角度展示他们自己。他们总是误现少数群体（女人仿佛被当作少数群体一样讨论）。现在正是少数群体借反转"我们"—"他们"在再现中的关系进行报复并夺回公平的最佳时候。当然仍然是这种情况，即少数群体能够活在一种隔离状态内，在这种状态下他们的各种文化、各个阶层人物的描写都能隔绝异族再现。这一情形发生在艾萨克·巴什维斯·辛格（Isaac Bashevis Singer, 1904-1991）的作品中，不过不是全部的小说和短篇故事，只是几部而已。然而，为了在这一方面上取得艺术成就，大家需要辛格正直诚实不阿谀奉承的视角，而这种视角正好不被自我再现的拥护者们所欢迎。

无须多言，支持自我再现、反对各种对少数群体成员（包括女人）的异族再现的"政治正确"姿态，对艺术实践尤其是文学来说是致命的。首先因为他们只以所谓的内容为标准评价艺术作品，比如苏维埃文学就是这样。这样做就完全没有顾及形式/质料说传统中内容与形式的区别在艺术和文学中是否有意义。这个问题我暂时不能在这儿讨论。一部作品的真实性并不是由这部作品的任何内部标准决定，而是通过一部作品以外的标准决定的。但是，即使撇开这一最严肃的评论方法不谈，政治上正确的政治化信息似乎也显得虚假。如果异族再现会歪曲某一群体成员的形象，那么自我再现也会，前提是它是有意识的、意识形态的/修辞学的自我再现而非无意识的自我再现。我们常常通过条条框框的刻板印象理解我们自己，正如我们理解他者那样。当伴随异族再现的时候我们关于自己的预先判断会频繁被歪曲成偏见。不管是奉承的还是非奉承的偏见，它都是偏见。就我们对偏见的倾向性而言，自我再现和他者再现（the representation of the other）并没有本质上的不同。自我再现和他者再现都可能是可靠的或者不可靠的，真实或虚假——批评标准在这里不适用也不相关。

当然，如果我们是在大众传媒，包括电视，而不是在绘画或者文学中讨论自我再现和他者再现的议题，这些细致的问题将不会出现。在这种情况下，我们很难说在美术或者文学中，对少数群体（包括女性）排外性自身再现的意识形态需求摧毁了流派。然而，类似的事情仍然发生了。如果谁被再现的问题成为大众传媒中的核心议题，娱乐的宣传活动方面将会势头高涨，强烈的、受意识形态引起的修辞将会渗透进所有电视报道。但是，学究式的娱乐并不是那么具有娱乐性。

似乎我已经从以下方式回答了最开始的问题：自身再现的拥护者是错误的。在异族再现和自身再现中，一个人能够对所描写事物，尤其是人物，保持应有的距离；同样也能在两种再现的情况下，使用刻板印象并被偏见引导。衡量的标准本身是错误的，也许，区别本身也是错误的。如果一个人在不同的语域问另一个人相似的问题，回答者也许可以避免原教旨主义者修辞。与其问哪种再现是真正的再现，哪种更真实，哪种更正确，偏见更少，倒不如问自我再现和他者再现是否不同。或者，如果它们不同，这是否又会产生影响？一个女性描写一个女性和一个男性描写一个女性是否会有所不同？作者和人物享有内部认同会不会或者能不能提升绘画或者故事的艺术质量？因为作者和人物享有内部认同可能对于描写人物十分重要，所以会有人说这是"从内部"描写出来的人物，而不是建立在相互影响或者观察的基础之上。有人可能也会问，有意识写作和描写的可能性是否使作者强调他同作品中人物共同的经验和生活方式，添加或者充实一些东西以作为"文学"？前提是有东西能被称为"文学"的话。有人可能还会问是否真的有所谓的区别于男性文学的"女性文学"，或者区别于异性恋所写的作品的同性恋文学，或者犹太教徒文学？

过去总是理所当然地认为存在着法国文学、俄国文学，虽然歌德已经创造了世界文学这一术语，但是后者现在似乎仅存在于大学的文学系。使用哪种语言写作的文学作品就是哪种语言的文学，这种观点也被认为是顺理成章的。但是实际情况并非看起来这么简单。美国、澳大利亚、英国、爱尔兰还有印度的文学都使用英语写作，语言相同，但不是同一文学。澳大利亚人、印度人、爱尔兰人和美国人还在小说中描写英国男人和女人。在这里，区别自身再现和他者再现是否荒谬？虽然语言大致相同，但是不同的生活经验使一种文学区别于另一种，这么说是否荒谬？能否再由此说，印度人对印度人生活的描写，无论是生活在孟买或者伦敦，都是自我再现，而他者再现就是英国人对无论是生活在孟买还是牛津的印度人的描写？当然，正如我们大多数人一样，作者们也拥有多重身份。这种多重身份可能包括多重国家或者种族的身份。我们很难辨别亨利·詹姆斯对英国人的描写是异族再现还是自身再现。一个人能否一直保证他对美国人的描写总是比一个爱尔兰人或者英国人，例如萧伯纳和约翰·高尔斯华绥对美国人的描写更好、更真实、更可靠吗？我不这样认为。但是我们仍可以说这两种描写里面存在差异，而且这种差异丰富了文学。难道就因为女人会生或者生过孩子，所以只有女人才能忠实地描写分娩吗？这完全是胡说八道。但是一个人仍然可以承认一个生过孩子并且会对自己生活经验进行描写的女人，会从不同于男人常使用的方式来描写分娩。因此，虽然自身再现和异族再现的区别没有为对比提供判断标准，进而没有创造出对可靠性和真实性的判断标准，但区别仍然是有意义的。再现的多重视角在解释学的角度上丰富了理解和自我理解。

看这一区别是如何自然而然地取得公认是很有趣的。在一种情况下，即成人与孩子之间关系的情况下，自我再现与他者再现之间总是保持着一种不对称的相互作用。成年人描写孩子。但很少有小说家在描写孩子时，能做到还原，即使是画家也是用一双成年人的眼睛画孩子。孩子没有处在能够再现他们自己和他们所看到的他者（成年人）的位置上，他们也不能作为具有代表性的他者去亲身经历这类再现。但是成年人将小孩的素描及油画展出，这并不是因为他们认为孩子画得比成人好，而是因为同样是关于孩子的画作，孩子的作品比成人的作品更能再现出孩子自己，也就是不是因为这些孩子的作品有多逼真，而是他们的作品有多不同。

说完这些，有人可能会问：是不是存在一种女性文学、一种特殊的犹太人文学或者同性恋文学？我并不认为这个问题没有一个清楚明白的答案。如果在一首诗或者一部小说里，女性经验被放在中心位置，那么这首诗或者小说就属于女性文学。但是，它也有可能属于法国或英国文学。而且，如果它同时还是高雅文化，也就是一部需要几乎无穷无尽阐释的作品，对于任一研究这类作品的人来说，这一点会自然明了。但是，如果女性经验在小说中并没有扮演中心角色，即使它的作者是一位女性，我也很难说它属于女性文学，相反，我更愿意说它是拉丁美洲或者俄罗斯文学，这样它也可以属于每个人都可以接近或难以接近的高雅文化。

再现与多重身份

我的问题是这个模式是否还适用于再现的第二种政治化的含义，也就是说，政治化的自我再现是否明显比他者再现更真实可靠、更公平？第二点，我也在疑问，自我再现与他者再现的区别在政治领域是否同样存在？如果是，这种区别包含什么？最后，我还会问在政治再现的情况下，是否有什么东西会充当类似于"高雅文学"和"民族文学"中比喻的作用。

在前面的讨论中我已经得到一个结论，当评判像绘画和文学这样的艺术作品时，如果把区别自我再现和异族再现变得不可或缺，这是在挑衅艺术。政治内容不能引导审美判断。马克斯·韦伯说不能将一个领域的规则放置在另一个领域之上。我将更进一步问，在判断艺术作品中已被证明错误的那些准则，如果被放置在政治领域中，是否同样也是错误的呢？它们之间的联系很明显。要求艺术中的自我再现是政治正确的策略，然而政治正确的倾向在现代和后现代的原教旨主义中是至关重要的。我把第二种叫作原教旨主义差异。如今，以差异为基础的原教旨主义在政治再现领域同样需要自身再现。

在这狭义的框架里，虽然我不能展开讨论后现代原教旨主义，但是我会列举它的一些组成部分。如所有种类的原教旨主义一样，后现代原教旨主义建立在身份政治的基础之上。它与现代性原教旨主义的区别在于它没有普世性目标，与浪漫主义的区别在于它对现代科学技术没有敌意。更确切地说，比起掌控世界，后现代原教旨主义运动对封闭、自我隔离、自愿接受的种族隔离更感兴趣。他们认为自己更优秀，这不是基于他们的普世性，而是基于他们的差异。既然自我隔离和自愿接受的种族隔离据说是保持群体认同的必要条件，这里所宣称的认同就成为主要的政治议题。但是，政治正确不会仅仅因宣布认同就被耗尽，它要求这一群体所有成员对他们种族或宗教领导者已经认同的、对群体认同至关重要的议题也表示认同。他们的主要标语是，在文学或美术里，只有自我再现是可信的、真实的、公平的。我认为这个论断也是错误的。

我认为就艺术和文学而言，把自我再现和异族再现当作至关重要的一个问题，这件事本身是毁灭性和自我毁灭性的。我同样认为，关于政治再现的议题，这样的结论同样适用，虽然是用一种不同的方式。如果自我再现和自身再现的选择成为政治的中心议题，而且自我再现相较于各种异族再现被给予绝对优先权，这就意味着政治的终结。政治存在于并依赖于公民之间的活动。但是，在自身再现政策的情况下，没有人能够以公民的身份行动，而是以一个或另一个群体成员的身份行动。公民如果以公民的身份行动将面对和另一个公民之间相互的全然的不信任。（一个群体的）代表永不会关心一座城市、一个国家的福祉，而是只会坚持他们自己群体的提升。虽然游说团体和政党现在正做着这种事，但这并不是他们的原则，而且他们的实践也确实违背了这一原则。为了进行这一实践并践行这一原则，政治变得像一场足球比赛，在这场比赛中，每个队都只想要一个东西，就是赢得比赛。政治是竞争性的，但它也是协同合作的事业。如果全盘接受自我再现的原则，每一个群体的代表们都不会提出公平的问题，他们只会认为自己群体的生活方式才是绝对正确的，因此他们拒绝其他一切群体的生活方式，认为它们是错误和虚假的。光是这样就排除了调解和话语互动。

而且，自从自我再现政治像所有原教旨主义政治一样，推进激进极端的雄辩术，所有偏见就都变成公开的偏见，在这场充满怀疑、诡计和冷酷的战斗中被当作合法的宣传工具而接受。总有人预先假定，其他人持有意见，仅仅因为他们是异族，仅仅因为他们不是我们，这就是他们错误的原因。没有人有义务一定要理解他人的观点。让我提及几点来自美国认同政治菜单上简单的雄辩术策略。在我们共同的以目的为先的欧洲传统中，如果某人说甲某做 A 这件事是因为甲某很生气，我们不会把生气看作一个可以缓解的局面。而如今在美国，如果有人说 X 做 A 这件事，这意味着他有道理这么做。生气是自我表达的一种表征，它容许某人做他不被允许的事情。关于司法，这一次我同样要提及辛普森的案例，在这一案例中陪审团的选择在自身再现系统中能够充当一个典型例子。在被大众媒体全体动员的状态下，公众的行为就像是两支足球队的球迷行为。关键议题不是公正的，而是哪个队会赢。每个人都希望自己那队能赢——没有人对公正有兴趣。强权便是真理，这句古老的格言是现在拥护自身再现的原教旨主义者的基本论点。

在提出自我再现政策摧毁艺术的观点以后，我还提出自我再现政策同样摧毁政治生活。像我讨论关于艺术中的再现一样，我现在用同样的步骤问：第一，在自身再现的情况下，一个群体的兴趣、需求、观点真的会比在异族再现的情况下更好地被再现吗？第二，自身再现真的区别于异族再现，而且这种差异会丰富政治吗？

一个群体的成员是否能比其他任何人都能更好地再现这一群体的兴

趣、需求、观点，以及这个成员是否会代表这一群体，这个问题从概念上来看就是原教旨主义。它预先假设一个群体"真正"的成员，显然他将他们的群体认同当作他们首要的认同，即如果他们希望被再现，那他们将被作为这一群体成员而再现，而不是其他身份。如果我们假定，男人和女人有多重身份，其中一种身份在一种情境中享有优先权，另一种在另一情境中享有优先权，那么每一种自身再现也将是异族再现。例如，退休的人能被退休的人代表，但退休的人也是文化人，他们希望被文化人代表，同时他们也有可能是爱尔兰裔，希望被爱尔兰裔的人代表，等等。而且他们还有可能是匈牙利人、犹太人、黑人、同性恋、女人等等。如果某人宣称他或她只是这个群体或那个群体，那么他或者她已经受到身份政治的影响。一族统治和原教旨主义宗教领袖把在一些议题上和他们观点不同的人当作叛徒，他们强制他们趋同，而这一群体的其他成员几乎也会这么做。

我说过，政治中自身再现的排外性是自我毁灭性的。可它不是普遍合理的吗？当没有好的选择时，会出现道德冲突，自我毁灭变得合理，因为另一种选择也好不到哪儿去。换句话说，例如，如果先知耶利米恳求他的人民向入侵的异族或者向那些使耶路撒冷遭受毁灭的固执者妥协，这时候，谁是正确的，谁是错误的呢？当没有好的选择时，悲剧的情景就发生了。当公民为了他们的自由而斗争或者当一个少数群体被一个看不起它或对它感到烦恼的多数群体欺压时，城市总是遭受摧残。在后一种情况中，可以确定少数群体将总是被多数群体误现（也许反之亦然）。对自我再现的需要，同样是对保护认同的需要。这个群体会用原教旨主义者的方式，本着自卫的精神行动。这里有两条险路，一个是自卫，另一个是民主/自由政治风俗的毁灭。选择哪一个？我们没有谁能给出一个普遍的答案。这得视情况而定。表面上看来，我们可以这么回答：即使在那样的情况下，一个人仍然能在自我再现和异族再现中保持适当的平衡，以避免原教旨主义。不幸的是，只有少数或者多数杰出的个体才能避免。这个群体本身，面临着其他糟糕选择的压力，对这些细微差别并不会那么敏感，而是在没有意识到风险的情况下朝一个方向前进。悲剧就此发生，却没有理论能够摆脱它们。

但是悲剧的政治局面在功能完备的自由民主里并不常见。在公投民主里，男性和女性通常把自己视作各种不同身份的集合体。结果，异族再现和自我再现的差异变得更小了。现代民主的主要趋势是代理人代表议题，同时他们和游说议员团体以及一些群体代表我的某一种身份，我的其他身份又被另外的群体代表。换句话说，没有人能完全代表我，没有哪一个政党能完全代表一个个体。这就是为什么，现在的公民选举，他们通常投票给相对较好的，而不是最好的候选人或政党。在原教旨主义者的极端视野中，自身再现的原则不仅仅认为这儿有最好的东西，同时也告诉你那东西是什么。这是因为我们自我再现/自身再现一分为二的多重身份变得越来越不真实。而它变得越不真实，就越会被强烈地推进。

还是让我回到艺术和文学中自我再现的相似之处，很明显这不仅仅是相似：自我再现能为政治审美添上一笔新色吗？自身再现和他者再现之间，是否有时还有差异？自我再现是否值得我们的注意？我们是否甚至还能对其寄以希望？

我说过现代民主政治使差异相对化——某个人代表我某一种身份，另一个人代表另一种。这里还有一个领域能够在政治中扮演角色，它更具有整体性因而不是一个议题。我指的是一种生活方式。虽然议题和身份变得四分五裂，彼此不同而又部分重叠，但是仍然有某些占优势的生活方式，整体不同，但部分相似。选举偏好只能借鉴这样或那样的生活方式来被理解。有一种生活方式具有现代主义色彩，轻松自在，愤世嫉俗。有一些特定的宗教信条和附属观念会滋生严格的习俗以及拥有强大习俗和民族精神传统体系的族群。共享全球性生活方式的人们，并不需要将他们与其他人隔绝开而后独自提升自我。然而，一种生活方式对于共享它的人来说是很重要的。如果一种特殊的生活方式只被少数人享有，对自身再现某一种形式的论断就根本不是虚假的。这不仅仅是因为其他人，即发现这一群体生活方式相当奇怪的局外人，会形成偏见，使这些他们并不了解的群体成员处于不利位置，而且由于他们事实上并不是很了解这些人，因此，同样可能误解这些人。在那样或者相似的情况下，自身再现将差异引进政治生活，并且使它更丰富。自我再现不是原则，它并不包含所有，它不是一个人需要拿去与坏的东西作对比的好东西。但是在某一些情况下，自身再现能补充再现的常规体系，因此就这一部分而言，自我/自身不能再被描写，至少关于再现的原则不能再被描写。政治中的自身再现应该最好保证增补物。它并不是比异族再现更公平，而是如我所说，它能丰富政治生活，正如它丰富文学。

我在本文一开头就提到，许多激进的思想者已经批评并反对代表本身的原则。他们已经建议代表制度应该完全被直接民主所取代。只有日复一日参与政治的人才应该在政治中享有发言权。其他人应该做他们最喜欢做的事——比如，写关于代表的书，发展他们的商业，等等，而不应该插手政治。

在我的观念里，这个建议与身份政治过于相似。它与原教旨主义身份政治差异无关，因为它有一种普救说的特质。它并不能提升任何内容，但是能推进一种形式，即一种行动的形式。直接民主的典范仍然建议人们应该给予生活中某些事以绝对优先权，并致力维护这一优先权，即一种生活形式。汉娜·阿伦特区分三种不同形式的实践生活（vita activa）。政治人物将优先权给予这三种实践生活的行动之中，这是他们的认同。只有那些向自己承诺实践生活以对抗沉思生活（vita contemplativa）的男女才有任一种的政治参与权，以及反对纯粹劳动和创造的行动的权利。如果这儿根本没有再现，所有那些不选择绝对优先并持续采取身份政治的人，他们将会从政治中彻底出局。

让我们想象一种只有自传的文学，绘画也被限制成只有自我肖像。如果一个人没有才能、愿望或者兴趣写自传或者画自画像，或者根本不会写作或绘画，这个人将无法接触文学和/或者绘画。除了作者和画家，没有人能够在作品中被再现。直接民主也与之类似。排斥代表显然就是排斥他者再现。而且，就像自传丰富了文学，自我肖像画丰富了绘画，所以直接民主同样能够补充代表制度。如果你认为自己与之相同，你就可以成为其中一部分，如果不认同，就不是。

在文学的典例中，我认为某个作品可以作为女性文学，同时也可能是德国文学或者英国文学乃至澳大利亚文学，而且还属于高雅文学，向某一类人开放，这些人以陌生人的身份被扔进这个世界，从来不尝试探究人类境况（the human condition）。原教旨主义的身份政治，只要它出现在文学或者媒体这个范围内，不仅阻挠通向其他差异的途径，而且借此阻挠通向普世意义和关注的道路。我来自北京的中国学生欣喜地发现《红楼梦》与《追忆似水年华》之间的相似之处。这不是因为这些小说描绘了一些普遍的东西，而是因为它们为每一位对人类境况怀有强烈兴趣的人留着一扇敞开的门。这同样适用于政治再现。这二选一的选择并不是要在差异性与普遍性之间做选择，也不是要在内在与外在之间做选择，而是在封闭与开放、原教旨主义与一场不知去往何地不知遇见何人的旅行邀请之间做出选择。在这个旅程中，我们永远不会知道前方是什么，会遇到什么人，我们是否能在陌生人中认出我们的兄弟姐妹——就像伊菲革涅亚（Iphigenia）和俄瑞斯忒斯（Orestes）曾经所做的那样。

（黎奇　译）

何以为家？

203 　　大约 30 年前，我结识了罗马鲜花广场（Campo dei Fiori）附区的一个中年餐馆老板。经过一番欢快交谈，我问他去庇亚门（Porta Pia）的最短距离。"对不起，我帮不了你，"他回答说，"真的，我这一辈子从未离开过鲜花广场。"大约 15 年后，我乘飞机前往澳大利亚，在途中，我与邻座的一个中年妇女讨论时事。原来，她受雇于一个国际贸易公司，能讲五种语言，并在三个不同的地方拥有三套公寓。那时我想起了餐馆老板的话，我问她一个显而易见的问题："你的家在哪里？"她大吃一惊。过了一会儿，她回答说："也许在我的猫居住的地方。"

　　这两个人似乎有着天壤之别。对第一个人而言，地球有一个中心，它被称为鲜花广场，他在那里出生，将来可能会在那里死去。他忠贞不渝地依恋这片土地，固守传统。他的坚守从遥远的过去、鲜花广场的过去延伸到未来的鲜花广场，超越他自己。对第二个人而言，地球没有中心，在地理学意义上，她四海为家，性格冷淡。她住哪儿都对她没有任何重要影响。我的问题使她感到惊讶。因为家这个沉重的概念，似乎对她没有意义。

　　她有意无意的讽刺性回答为我证实了这一点。只要有某个我们称之为家的东西，那么我们的猫就住在家里。所以，当我的聊天对象拐弯抹角地说"我的家是我的猫居住的地方"时，她就解构了"家"的概念。她的地理位置上的漂移象征了一种不可思议的东西，即抛弃人类最古老的传统，这个传统把特权只留给一个或某些特定的地方。

204 　　享受特权的地方可能是父亲的帐篷、土生土长的乡村、自由的城市、族群部落、国家省州、神圣领域等。有的人从来没有离开过它（如我鲜花广场的朋友），有的人回到它那里，如奥德修斯（荷马史诗《奥德赛》中的主角）、培尔·金特等人。如果享有特权的地方被战争或自然灾害破坏，或者是一个群体由于有必要或者受到好奇心驱使去往一个好地方而放弃了这个享有特权的地方，那么即便他们移居到了一个新的地方，他们的心里还是承载着老家的灵魂，如西西里岛的老殖民者或新阿姆斯特丹、新奥尔良、纽黑文，或犹太人以及整个欧洲的早期现代殖民者。

"家"似乎是人类生存条件的几个常量之一。因此，飞机上我的邻座中年女人看起来像一个文化怪物。但她不是一个怪物，她只是一个很孤独的人，是两百多年现代史的最终产品（不仅仅是最终产品，还远不是最后的产品）。

作为一个地理意义上从一而终的人，鲜花广场的餐馆老板能确认他生活的中心点：一个中心，一个地理点，一个地球上的点。飞机上的中年女人则变成了四海为家。当我询问她的家时，她指的不是在一个地方，不是她的丈夫或者孩子，而是她的猫。强调"我的猫"意味着什么呢？猫不像狗，猫不忠实于它的女主人，它不陪着主人旅行。然而，猫不是到处漂泊的，它是个管家。在客机上，一个四处奔走的人称"她的"猫为她的管家。"我的家是我的猫居住的地方"，这句话不仅仅是对"家"概念的解构，也体现了深刻的怀旧：猫有家，自然生物有一个家，但我没有家，我是一个怪物。尽管如此，她不是一个怪物，她是一个矛盾的人。

我们得出的初步结论是，一个到处奔波的人无法解释自己在地球上的居住中心，因为她没有中心。结论也许下得太匆忙。前面已经简要地谈过人类会在受到威胁的情况下，或者为了过上更加体面的生活，把他们的家从出生的地方搬迁到遥远的国度。我们可以说，这位中年女人做着类似的事情，她不断地迁移，总是居无定所。

她不是与社区成员一起而是一个人单枪匹马地做这些事，但许多人也是如此。那她究竟随身带着什么样的文化包袱呢？答案很简单：什么也没有。她不需要带着任何文化。她参与的这种文化不是一个确定空间的文化，而是一个时间文化，就是绝对现在的文化。

她从新加坡出发，一路不断旅行，途经香港、伦敦、斯德哥尔摩、新罕布什尔州、东京、布拉格等地，现在让我们同她一道回顾她的旅程。在旅途中，她住在同样的希尔顿酒店，吃同样的金枪鱼三明治午餐，或者只要她愿意，可以在巴黎吃中国菜，在香港吃法国菜。她使用同一类型的传真机、电话和电脑，看同样的电影，与同一类人讨论同类问题。她有一种"家的体验"。例如，她知道电器开关在哪，熟知菜单，理解手势和暗示，并且不需要进一步的解释就能理解其他人。单从功能关系上来看，她并无异样；这些地方不是漆黑的房间，异国他乡或者雨林。它们不是陌生的，甚至国外的大学也不是陌生的。当一个教授做完一次演讲后，他可以在新加坡、东京、巴黎或者曼彻斯特等不同的地方遇到同样的问题。但是在商务酒店、贸易中心和大学里没有家猫。它们不是陌生的地方，也不是家。

与我同行的这位女游客并未真正地旅行过。她一直都没有回家。我们不能说她在一个地方待过，因为她在许多地方之间走动。尽管如此，她仍然保持不变，就好像这些或远或近的地方是在向她走来，而不是她前往这些地方。她带着的并不是一个特定地点（或地区的）的文化，而是特定时间的文化，这种文化在所有地方都是相同的。她始终活在当前。

我以大学里的事情为例。20年前，在东京、墨尔本、开普敦、巴黎、德里或者檀香山讲授同一个讲座，我们可以肯定这些地方的学生会提出相同或者类似的问题。与20年前相比，目前，学生会问完全不同的问题；但是同样的，每一所大学的学生会问相同的或者类似的问题。我们能够说，那些20年前问问题的学生与今天问问题的学生生活在不同的世界吗？我们是否可以断言，我们的同时代人，我简单地称其为"后现代人"，他们的家是在时间里而不是在空间里吗？

偶然性意识

相较于空间，现代哲学日益青睐时间。关于空间的伟大猜想，以及它所有的美的几何隐喻，让位于同样伟大的关于时间的猜想。相对于普通乏味的空间性主题而言，时间和时间性呈现给普通人的是优雅高贵和富有内涵的主题。黑格尔、马克思、福楼拜、尼采、弗洛伊德、柏格森和普鲁特斯的精神塑造了现代人的经验。雅斯贝斯在《时代的精神状况》(Geistige Situation der Zeit) 一文中指出，这种转向危及熟悉的经验，把我们的世界转化成一个古怪的地方。自从雅斯贝斯关于极权主义的警报发表以来，现代人对时间/空间的感知已发生了几次转向，但是所有的转向都与随后时代"家"的概念的变化紧紧相连。

然而，所有的转变伴随着并体现了偶然性基本经验。当然，偶然性意识，并不是新的，它出现在新的社会安排第一次兴起之时，自那时起我们将新的社会安排称为"现代性"。现代社会安排越包含更多的文化领域，偶然意识就越普遍、越广泛。现在，不仅所谓的"西方文化"的市民体验到他们自己最初的偶然存在，而且其他成千上万的人也体会到了。

原始的、欧洲传统意义上的偶然性意识出现时震惊四座。简单地讲，我们指的是两个主要的震动。体验宇宙偶然性意识，导致形而上学的家，至少这种理所当然的家，分崩离析。我们世俗生活中预先设定的终极目标信念消失不见了。

我们的终极目标、命运是未知的，所以在我们实现它之前要找到我们的目的地或者创造我们完美的图像。尼采说，在现代，问号取代了上帝。我补充道：问号也取代了那种想象的空间，在这个空间里，我们的生活原本充实，是我们完美的自主空间。空间或现场等术语在这里可以是社会等级的次序，个人在这里可以找到自主的任务或命运。它们也可以是地理空间，即城市、国家、人们最终命运归属的领域。

现代的男性和女性开始把他们的社会偶然性视为问号，这个问号取代了他们被指定命运的固定的空间性（国家、城市、等级）。未来是待定的空间，首先是一个古怪的空间，是可能包含东方富人在内的黑暗壁龛，但也包含不可预见的厄运。如果一个人接受了地球上指定的地点，那么固定框架内所有人的选择，无论难易，都被固定了。现代人认为这种限制不自由。指定的地方是不自由的，自己主宰的地方是自由的。在这个意义上来说，自由意味着一个人可以拥抱开放无限可能性的偶然性。选择一个自己主宰的地方取代指定的地方时，已经引入时间因素作为偶然经验中的一个基本判断。我们可以把握时间，时间将带我们走进它的浪潮中，走向自己主宰的地方。历史性的自我意识，从此诞生了。

在过去的200年内，现代社会安排迅猛地突破了各种阻力。第一种现代时间体验，即时间-节奏的利用，让位给普遍的历史性意识。无论是被称赞还是被厌恶，"时间"，这个神秘的演员，已经占据了我们想象网络的中心点。慢慢兴起关于时间超越空间的特权趋势，也改变了幻想的方向。在前现代，幻想使人们脱离实际的社会地位；奴隶梦想自己已经生而自由，市民梦想成为王子或者贵族。现代人也有其他的梦想，他们梦想诞生在其他的时代——在过去或者在未来。

时间和空间的归属感之间的矛盾在19世纪最为突出。正是这时，有人提出了一个十分紧迫的问题，那就是"我们指定的家在哪里？"有的人会这样回答：我指定的家在我出生的地方，我继承祖业。鲜花广场的餐馆老板就是这样的态度。还有人会这样回答：我的家被我的个人命运主宰；我跟随我的命运在时间中忙碌，并且锻炼我的才干，我将会发现我指定的家。尼采也许会说：命运之爱。拿破仑的家在哪里？在科西嘉岛还是在巴黎？在一个国家的大厦里还是在皇帝的宫殿里？毫无疑问，只有一个真实的拿破仑，但是有数以百万计幻想的拿破仑。

在福楼拜之前，19世纪的小说，呈现了空间和时间归属感的短暂和平，然而不无紧张。例如，在巴尔扎克的许多小说中存在两难的抉择，任何一个人一旦将自己投身于时间的洪流中，他就会失去他的家；一旦坚持依附他的家，他将会失去与时间的联系。父亲和儿子的冲突，也包含了家的体验的冲突：儿子与他的同学在一起，感觉是在家里，而在父亲身边，他变成了一个陌生人。

大多数空间归属感的特征可以传递给时间体验，虽然时间体验的质性将会被修改。熟悉感是归属感中最具有决定性的组成部分，但是它还不能完全代表后者。归属感不仅仅是一种情感，更是一种情感特性，它包含许多特定类别的情感，如喜悦、悲伤、怀旧、亲密、安慰情感的存在和其他情感的缺失。这种情感特性，同其他所有的情感特性一样，包含许多认知因素，即评价。例如，由情感特性（如归属感）引起的情感或者情感事件是否强烈或者低迷，都取决于角色的认知评价因素，这种因素是情感特性的内在部分。

什么才算熟悉呢？声音（如蟋蟀、风、溪、公共汽车、邻居吵架的声音）、颜色（如天空、花朵、织锦的颜色）、灯光（如星光、城市夜景）、气味（如一个你很了解的城市很有辨识度的气味）、形状（如房子、花园、教堂、街道的形状）。这些熟悉的相似符号，把一个地方与其他地方区别出来。这是突出的感官体验。在空间的归属感中，这种感官印象都含有来自情感特性的认知/评价要素的意义。这种空间的归属感不能传递到时间的归属感中。例如，第二次世界大战，属于现在我们这一代人的过去，炸弹和警报器的声音，烧毁房屋的气味，属于我们常见的感官体验。这些以及类似的感官体验没有地方色彩，它们只和时间有关。而且，它们大都是充满威胁或不愉快的。也有愉快的暂时的感官体验，但它们不是基本的空间归属感；它们大多有叙述的元素（例如和平的第一天）。

第二个熟悉的元素是语言，比如，母语、方言、童谣、老生常谈、手势、标志、面部表情、精微的习俗。人们彼此说话不需要提供背景信息。连解释都可以不用，三言两语就足以了解。我们还可以保持沉默。只要沉默不构成威胁，那么我们就肯定有归属感。在第一个层面，熟悉的语言不能完全都转移到归属感。但是，我们越从感官体验转向认知体验，转移就越有可能实现。

我与我的邻座在客机上，讨论当前的政治。她也会与任何一个人讨论当天的政治事件。与她讨论时，我们不需要解释，也不需要提供任何背景信息。同样，如果我明天在世界任一所大学提及海德格尔的转变，也不需要提供任何背景材料。由此，我们可以得出初步结论，任何普遍话语体系里的家，不论是功能的或者超功能的，皆处于时间里，而不是在空间里。人们进入这种家，抛弃了空间的归属感的所有的感官体验。为了避免误解，我想起来的不是哈贝马斯普遍话语里反事实的理想，而是普遍交往的经验形式。在这种语境下，我讨论普遍的交往，不是把任何（积极或消极的）特性归属于"普遍性"。我把从感官的空间归属感抽象出来的交往称为普遍的交往，这种交往发生在麻木的、冷漠的、抽象的空间里，那里没有固定的家（如飞机上或酒店里），只是一个临时的家，即绝对现在。

如果是这样，为什么我说客机上的中年女人是一个活生生的悖论，但她不是一个怪物呢？我用另一种方式拆分讲述这一点。如果我们假设，空间的归属感应让位于时间的归属感，那么对这个中年妇女来说，没有任何悖论之处。

她居住的任何地方都是抽象的，一般来说，她的感官体验也是抽象的。她是一个孤独的女人，没有丈夫，没有孩子。也许，在酒店或公寓里有一个情人，但是这并不足以构成一个家，只有猫使她有归属感。作为补偿，她有着强烈的时间归属感，她几乎可以和每个人沟通她的想法。即使她能讲五种语言，但也许她并不知道童谣。但是，我们不应该忘记，她没有孩子，即使她有，在她的时间和麻木的空间里，孩子不再背诵童谣了。我邻座的生活呈现了一个悖论，她用下面的句子介绍了她自己——"我的家是我的猫居住的地方。"她没有回答："我的家是广阔的世界"，或"我的家是坚固的"，或"我的家就在当下"。她回答："我的家是我的猫居住的地方"，在她的家里有一个自然的存在，有一个管家在那里生活。动物为（女人）男人们看家，这解构了"家"的概念，不只有怀旧，还有些复古，比如，像猫一样群居。这两者在一起形成了悖论：骄傲地生活在绝对现在的麻木世界和渴望成群的动物的温暖。

让我试想谁是这两类人，正是鲜花广场的餐馆老板和客机上我的邻座。现在，餐馆由我朋友的儿子经营，但是他仍然忙里忙外，饭间，坐着他的椅子和路人谈笑风生。自从我们相遇后，飞机上的女商人就已经提前退休了，而现在她开始寻找自己的根。

于是，她继续出行。她返回到罗马尼亚小村庄（她不理解那里的语言）；她在狭小的档案里挖掘出生证和死亡证，去发现一些东西，也许是一张纸上有她伟大的曾祖父的名字，去寻找她从何而来。

我已经详细说明了两种典型的归属感：空间的归属感和时间的归属感，这是两种简单的理想类型。我想阐明三点。第一，这里有一种普遍的倾向，是从空间的归属感向时间的归属感转移。第二，所有的归属感，包括保守的生活形式在内，或多或少都成功地征服了偶然性；结果，除了一些偏远的地方，纯粹的空间归属感不再存在。第三，仅仅时间的在归属感也是有限的；它需要完全脱离感性/情感，这样就激发了它的对立面，回到身体健康、生物之爱和纯粹的肉体性。文明招致野蛮，这种旧时的警告必须引起注意，这里还要附带一个重要的条件：从时间的归属感返回到曾经熟悉的空间归属感的世界，不是每一种返回模式，都是回归到野蛮。

绝对精神的在家感

至此，我已经简要讨论了两种归属感的理想类型。现在我要谈的是第三种类型。有一个传统主题，一个隐喻的空间，现代人开始把它叫作"高雅文化"，但我更喜欢黑格尔的表述，把它称为绝对精神的领域。诺瓦利斯说："哲学是思乡病。"当时间的归属感淡化时，男男女女仍可以在艺术、宗教和哲学等"高处"找到他们的家。我说的男男女女，意思是指欧洲大陆的居民。对于第三个家，我把它称为欧洲人的栖息空间。譬如，它从来不代表北美的现代性。又如，宗教是空间归属感的一个维度，或者是宗教团体肩上背负的文化行囊。实用主义形式下的哲学，尽管辉煌，但它只是在政治空间的一个演员，除了与欧洲有关的艺术家作品，艺术都被深深嵌入日常生活的空间。即使良好的哲学和艺术都获得实践，北美人也永远不会竭力在绝对精神的"高处"寻找他们真正的家。美国学生很容易大喊"西方文化已经消逝"——他们现在希望放弃的东西，从未成为他们自己的家。然而，它还是一个欧洲人的家吗？

在现代性的开端，三个家（空间、时间和绝对精神）之间的距离是模模糊糊的。每位处于绝对精神中的人，都处在当下或者过去和未来，但绝不是处于抽象的、感性虚空的当下，因为他们依附于自己空间的家。但是旋即，时间和空间的旅行开始了。欧洲人乐于无休止地发掘过去，开始对世界上最遥远的地方进行无尽的探险。在一个世纪里，欧洲高雅文化包罗万象。现在，甚至高雅文化和低俗文化之间的界限出现了模糊的迹象。一切事物都有趣味，一切都值得解释。欧洲文化被诠释学所主宰，不管它们名义上是否如此称呼。诠释学实行文化输血的任务。现代人赋予他们的欢乐和痛苦以意义，即他们通过不断地吸收和同化精神食粮使自己保持文化上的活力，这些精神食粮早已存放在过去的或现在的抑或陌生的世界。

绝对精神，欧洲现代人的第三个家，在感性上是有浓度的。另外，其感性浓度是其最具吸引力的因素之一。我们与这个世界邂逅的记忆总是包含怀旧。我们渴望回归。然而，不同于回到母亲的子宫内的渴望，我们的这种渴望是愿意以不同的方式重新体验相同的事物。人们渴望的那种确切重复，是不能得到满足的。每个重复是不可重复的。这不仅仅是追求新颖，而且是在熟悉中追求新颖。这个欲望是现代人的动力之一，然而在他们追求新奇的过程中，这种动力也把现代人日益推向过去。

每一个古老文本的新诠释都会满足这样的欲望，即重复不可重复的事物。在文学、音乐和美术中的"引述"就是如此。在一个平庸和缺乏想象力的层面,想要融合新奇的感官体验与熟悉特征,数百万大众旅游的实践者的特征,他们从一个地方漫游到另一个地方,不断拍照和购买纪念品,而这仅仅是冰山一角。

绝对精神,欧洲现代人的第三个家,不仅感性上令人满足,而且在认识论意义上也是很有价值的。属于高雅文化的事物、单个作品,具有意义的浓度。意义的浓度不是一个本体论属性,甚至还不算本体论的常量,也不是一个主观评价。解释性的多样性与单个解释存在的分量,共同构成了这个浓度。如果一部作品有了一千种解释以后仍然有第一千零一种解释来讲述一些新东西,那么它就有意义的浓度。但是,倘若一部作品有了三种解释后,我们就完全弄透彻了,那么它的意义是相对浅薄的。在欧洲居民的第三个家中,充满着几百年来还没有解释穷尽的作品。但是,现在这些意义高浓度的作品不再能满足新奇和重复的需求。为了满足这种需求,我们的杂食文化丢弃了标准,去寻找还没有解释尽的作品,因为直到现在,这些作品还没有被认为是具有解释价值的意义载体。

现代阐释学实践,包括解构,是后现代解释的特例。但是每一个解释,即使是最发自内心的和最天真幼稚的解释,都在开展对文本的认知活动或判断活动。我们不应该忘记,第三个家是现代人的家,显然是为欧洲人提供了形而上的便利。这个家不是私人的,每一个人都能够参与其中,在这个意义上说,它也是世界性的。任何人都能参与进来,这个保证既是指这个家会包含的作品,也是指因思乡情切,寻求意义的到访者。我可能已经颠倒了前面句子的次序。因为具有感知和理性的到访者决定,哪些人可以被允许进入这些作品的第三个家。起初,很少的作品被允许进入,现在几乎每一部作品都可以入选。刚开始时,只有很少的到访者进入,随后他们的数量也开始增加。如今,这种起源于欧洲的第三个家迎来了来自各种文化背景中的数以百万计的到访者。从尼采到阿多诺,许多文化评论家预示了第三个家的坍塌,因为那里摆设了过多的家具和涌进了过多的参观者。他们的担忧不是没有根据的。

让我回到刚刚弃置不顾的思想链。这种归属感的两个元素,即感性印象更高更浓的呈现以及反思和解释的强化,这两者在我们的第三个家也就是现代的家中也是同样重要的。

如果熟悉的情感是感性体验的唯一来源,那么这种体验本身可以是未经思考的（例如我们童年时听的民谣）。但那时，我们不能说"第三个家"的真实体验，因为我们仍处于第一个家（空间的在家体验）中。另外，如果熟悉的情感只出现于反思的层面，那么，我们并不在第三个家而是在第二个家。例如，现在世界上人人都谈论萨曼·拉什迪，因此我们读了几页他的有争议的小说，以便能加入谈话；熟悉感来自阅读过的日报和目前所涉及的热点。感官体验几乎为零，话语空间全是反思地活在绝对现在的人。

如果一个人没有不断地锻炼自己的判断和反思能力，那么这个人也不能拥有欧洲现代人的第三个家。家永远是人类的栖息地，一种人类的关系网络，一种共同体。在家里，一个人可以说话没有解释，但条件是，这个人是对理解他的人说话。并且如果一个人能从只言片语、暗示和手势来理解另一个人，那么一个共同的认知背景已经预设。试想一下，如果有人提供给十个人十部相当不同的哲学著作，并告诉他们，每部作品只有一本，但是他们读完后就必须烧掉这些著作。

进一步试想，这十个读者都迷恋他们拿到的作品，比如，他们从中有了深深的哲学体验。他们所有的人也表达他们的体验。他们惊呼："多么美妙！"但他们无法提供本书的内容，或给自己的诠释提供论证。很难说，这十个人拥有同一个家，虽然他们都有一个绝对精神领域的体验。

如果男性和女性至少享有某些体验，绝对精神的领域可以作为第三个家。例如，莎士比亚的某一作品汇聚了所有曾经存在于其他莎士比亚作品世界中的男性和女性。每个莎士比亚的爱好者各有一个不同的体验，但是所有那些住在莎士比亚世界里的人，不需要注释，从暗示中就能相互理解。他们仅背诵一个句子就能引起对方的联想。即便没有直接引述莎士比亚关于爱的句子，他们也承认这就是爱。第三个家和其他家一样，必须要能分享。对到访者而言（每个到访者都不是一位艺术家、哲学家或神学家），这是他们渴望回去的地方，他们实际上回归的地方，在这里重复着不可重复的体验。体验是有生命的，它活在记忆和回忆中，体验需要一起回忆，即使没有在一起体验。第三个家的到访者一起再次进入这个家，在思考和讨论中，他们保持这个家的生命力。我们常言的高雅文化不仅仅是某些欧洲人重视的作品的总和，而且包括所有人类关系，这些关系不论是情感的还是推论的，都与绝对精神有关。

十个男人和女人，从一个慷慨的实验者那里得到十部不同的伟大哲学著作，获得私人的享受和熏陶，这个虚构的故事不是拙劣的模仿。在我们的杂食性文化中，整个过去已被吸收干净了，那里没有享受特权的作品，在这里，时代或文本、共同的家园、绝对精神的各个方面被分解为微型世界，或者说，如果你喜欢，被分解为微型话语。如果这十个有相同层次的文化兴趣的人见面，你可以肯定地说，在他们中间，甚至不会发现两个人有共同的艺术、宗教或哲学体验。第一个人可能会说，我读了《X》："多么美丽。"第二个人会补充说："去听演唱会 A，它是多么的棒。"第三个人说："去听演唱会 C，多么美妙。"诸如此类的体验。没有人想到一个体验可以分享；这种体验可能连一个文化话语都没有，可能一个也没有，如果是这样的个人体验也褪色了，即使它不褪色，它也永远不会提供一个可以居住的家。你去训练猫听你听的音乐，也好过要求你的同伴这么做。所以，黑格尔说的绝对精神，是与回忆有关的。一个人回忆一段不记得的过往。这是阐释者做的事情。但是，如果没有特殊化的共同文本让绝大多数阐释者试图破解的话，那么，这种过去就容易分崩离析，沦为一系列微型阐释。一个人回忆一个人的过去，其他人回忆其他人的过去；人与人之间没有沟通的路径。

每一个微型话语使我们想起鲜花广场。如果你问某人波希米亚剧场在哪里，他会说它不是我的专业，或我对它不感兴趣。或者他会慷慨地补充道："问居住在那里的人，他们知道。"但是他们也可以回答："波希米亚是敌人。"这种微型话语也使我们想起那位飞机上的女游客。

世界上到处都有分享某人的专业的人。人们在孟买、新加坡、奥斯陆和列支敦士登可以找到这些人。但在杂食性文化中，即使人们居住在同一个小小的精神家园中，也很难彼此交往，因为十个人仍然阅读着十种完全不同的书，一百个人会阅读着一百种完全不同的书。他们的阅读和思想需要同步。事实上，他们是同步的。不同的权力关切着同步。其中凸显着两样东西：同时改变人们对世界的看法的历史事件，以及时尚。尽管杂食文化不承认精神主食的合法化，但是实际上，第三个家的"餐馆"通常提供包括当今的时代、当下时刻、绝对现在的主食菜单。明年，将会有另一种菜单。目前的解释给予所有古老的文本以意义。好像我们又一次回到绝对现在。

宪法民主的归属感

  我们可能简单地认为民主很适合去申请现代人第四个家的地位。就像第三个家在欧洲建立起来了，第四个家也在北美成形了。为了探索这个命题，人们可以把美国作为一个典型，一点也不需要历史的精确性。假设有一个美国人，咱们问他一个简单的问题："你的民主国家是家吗？"更确切地说，你生活在民主社会的美德中，你（在那儿）有归属感吗？这个问题不在于是否有人能在×民主国家中感受到家的存在，而是说民主制度本身是否应该被认为是最基本的或者基本够格的能创造家的方式。美国是一个宪政国家；欧洲也有国家拥护宪法。宪政国家不是一个没有民族主义的国家；民族主义又被认为是沙文主义，这在美国是很普遍的。但是一个宪政国家的归属感，不同于一个典型的欧洲国家的归属感。例如，不同于像法国这样的国家，在美国，要想拥有强烈的归属感，既不需要共同语言，也不需要支配国家的文化和宗教。

  更重要的是，没有哪个集体的过去可以证明现在的合法性。历史合法性的缺失切断了过去的维度。家由宪法确立，其他的一切都是前历史。

  民主宪法是一个家，因为它具有传统。然而，这种传统不像是把查理大帝或者吟游诗人作为法国文化和历史主义中"家的意识"的传统。如果这种传统始于宪法的接受，那么新旧的平衡将会完全不同，宪法只会被修正，但从不会被废除。如果被废除，美国人将会失去他们的家。无数的法国宪法被废除，出现了一个又一个宪法。但是"民族"的存在永远不会成为问题。法国仍然是法国移民的家。

  民主制度对美国人来说创造了家，不仅仅因为它们是民主机构，还因为它们由自己的宪法创立，而宪法是他们广泛认同的框架。广泛认同不一定是抽象的。这里存在着一个民主体验的事实。美国人有这样的体验。这种自我理解体现在他们的法庭剧中，在原告和被告的对抗中，在陪审团一致的裁决中。其理想体现在具有公民勇气的男男女女中；其政治真相来自报纸，不管各种族背景的母语、当地习俗，或他们喜欢听的音乐类型是什么。这些是感官浓厚的体验，因为它们激发兴奋，催生痛苦和欢乐，被铭刻在心。

米歇尔曼（Frank Michelman），最具代表性的美国共产主义者之一，曾经说民主必须每天都更新。的确如此，这是一个深刻的真理。然而，也许这个深刻真理在欧洲的影响不同于美国，至少现在是这样。

就在前几天，一个朋友让我描述在美国的经历。我向她描述了一番。在听完后，我的朋友惊呼道："但这是托克维尔（民主政治是表现自我节制和自律最严峻的考验之一）。""当然，"我说，"在托克维尔之后，什么都没有改变。"这并不意味着什么都没发生。但是美国采取的政治事件的道路上与那些前现代的政治体十分相似，比如罗马共和国。这种模式与同时期欧洲经历的历史变化的模式完全不同。欧洲的历史已经成为美国的前历史。唯一的例外是在两次世界大战时，美国与欧洲和亚洲的历史有了直接的政治接触。

美国的一切都没有改变；民主必须每天更新。暴力猖獗，社会推动现代性的钟朝着一个方向摆，几乎达到了自我毁灭的点。然后，钟摆被推回，一时的平衡被恢复了。在美国，在近两百年来，我们遇到黑格尔在法国大革命中看到的启示世界。否定被造进系统。这个系统也是一个伦理精神的系统，但是不含（欧洲）第三个家的伦理精神系统。这就是为什么多数群体被视为一个道德权威的原因。这个价值被认同，没有异议，正如现代性的发展之前一样。

民主宪法不是一个人能扛在后背上的家。一个人通过日常的实践和义务确定归属。正是如此，第四个家如第一个家，涉及空间。它可以被视为一个巨大的鲜花广场。但是一个巨大的鲜花广场并不像罗马鲜花广场。在罗马鲜花广场的每一个人，每一张脸都是熟悉的。在巨大的鲜花广场中，每个人都是孤独的。不过并不如此，因为这种巨大的鲜花广场被分为小农场，被称为基层运动、游说团体或共同体。

因为民主宪政必须在每一刻被重新确立，所以我们可以毫不夸张地说，一个人居住在这样的家里是住在绝对现在的家里。没有哪一个过去比得上现在的过去，没有哪一个将来比得上现在的将来。也许，这是发展回归常态的信号，欧洲人在历史中寻求他们的家差不多两个世纪了；他们住在自己宏伟的叙事中；这似乎是结束了。美国民主从不需要宏伟的叙事。美国公民在这方面像雅典公民或者罗马共和国的公民。然而，所有其他局面现在面临着一种全新的处理方式。古人有一个共同的形而上的家,他们出生时就已经被决定好了命运。他们被绑定在他们的属、他们的民族、他们的部落中。现代男女偶然地承受或者享受这一切结果,而从上述列举的生来就被决定好了的命运中,他们一无所获。但是,一个人出生时没有获得的东西,他仍然可以通过选择去获得。

这已表明,这种巨大的鲜花广场,被称为美国民主,它一开始并没有改变,尽管已经有很多事情发生。不只修改了宪法,许多其他的事情也已经被修改;只是社会应对冲突及戏剧性事件的方式仍然保持不变。巨大的鲜花广场一直被分为小鲜花广场、小营地、共同体和施压的团体。正是通过这些小鲜花广场,野蛮的回归不断发生。在这些小家中,大鲜花广场的冲突不断发生,小家根本上是反普遍性的。他们推动他们的利益,心怀怨恨地长大成人,他们用怀疑的眼光对待他人。他们通过打压个人品位和意见,鼓动自己的阵营。他们带来异类、敌人。他们也从种族或宗教的群体中构成"种族"。毕竟,产生一个陌生的种族最为容易。人们观察其他人群的行为、手势的新特性,宣布他们是排外的和有组织的,然后一个新的种族诞生了。除了外来宗教、族群、其他肤色人群,最近在美国的民主中,甚至其他性别也被视为一个陌生的种族。

因此,如果一个美国人告诉你,他的家就是美国的民主,那么这不只是一种言语修辞。一般而言,民主不是一个家,但如果他们的公民,他们目前的奠基父母,每一天都重新建构民主,一个或者其他某种民主可以是一个家。如果有这样一个家,它是空间的,因为你不能把它背在背上,它也是瞬间的,因为它活在绝对的现在。但是,民主的家就其本身而言并不能导致反民主乃至极权主义精神态度的结局,它并不阻止身体暴力,这种身体暴力是行使武力的武器。民主很容易和种族主义相随;野蛮的复辟似乎属于偶然世界里的民主文明。如果一个人旨在寻找对抗不容忍、狭隘、偏见和盲目的拯救方法,那么他应该转向自由主义。但是自由主义不提供一个家;它不是一个家;它只是一个原则,一个信念和一种态度。一个人可以在所有的家中都是自由的。然而,这个人首先需要一个家。民主,作为能胜任现代性的政治形式,对所有现代人,自由主义者和反自由主义者来说,它可以成为家。在这一点上,欧洲可能要美国化。那时,欧洲的民主将构成一个范围,如同一个巨大的鲜花广场,在这里各种包容和不包容的大国将对抗变化多端的风险。可以推测，这是双方都没有胜利的战斗。但是，人们仍然希望，仇恨、愤恨和敌意不会在我们的家中占上风。

宏大叙事之后欧洲的创家者

当我起初思考"我们何以为家"这个问题时，我首先试图探索归属感的质性。我首先讨论空间归属感的感性密度，如熟悉的香水、声音和食物，我们把它们载入记忆，我们要回到它们那里去。在今天，这变得几乎不可能了。

上述列举的归属感的主要维度来自我们日常生活中遇到的事物，如家具、厨房用具、挂毯和玩具。虽然欧洲从前现代到现代的社会安排经历了戏剧性的痛苦转变，但是日常生活的事物依旧如此。虽然拿破仑的大军入侵欧洲，但同样的手表，依旧是父亲继承祖父的，儿子继承父亲的。这不仅发生在英国贵族的庄园里，而且还出现在法国农民的农舍。当儿子颠沛流离后回到家里，他能在老地方找到一切东西，即使有时它们的历史光泽已消退。有趣的是，在大屠杀和古拉格的新启示后，随着越来越多的欧洲历史平静下来，越来越多的居住者开始了他们自己的历史游荡。那流浪回来的儿子，辨认不出儿时的家。虽然可能辨认不出来，但是仍然有记忆。因此，辨认的标志一般是通过摄影和展览，通过电影（例如德国电影《故乡》），以及怀旧旅程人为地创造出来的。生态运动所引发的激情不能单靠理性思考来理解。保护环境也是保护家，保护人们可以回归的栖息地。

家，甜蜜的家，它有那么甜蜜，或者曾经有那么甜蜜吗？熟悉的香味可以是烧肉的味道。熟悉的手势可以是出手打人的手势。颜色可以是深色和灰色。家是我们曾经哭泣过但是没人倾听的地方，是我们曾经饥寒交迫的地方。家曾经是一个人不能突破的小圆圈，是似乎没有尽头的童年，是没有出口的隧道。在这个世界里，我们毕竟曾都拥有一个家，在那里，地球是山谷的眼泪，这个隐喻充分描述了我们的体验。不回来该多好啊！甚至不躺在心理分析家的长椅上该多好啊！我们可以获得存在之轻，存在不可承受之轻，就像客机上飞往澳大利亚途中的女人。

"我们何以为家呢？""我们"可以代替"我们这些现代人"，或者

"我们 21 世纪的现代人"或者"21 世纪的欧洲现代人"。"在家里"可以是"在空间的家里"和"在时间的家里"。现在我再次提出问题:"欧洲现代人 21 世纪是在空间的家里还是在时间的家里?"

答案似乎很明显。欧洲现代人是在 21 世纪的欧洲才有了家的感觉。但这听起来太简单了。近 200 年来,所有具有代表性的欧洲现代文化一直都为人渴望,然而这些文化也因此遭受冲击,那些人渴望另一个地方,另一个时间,渴望一个真正的家。一个典型的欧洲现代人的归属感失去了形而上学的根基,被历史地震所取代,被不满困扰着,这种归属感是模棱两可的。熟悉感被视为陌生的障碍。从卢梭到高更,再到仅仅几十年前的第三世界浪漫主义,陌生化呈现在家、和平、祥和、安全和爱的光芒之中。在欧洲感受不到家对欧洲人来说是一个典型的寄居体验。但随着欧洲的宏大叙事的消退,直到最近,欧洲自我意识的内在形式,标志着一个更少戏剧性的和更加明确的欧洲身份的出现。与此同时,欧洲美国化的符号出现了。

虽然现实的,不只是虚构的,宏大叙事浪潮已经退去,但是其结果成了我们的传统。让我回忆他们其中的几个。我们有"第三个家"即绝对精神的家,并且我们仍然可以选择在那里居住。在这个家里,我们可以在所有的地方和所有的时间找到家。第三个家的具体世界很难被称为"欧洲",因为它属于不同的民族文化。但总的来说,经常居住在第三个家或不时探访它的可能性属于欧洲人的归属感。这构成了欧洲人归属感的第三和第四个维度,其他的文化则没有构成。从这个观点看,我们或许可以颠倒最初的问题。不是问"我们(21 世纪的欧洲现代人)何以为家?"而是问"21 世纪欧洲人是谁?"回答说"欧洲人是可以居住在(绝对精神的)第三个家里的人,或者经常造访这个家的人"。不用说,这些人不仅仅是欧洲人,而且他们是欧洲的创家者。共同市场或者欧洲议会没有造就欧洲——第三个家里的猫造就了欧洲。

栖息地、时空连续性、部落和部落的神,他们一起造就了前现代的家。这个家现在在第三个家、在活生生的记忆博物馆中被保存,偶尔被重建。我们看到,为了保存前现代的归属感,这里提供了我们的后现代生活的第三和第四个维度。重建工作是欧洲的一个发明。也是在这里,新"城市"的想法被构思了,但是现代城市竖立在未开垦的土地上。过去是在绝对现在中被保存的。民主是绝对现在，包括现在的过去和现在的未来。但是，第三个世界在现在保存了过去。超越现在的未来消失了。在前现代的家，未来总是存在的，作为未来的地方，作为部落、部落的神存在。宏大叙事取得了辉煌的努力，超越我们的视野，去想象未来。然而，这已经一去不复返了。现代的男女被监禁在历史性的牢房中，并且他们也意识到了这一点。广义上讲，我们可以把历史性的牢笼作为我们的家。

我们何以为家？我们可以在绝对现在，在任何地方自由漂浮。地理上的随意性向所有人敞开可能性，但我们不能选择我们的时间。而且，正是普遍的时代性体验（不是由电信导致，只是由电信轻易就传播的体验）产生了地理上随意性的漫游癖。我们使用全球性的东西（汽车、电视、厨房用具、杂志等）以及围绕它们的幻想都属于普遍的时代性的体验。所有地理上随意的人因为不同的原因而变得随意（每个人都有不同的动机），但是地理本身就已经成为一个世界现象。地理意义的第二和第三次婚姻成为可能。就"家"而言，不再是"至死我们不分离"。这不仅仅是一个隐喻。我的家人在哪里，哪里就是我的家。当婚姻破裂时，家就失去了。

但是在偶然的世界里，存在着各种可能性。一个人可以选择定居在类似鲜花广场的地方，也可以选择不去定居。一个人也可以不在地理上安定，可以很快在不同的地方找到家。毕竟，一个人同时可以在自己空间的家里，在临时的绝对现在的家里，在绝对精神的领域即第三个家里，在宪政的民主文化的家里。然而家也在自己的民族语言、族群习惯、宗教共同体、校友关系圈或家庭的亲密圈子里。在这些家中，第一个家是背在身上的，第二个家是想要回去的，第三个家从来没有被抛弃。

如果这些都能自圆其说，那么"我们何以为家"这个问题是提错了，至少就"我们"21世纪欧洲现代人而言是错的。也许，没有两个人会给这个问题完全相同的答案。我们的感官家庭体验的密度是从家到家发生变化。一个靠近心的逻辑，一个靠近理性的逻辑。这些家之间有多重层次，彼此纵横交错。这些层次有严格的个人性和不规范性。至少它不应该被规范，非规范性就是规范。因为如果归属感的层次被规范性地建立，现在当代文化就进入了内战状态。我可以把我们的族群归属感作为我所有的家中主要的家。但是，倘若我的共同体成员命令，我应更喜欢这个家，抛弃其他的家，那么，我们进入了内战状态。正如我们所看到的美国，民主不是反抗稍微变得高尚的或者没有变得高尚的暴力的卫士。我提到的自由主义，可以作为一种解药。

自由原则允许每个人以他或她的方式回答这个问题："你何处为家呢？"一个人不是在这里就是在那里找到家，另一个人反之亦然。一个人在鲜花广场有家却丝毫不了解庇亚门，而对另一个人而言，一个地方如果没有她的猫，就没有她的家。家成为主观偏好之事，并具有原教旨主义、新文明的野蛮问题的危险，因此需要加以提防。

尽管这个问题"你何处为家？"可能是由每个人单独回答的，但是归属感的层次对每个人而言可能是特殊的，但是家本身没有。家是共享的，并且在各层次被共享。住在家里，住在一个国家，一个种族社区，一个学校，一个家庭，甚至住在"第三个家"，这不仅是一种体验也是一种活动。在这个活动中，人也遵循标准，满足正式的需求，参与语言游戏。某人可以说"这是我的家"，但是如果其他人（家庭成员、宗教团体等）不承认他的话，他在那儿不会有家。在一个家里，人需要被接纳，受欢迎，或者至少被容忍。从某种程度上看，所有的家都有些专制，它们需要奉献，需要责任感，还需要一些同化。问题不在于数量，而是一种同化的类型。如果同化的需要带有一个隐藏或公开要求自己异化从其他家庭带来的个人偏爱，那么寻求同化不只是轻度蛮横，而变成强烈的狭隘。如果对同化的要求带有隐蔽或公开的要求，即该人应将把自己从其他自己偏好的家中分离出来，那么对同化的追求不仅是温和的专横，而且会变得非常自由。这在所有层次上也是如此，不论民族国家是否推行同化，使主体自己脱离他们的族群共同体，还是族群推动同化，使他们的成员脱离民族文化。最近，关于普遍主义专制的倾向和公正已经说了很多，但是特殊主义可以像普遍主义那样专制。它们是同一硬币的两面。

并非所有的家都需要奉献或负责。当我乘坐的飞机飞跃地中海时，我看见下面蓝色的大海延伸到大陆和岛屿的灰色轮廓中，这里就是我的文化起源地，我被强烈的情感控制住，因为我觉得这里就是我遇到的最深的、原始的家。这是一个自由浮动的体验，它并不强迫我。但是一个真正生活和居住的家，会有要求。在绝对现在的世界里，甚至夜莺的歌声和栗子树的阴影也承担着责任,因为我们不能理所当然地认为,它们明天依然还在这里。

那么,何以为家呢?我们每个人生活的世界,是我们自己做主与共享的命运的世界。

(傅其林　曾祯　译)

索　引

（本索引的页码是原书页码，即本书边码）

绝对现在（absolute present），219-220，208，209，212，214，216，217，221；绝对现在的文化（culture of），204

西奥多·阿多诺（Adorno, Theodor），36，37，48，49，51，149，211；《美学理论》（Aesthetic Theory），17，48，50

审美判断（aesthetic judgment），16，63，69，98，197

美学理论（aesthetic theory），38

美学（aesthetics），117，27，43；艺术与美学（art and），37，44；现代主义审美（modernist），58；现代性与美学（modernity and），1，14-23

伍德·艾伦（Allen, Woody），《安妮·霍尔》，（Annie Hall），84

不合时宜的人或事：必需的不合时宜（anachronism: necessary），95，99；有意识的不合时宜（self-conscious），95；无意识的不合时宜（unintended），95

人类学：批判人类学（anthropology: critical），7-13，14；哲学人类学（philosophical），2，24

建筑（architecture），52，54，58，63

汉娜·阿伦特（Arendt, Hannah），148，150，153，191，201；汉娜·阿伦特与希腊文化（Hellenism and），177，178，187；《人的条件》（The Human Condition），178；《论革命》（On Revolution），136

争论（argumentation），113，26

亚里士多德（Aristotle），185，60，65，77，80，105，109，113，126，139，145，153，164，177；《伦理学》（Ethics），65；《形而上学》（Metaphysics），65，44；《诗学》（Poetics），65，70；《政治学》（Politics），134，140；《修辞学》（Rhetoric），65，67，70，122

艺术：艺术自律（Art: autonomy of），47-48；艺术帝国（empire of），48；艺术领域（sphere of），47

艺术：审美与艺术（art: aesthetics and），37，44；艺术是神圣的（as the sacred），36；艺术自律（autonomy of），14，17，

47-63；不良艺术（bad），36，50，55，53-57，58；美与艺术（the beautiful and），17，35，41-42；艺术商品化（commodification of），52，54；艺术与沉思（contemplative regard and），50；当代艺术（contemporary），47，51，55，57-58，59，61；艺术与快乐（delight and），68；艺术与虚构（fiction and），93；美好的艺术（fine），49，53，54-55，58，60，72-74，118，189，197；好的艺术（good），36，50，55；艺术与机械复制（mechanical reproduction and），53-54；高尚的艺术（noble），82；艺术与哲学概念（philosophical conceptions and），60；艺术哲学（philosophy of），37，38，40，42；艺术的范围（realm of），49；宗教艺术（religious），72

艺术家（artist），6，8，15，22，47，49，55，56，71；艺术家与艺术作品的独特个性（individuality of artwork and），115，118-120

艺术作品：一种方式（artwork：approach to），19；艺术作品作为人（as persons），50，53；艺术作品作为心灵与形式的统一体（as unity of soul and form），118；美与艺术作品（beauty and），35，36；艺术作品的概念（concept of），2；艺术作品创作（creation of），16，144；艺术作品的尊严（dignity of），47-63；艺术作品接受的情感、角色（emotions, role in reception of），65-78；友谊和艺术作品（friendship and），18；艺术作品的个体性（individuality of），50，51，115，118-120，118；艺术作品技术方面的兴趣（interest in technical aspects of），22；爱与艺术作品（love and），20，77；机械复制与艺术作品（versus mechanical reproduction and），53-54；完美与艺术作品（perfection and），19；艺术作品的个性（personality of），51；现代性历史中艺术作品的社会地位（status of, within history of modernity），1。参见艺术作品（See also work of art）

简·阿斯曼（Assman, Jan），133

灵韵（aura），72

自传（autobiography），191，201

自律（autonomy），120，123，126-127，135，188；艺术和自律（art and），14，17，47-63

简·奥斯汀（Austen, Jane），70，191；《傲慢与偏见》（*Pride and Prejudice*），94

奥诺雷·德·巴尔扎克（Balzac, Honoré de），207；《高老头》（*Father Goriot*），114

贝拉·巴托克（Bartók, Béla），49

齐格蒙特·鲍曼（Bauman, Zygmunt），156

美（the beautiful），144；艺术和美（art and），17；美的概念（concept of），1，2，15，29-43；对形而上学和美的解构（deconstruction of metaphysics and），30；美的消亡（demise of），33，38，41；美的历史（history of），30，32；美的理念（idea of），30，32，33，39，41；现代性和美（modernity and），14-

索引

23。参见美（See also beauty）

美（Beauty），15-16，17，32，35，37，38，68；绝对的美（absolute），33；艺术作品和美（artwork and），35，36，37，42；美的概念（concept of），35；天赐之美（divine），33；美的经验（experience of），33；真（true），30

美（beauty），16，17，32，126，147；艺术作品和美（artwork and），40，68，73，74；美的概念（concept of），17，36；美的消亡（demise of），36；美的效果（effect of），34；美的经验（experience of），33，38；美的理念（idea of），15；爱美之心（love of），37；参与美（participation in），32，33；美的来源（source of），32，33，34-43；崇高与美（sublimity and），58；真（true），38。参见美的（See also the beautiful）

塞缪尔·贝克特：《莫菲》（Beckett, Samuel: *Murphy*），84

路德维希·凡·贝多芬：《第九交响曲》、《第七交响曲》（Beethoven, Ludwig van: *Ninth Symphony*），90；（*Seventh Symphony*），76

昆汀·贝尔：《糟糕的艺术》（Bell, Quentin: *Bad Art*），56

瓦尔特·本雅明（Benjamin, Walter），37，47，53；《暴力批判》（"Critique of Violence"），112；《论语言本身与人的语言》（"On Language as Such and on the Language of Man"），50；《机械复制时代的艺术作品》（"The Work of Art in the Age of Mechanical Reproduction"），72

亨利·柏格森（Bergson, Henri），205

理查德·伯恩斯坦（Bernstein, Richard），144

约瑟夫·博伊斯（Beuys, Joseph），55

《圣经》（*Bible*），72，94，108，124，180；亚当和夏娃（Adam and Eve），112，121，122，135；《启示录》（"Apocalypse"），110；《创世纪》（*Book of Genesis*），105，109，122，123，131，132；二元性与《圣经》（duality and），109；欧洲主流叙事《圣经》（European master-narratives and），2，129-139，130，130-132，134，137；《格林多书的第一封信》（"First Letter to the Corinthians"），110；痛苦与《圣经》（pain and），121，121-122

阿兰·布鲁姆：《莎士比亚的政治》（Bloom, Allan: *Shakespeare's Politics*），160

汉斯·布隆伯格：《神话研究》（Blumberg, Hans: *Work on Myth*），139

肉体（the body），105；作为对精神的表达的肉体（as expression of the soul），115-120；肉体的二元论（dualism of），106，107，109，117，118，120，124；肉体在灵魂的牢笼里（in prison of soul），107，111-115，120，123，125；肉体外在的生活（life outside of），105-107；思想肉体（mind and），112；肉体中的权力（power within），105；肉体复活（resurrection of），109-110；灵魂肉体（soul and），107，112；灵魂被囚禁在肉体中（soul in the prison of），107－111，112，120；肉体的三位一体构想（Trinitarian formulation of），106

贝尔托·布莱希特（Brecht, Bertolt），71，78

肯吉·邦斯：《小魔煞》（Bunch, Kenji: *Arachnophobia*），59

理性计算（calculation, rational），114

詹姆斯·坎农：《使徒保罗》（Cannon, James: *Apostle Paul*），94

《坎特伯雷故事集》（*The Canterbury Tales*），81

漫画（caricature），82

科奈留斯·卡斯托里亚蒂斯（Castoriadis, Cornelius），107，144，178，188，191

米格尔·德·塞万提斯·萨维德拉：《堂吉诃德》（Cervantes, Miguel de: *Don Quixote*），81

耶稣基督（Christ），72，98，109，132

马尔库斯·图利乌斯·西塞罗（Cicero），94，96，177，187

布鲁诺·奇维蒂科：《感官预言》（Civitico, Bruno: *Allegory of the Senses*），59

科林伍德（Collingwood, R. G.），38，39，40

喜剧（comedy），12－13，80

喜剧现象（comic phenomenon），12－13

宪法（constitution），50，134－135，136，141，153，154，214－215，216；民主宪法（democratic），215，216；自由的宪法（of liberties），134

沉思（contemplation），9，19－20，50，52，53，58，62，69，72，147

偶然性（contingency）：意识到偶然性（awareness of），205－214；宇宙的偶然性（cosmic），206；偶然性的观念（notion of），4；开放的偶然性（open），5，7；社会偶然性（social），5，206

世界主义（cosmopolitanism），51，162，211，219

古斯塔夫·库尔贝：《画室》（Courbet, Gustave: *The Studio*），59

文化批判（criticism, cultural），52－54；部分的（partial），54

贝奈德托·克罗齐（Croce, Benedetto），38

狂热者（cult figures），55

文化（culture），11，145，150；文化的定义（definition），129；高雅文化（high），1，210，213；历史文化（historical），5，6；现代民主文化（modern democratic），1；杂糅文化（omnivorous），210，211，213，214；技术文化（technological），6

但丁（Dante），180

死亡（death），12，105

衰落，堕落，颓废（decadence），37

畸形的概念（deformity, concept of），29

神（deity），33，116

民主（democracy），6，153，156，183，188，190，219，220；美国的民主（American），216－217，178，215；雅典的民主（Athenian），178，183；宪法民主（constitutional），214－217，220；直接民主（direct），201，3，88，

191，24；大众民主（mass），83；现代民主（modern），131，137；议会制民主（parliamentary），154；国民投票的民主（plebiscitary），200；依赖民主（dependency），52；情感民主（emotional），123，126-127

雅克·德里达（Derrida, Jacques），8，139，144，187

勒内·笛卡尔（Descartes, René），16，32，179，183，186；《方法论》（Discours de la Methode），180

亚历克西斯·托克维尔：《美国的民主》（de Tocqueville, Guy: Democracy in America），134

德尼·狄德罗（Diderot, Denis），94，179

原教旨主义的差异（difference, fundamentalism of），191

尊严（dignity），14，47，51，61

脱离、分离（disembodiment），105-107

上帝的（divine），15-16；肉体如神（body as），109

费奥多尔·米哈伊洛维奇·陀思妥耶夫斯基：《卡拉马佐夫兄弟》（Dostoyevsky, Fyodor: Brothers Karamazov），131；《罪与罚》（Crime and Punishment），70，114

双重联系（double bind）：想象和双重联系（imagination and），141-156；《威尼斯商人》和双重联系（Merchant of Venice and），165-172，159

戏剧（drama），13，69，70，71，86；戏剧史（historical），93；同化失败的戏剧（of failed assimilation），159-174

二元论（dualism），106-107，109，121-127

二元性（duality），109，127

马塞尔·杜尚（Duchamp, Michel），50

萨拉·杜楠特：《维纳斯的诞生》（Dunant, Sarah: The Birth of Venus），99

动态性（dynamism），4；内在动态性（immanent），3

安伯托·艾柯：《玫瑰之名》（Eco, Umberto: The Name of the Rose），98，99，101

具身（embodiment），9；西方传统和具身（Western tradition and），106

情感（emotions），2，9，126；作为判断的情感（as judgments），69；作为灵魂或肉体的热情的情感（as passion of soul or body），122-123；自我关涉的情感（ego-related），71；艺术作品接受中的角色（role in reception of artwork），65-78。参见感情（See also feelings）

启蒙（enlightenment），87，99，143，148，180，187；古希腊的启蒙（Greek），141；玩笑文化和启蒙（joke culture and），90；理性主义启蒙（rationalistic），145；合理化的启蒙（rationalized），149；浪漫的启蒙（romantic），145，146

娱乐（entertainment），17，22，48，51，54-55，58，61

保罗·恩斯特（Ernst, Paul），94

厄洛斯（性爱）（eros），15，20，33，34

永恒境界（the Eternal），65

欧里庇德斯（Euripides），183；《酒神女

伴》(Bacchae), 160

日常生活 (everyday life), 10, 11, 12, 130, 154; 情感和日常生活 (emotions and), 67, 69; 日常生活中的善/恶 (good/evil in), 30; 日常生活的标准与规则 (norms and rules of), 9, 10, 11; 日常生活中的正确/错误 (true/false in), 30; 日常生活中"美/丑"的使用 (use of "beautiful/ugly" in), 29, 30

恶 (evil), 20, 31, 96, 130; 激进的恶 (radical), 13; 恶的激进化 (radicalization of), 169-170

童话 (fairy tales), 30, 123, 127; 玩笑和童话 (jokes and), 84, 85, 86

幻想 (fantasy), 66, 78, 107, 113, 129

弗朗兹·法农:《全世界受苦的人》(Fanon, Frantz: Wretched of the Earth), 169

感情 (feelings), 2, 7, 8-9, 14, 15, 18, 19, 65, 66-67, 122-123; 审美感情 (aesthetics), 74; 美与情感 (beauty and), 33, 38; 简约的/离奇的感情 (canny/uncanny), 74; 情感自由浮动 (free floating), 68-69, 70; 由遗传基因控制的情感 (genetically programmed), 66; 简单情感 (simple), 66, 67, 68, 69, 77。参见情感 (See also emotions)

里昂·孚依希特万格 (Feuchtwanger, Lion), 101;《犹太的战争》(Josephus), 94

马西里奥·菲奇诺 (Ficino, Marsilo), 66, 110

亨利·菲尔丁:《乔纳森·王尔德》(Fielding, Henry: Jonathan Wilde), 94;《汤姆·琼斯》(Tom Jones), 70

电影 (film), 22, 54

彼得·菲施利 (Fischli, Peter):《物之理》(The Way Things Go), 60

居斯塔夫·福楼拜 (Flaubert, Gustave), 205, 207

米歇尔·福柯 (Foucault, Michel), 8, 106, 114, 187;《关心自己》(Care of the Self), 119, 120;《规训与惩罚》(Discipline and Punish), 111;《性史》(The History of Sexuality), 112

框架 (frame), 144

自由 (freedom), 5, 11-12, 38, 151, 206;《圣经》和自由 (Bible and), 130; 空虚的自由 (empty), 6; 欧洲主流叙事和自由 (European master-narratives and), 129-139; 玩笑和自由 (jokes and), 81; 现代性和自由 (modernity and), 5, 6, 141; 良知的自由 (of conscience), 135; 宗教的自由 (of religion), 132; 开放的自由 (open), 7; 自由的悖论 (paradox of), 5, 12, 143, 152, 155, 156; 政治自由 (political), 138; 后乌托邦自由 (postutopic), 5; 先验自由 (transcendental), 111, 113, 126; 自由的普遍性 (universality of), 14; 自由的价值 (value of), 14, 148, 26

卢西安·弗洛伊德 (Freud, Lucien), 49

西格蒙德·弗洛伊德 (Freud, Sigmund), 34, 37, 75, 80, 86, 88, 105, 120, 154, 182, 188, 205;《摩西与一神

教》(Moses and Monotheism), 144

友谊 (friendship), 18-19, 43

原教旨主义 (fundamentalism), 1, 5, 94, 138, 142, 152, 199; 后现代 (postmodern), 197

汉斯-格奥尔格·伽达默尔 (Gadamer, Hans-Georg), 15, 17, 27;《海德格尔方法》("Heideggers Wege"), 182;《美的和其他论文之间的关系》("The Relevance of the Beautiful and Other Essays"), 41-42

约翰·高尔斯华绥 (Galsworthy, John), 195;《福尔赛世家》(Forsyte Saga), 94

克利福德·格尔茨 (Geertz, Clifford), 129

秦梯利:《艺术哲学》(Gentile, Giovanni: Philosophy of Art), 38

菲利普·格拉斯 (Glass, Philip), 76;《猎户座》(Orion), 57

上帝 (God), 33, 36, 105, 109, 112, 117, 123, 131, 133, 134, 135, 144, 187, 206, 26

约翰·沃尔夫冈·冯·歌德 (Goethe, Johann Wolfgang von), 119, 120, 179, 187, 195;《浮士德》(Faust), 93;《少年维特之烦恼》(The Sorrows of Young Werther), 21, 181

恩斯特·贡布里希 (Gombrich, Ernst), 55

善 (the Good), 15, 16, 30, 33, 108, 141; 善的概念 (concept of), 30, 32; 善当中正义的概念 (concept of Justice in), 31; 对形而上学和善的解构 (deconstruction of metaphysics and), 30; 善的灭亡 (demise of), 31-32; 善的理念 (idea of), 30, 31, 32; 好的/邪恶的善 (good/evil), 166, 29, 30, 130

善良 (Goodness), 112

善良 (goodness), 30, 31, 65, 119, 125-126

希腊诸神 (Greece, gods of), 177-188

希腊人 (Greeks): 德国人与希腊人的联系 (German relation to), 177-188, 26; 希腊人的理想化 (idealization of), 180; 罗马人与希腊人 (Romans and), 177-178

约翰·古腾堡 (Gutenberg, Johannes), 53, 85

尤尔根·哈贝马斯 (Habermas, Jürgen), 12, 84, 144;《公共领域的结构转型》(The Structural Transformation of the Public Sphere), 79, 82, 84, 89, 90

幸福 (happiness), 37, 38, 42, 112, 138, 142, 184

乔治·弗里德里希·亨德尔 (Handel, George Frederic), 76;《参孙》(Samson), 75

罗伯特·哈里斯 (Harris, Robert), 98, 101;《最高权力》(Imperium), 98, 99;《庞贝》(Pompeii), 98, 99

心 (the heart), 心的问题 (matters of), 痛苦、快乐与心 (pain and pleasures and), 107, 121-127

格奥尔格·威廉·弗里德里希·黑格尔（Hegel, Georg Wilhelm Friedrich），35, 37, 38, 72, 96, 118, 125, 131, 141, 142, 145, 149, 150, 187, 205, 207, 213, 215；《百科全书》（Encyclopedia），117；古希腊人与黑格尔（Greeks and），186-187, 178, 182, 184, 185；《美学讲演》（"Lectures on Aesthetics"）37；《逻辑学》（Logik），144；《精神现象学》（Phenomenology of Spirit），30, 83, 122

马丁·海德格尔：古希腊人与海德格尔（Heidegger, Martin: Greeks and），182-183, 184-186, 8, 9, 30, 38, 94, 141, 144, 156, 187, 208, 178, 181, 187, 26, 27；《黑格尔与古希腊人》（"Hegel and the Greeks"），184-185；拉丁文化与海德格尔（Latin culture and），186；《艺术作品的起源》（"Origin of the Work of Art"），118

《故乡》（Heimat），217

海因里希·海涅（Heine, Heinrich），133, 183

阿格妮丝·赫勒：《超越正义》（Heller, Agnes: Beyond Justice），18；《欧洲关于自由的主流叙事》（"European Master Narratives About Freedom"），5, 11；《日常生活》（Everyday Life），9；《永恒的喜剧》（Immortal Comedy），1, 12；《文艺复兴时期的人》（Renaissance Man），1, 2-3, 4, 5；《绝对陌生人：莎士比亚与同化失败的戏剧》（"The Absolute Stranger: Shakespear and the Drama of Failed Assimilation"），4；《美的概念》（The Concept of the Beautiful），1；西方传统中具身的形而上学（"The Metaphysics of Embodiment in the Western Tradition"），8；《道德哲学》（Philosophy of Morals），14；《情感对艺术接受的影响》（"The Role of Emotions in the Reception of Artworks"），9；《情感理论》（A Theory of Feelings），8, 9, 66, 69；《现代性理论》（A Theory of Modernity），5；《现代性的三种逻辑与现代想象的双重束缚》（"The Three Logics of Modernity and the Double Bind of the Modern Imagination"），5；《时间是断裂的》（The Time is out of Joint），1

异质性（heterogeneity），32, 37, 39, 48, 58

最高的（the Highest），65

编史（historiography），2, 94, 130, 133

历史（history），144, 150；作为叙事的历史（as narrative），5；历史中的理性角色（role of reason in），96

托马斯·霍布斯（Hobbes, Thomas），32；《利维坦》（Leviathan），134

弗里德里希·荷尔德林（Hölderlin, Friedrich），156, 178, 182, 186；《恩培多克勒》（Empedocles），182；《诵诗》（Hymns）182；《许佩里翁》（Hyperion），182

家园、归属（home），14, 23；作为人类生存条件的常量的家园（as constant of human condition），204；作为意义空间的家（as place for meaning），203-221, 1；作为享受特权的地方的家（as privileged place），204；对偶然性和家的意识（awareness of contingency and），205-214；家的伦理定位（ethical location of），2；从家园流放（exiles from），159；经验，空间的家（experience, spatial），207，210，208，209，212，217，220；经验，时间的家（experience, temporal），207，207-208，209，210，220；现代性和家（modernity and），14-23；家的本体论确定性（ontological certainty of），4；第三个家（third），212，213；普遍话语和家（universal discourse and），208

无家可归（homelessness），1，14；宪法民主和无家可归（constitutional democracy and），214-217；美的无家可归（of the beautiful），18，23，40，41

朴实：绝对精神和朴实（homeliness: absolute spirit and），210-214；现代状况和朴实（modern condition and），2

荷马（Homer），129，184

同质化（homogenization），32，35，36，37

巴里·休加特：《石头的故事》（Hughart, Barry: *The Story of the Stone*），202

人类是互不相关元素的混合物（human being, as composite of unrelated elements），105

人类（humankind），135，139；耶稣作为人类的救世主（Christ as redeemer of），132；人类的尊严（dignity of），51；人类的动态图像（dynamic image of），3

洪堡、歌德（Humboldt, Goethe），17

想象（imagination），66；文化想象（cultural），129；历史想象（historical），143-144，144-145，146-147，148-149，149-150，151，151-152，153，153，154，155，156，160；现代想象的双重束缚（modern, double bind of），141-156；想象的权力（power of），16，146；

技术的（technological），143-144，144-145，146，148-150，151-152，153，153，154，155，156，183

永恒不朽（immortality），38；心灵的永恒不朽（of the soul），105，108，109-111，113，116

个体、个性（individuality），23，51，118

罗曼·英伽登（Ingarden, Roman），38

装置（installations），18，51，54，57，58-60

智力的理性（intellect, rationality of），11

阐释：自律（interpretation: auto），54，56，59；异性恋阐释（hetero），59-60，189-190，195，191，193，194，197，198，199；后现代阐释（postmodern），211

亨利·詹姆斯（James, Henry），195

卡尔·雅斯贝尔斯（Jaspers, Karl），205

爵士（jazz），57，59

《拿撒勒的耶稣》（*Jesus of Nazareth*），132。参见基督（See also Christ）

玩笑文化（joke culture），12；公共领域的转型与玩笑文化（transformations of the public sphere and），79-90

讲笑话的人（joke tellers），80，85，86，87，88，88-89

玩笑（jokes），9，12-13，94；作为喜剧体裁的玩笑（as comic genre），79，80，81，84；作为公共类型的玩笑（as public genre），85；自由游戏和玩笑（free play and），81；玩笑的内在规则（internal rules of），79；玩笑的讲述地点（venue for telling），82

正义的（the just），141

正义（justice），167-168，6，12，31，148，151，193，198，28

理性的正当理由（justification，rational），114

伊曼努尔·康德（Kant，Immanuel），8，19，30，40，51，58，65，77，111，113，119，125-126，131，135，143，148，180；《从一个实用主义观点看人类学》（*Anthropology from a Pragmatic Point of View*），65，79，81；自律和尊严以及康德（autonomy and dignity and），47，50；《判断力批判》（*Critique of Judgment*），16，65，79，43；玩笑和康德（jokes and），79，80，81，82，84，85，86，87，88，89，90；《道德形而上学》（*The Metaphysics of Morals*），113

凯尔斯泰·伊姆雷：《命运无常》（Kertesz，Imre：*Fateless*），99

索伦·奥贝·克尔凯郭尔（Kierkegaard，Søren），21-22，37，106，131，149

《俄狄浦斯王》（*King Oedipus*），160

低俗作品（kitsch），36，42，55，59，61，152

海因里希·冯·克莱斯特（Kleist，Heinrich von），178

知识（Knowledge），111；真（True），30

知识（knowledge），4，32，65，67，68，105，110，112，113，146；知识的相关理论（correspondence theory of），30，37；纯粹知识（pure），75，125-126，127；真知（true），16，30，37，113，144

亚瑟·库斯勒（Koestler，Arthur），62

语言（language），7，66，71，208；日常用语（everyday），9；文学和语言（literature and），70，195

笑（laughter），13，23，73；玩笑和笑（jokes and），79，81，84，85，86，87，88，90

传奇（legend），105，155

莱昂纳多·达·芬奇：《蒙娜丽莎》（Leonardo，da Vinci：*Mona Lisa*），72

戈特弗里德·威廉·莱布尼茨（Leibniz，Gottfried），110，180

戈特霍尔德·埃夫莱姆·莱辛（Lessing，Gotthold），179，180

伊曼努尔·列维纳斯（Levinas，Emmanuel），138

让-弗朗索瓦·利奥塔（Lyotard，Jean-François），58

欧洲主流叙事和自由（liberty，European master-narratives and），130，134

生活的审美化（life：aestheticization of），37；生活的价值（value of），12，26

大卫·利斯（Liss，David），98，99；

索 引

《纸的阴谋》（*A Conspiracy of Paper*），101，102

文学（literature），49，53，55，58，60，90，130；文学接受中的情感（emotions in the reception of），70-71，73；表现、再现和文学（representation and），193-196，197-198，189，193，202

约翰·洛克（Locke, John），135

逻辑（"logics"），5-6

亚历山大·洛纳（Lohner, Alexander），99；《特伦特的犹太女人》（*The Jewess of Trent*），101

爱（love），15，16，18，21，34，37，43，33，43，67，70，109，122，123；艺术作品和爱（artwork and），20，22，23，68-69；性欲的爱（erotic），15；美中的爱（of beauty），37，73；爱的理论（theory of），39-40

格奥尔格·卢卡奇（Lukács, György），18，21-22，48，72，150，178，23；《审美特性》（*Die Eigenart des Aesthetischen*），48；《海德堡美学》（"Heidelberg Aesthetics"），63；历史小说和卢卡奇（historical novel and），94-95，96，99；《小说理论》（*Theory of the Novel*），184；《美的观念的先验辩证法》（"The Transcendental Dialectics of the Idea of Beauty"），17，39-40，42；《心灵与形式》（*Soul and Form*），17，21

马丁·路德（Luther, Martin），180

马基雅维利：《君主论》（Machiavelli: *The Discourses*），136

诗性疯狂（madness, poetic），66

诺曼·梅勒：《裸着与死者》（Mailer, Norman：*The Naked and the Dead*），99

《悲伤的人》（*Man of Sorrow*），72

托马斯·曼（Mann, Thomas），75，77；《布登勃洛克一家》（*Buddenbrooks*），94

卡尔·马克思（Marx, Karl），1，2-3，184，205

马克思主义（Marxism），2，18

罗洛·梅（May, Rollo），38

机械复制（mechanical reproduction），53-54；美术与机械复制（fine arts and），53，54；文学与机械复制（literature and），53；音乐与机械复制（music and），53，54；照片与机械复制（photographs and），53，54；明信片与机械复制（postcards and），53，54

媒介（media），20，48，49；大众媒介（mass），194，198；新媒介（new），58；非传统媒介（non-traditional），49

文化记忆（memory, cultural），5，6

形而上学（metaphysics），1，8，15，16，23，30，32，34，40，125，127；形而上学批判（critique of），7；形而上学解构（deconstruction of），30，34；形而上学毁灭（destruction of），30；形而上学消亡（demise of），15；具身的形而上学（of embodiment），105-127

米开朗琪罗·博那罗蒂（Michelangelo），15，117，120

思想/肉体问题的批判（mind/body problem, critique of），8，106

玛格丽特·米切尔：《飘》（Mitchell, Margaret: *Gone with the Wind*），93，96

现代生活（modern life），参见日常生活（See everyday life）

现代主义（modernism），41，51；现代主义的核心问题（central question of），49；高级现代主义（high），48，54，57，61，71

现代性（modernity），1，11，111，133，137，51；美学、美、家园和现代性（aesthetics, the beautiful and home and），14-23；现代性作为不令人满意的社会（as dissatisfied society），7；历史小说与现代性的诞生（birth of, historical novels and），93；偶然的现代性（contingent），14；现代性的动态状况（dynamic condition of），4，141；自由与现代性（freedom and），5，143；原教旨主义现代性（fundamentalist），7；现代性编史（historiography of），94；现代性的时期（periods of），2；现代性的多元化（plurality of），2；现代性的技术想象（technological imagination of），183；恐怖主义的现代性（terroristic），7；现代性的三种逻辑（three logics of），141-156；极权主义现代性（totalitarian），7

道德法则（moral law），30，113，135

道德（morality），30-31，77，97，125；作为普遍性的道德（as universality），47

死亡率（mortality），107，108，111

音乐（music），15，18，42，49，52，53-54，57，58，60，63，90，127，150；当代音乐（contemporary），76；音乐接受中的情感（emotions in the reception of），70，75-78；极简抽象派、保守派音乐（minimalist），58；流行音乐（popular），55，57；纯音乐（pure），75

音乐爱好者（music lover），76-77

乐谱（musical score），20，53

神话（myth），60，105，107；神话世界（world of），30

神话学（mythology），93；古希腊神话学（Greek），124，132，133，139；古罗马神话学（Roman），132，133，139

叙事（narrative），98，108；圣经叙事（Biblical），108-109，112，121-122；宏大叙事（grand），4，41，52，83，93，97，216；宏大叙事后的欧洲家庭主妇（grand, homemakers of Europe after），217-221；古希腊和古罗马叙事（Greek and Roman），132，136；历史叙事（historical），6；欧洲主流叙事（master, European），129-139；自我建构叙事（self-constructed），6

讲述者（narrator）：讲笑话的人（joke），85，89；全能叙事（omniscient），98；先验叙事（transcendental），192

自然法则（natural law），166，172

自然（nature），171-172，5，33，43，134，142，146，147，159，166，171，173，181；自由与自然（freedom and），30；自然的状态（state of），152；自然的两个概念（two concepts of），166，

索引

172，160，165

按需分配（need allocation），149，151

需求（needs），2，7，25

否认（negation），16，30，31，35，37，42，142

弗里德里希·威廉·尼采（Nietzsche, Friedrich），7，8，17，34，37，118，120，133，143，186，187，205，206，207，211，26；《悲剧的诞生》（Birth of Tragedy），183；《论道德的谱系》（Genealogy of Morals），131；尼采与古希腊人（Greeks and），182-183，178，179，182，184，187

虚无主义（nihilism），7，37，142

思乡（nostalgia），178，74，90，180，182，183，187，204，207，209，211，217

皮埃尔·诺拉（Nora, Pierre），129

诺瓦利斯（Novalis），210

长篇小说（novel），47，49，50，51，54，70，93，191，207；长篇喜剧小说（comic），81，93；当代长篇历史小说（contemporary historical），93-102；长篇历史小说（historical），93。参见文学（See also literature）

人造对象（objects, human-made），9

唯一（the One），36，38，108

歌剧（opera），47，54，57，69，75

他者（the Other），22，180；他者的再现（representation of），自我再现与他者（self-representation and），189-202

托尼·奥斯勒（Oursler, Tony），56，58，59

阿梅德·奥占芳（Ozenfant, Amedee），38

绘画（painting），15，54，62-63，90，94，119，130，132，197，201；绘画的商品化（commodification of），52；绘画接受中的情感（emotions in reception of），72

费利特·奥尔罕·帕慕克（Pamuk, Orhan），98；《我的名字叫红》（My Name Is Red），95，98，102

巴门尼德（Parmenides），125

拙劣的模仿（parody），59，82，94

马修·珀尔（Pearl, Matthew），96，98；《但丁俱乐部》（The Dante Club），93，99，101，102；《坡的阴影》（The Poe Shadow），99

伊恩·皮尔斯：《西庇阿之梦》（Pears, Iain: The Dream of Scipio），95，98，99，101；《路标实例》（An Instance of the Fingerpost），98，101，102

演员（performer），22，55

空想、幻想（phantasy），207

现象（phenomena），30

哲学（philosophy），30，31，41，106，126，127，135，137，145，146，149，153，180，185，188，210；当代哲学（contemporary），41；法国哲学（French），187；德国哲学（German），183-184，180，181，183，186；古希腊/古罗马哲学（Greek/Roman），185，2，130，133，177，183；形而上学哲学（metaphysical），125；现代哲学（modern），16，47，205；非形而上学

239

哲学（non-metaphysical），185-186；艺术哲学（of art），37，38，40，42，42

照片（photographs），53，54，90

品达（Pindar），182

柏拉图（Plato），185，34，65，66，73，75，105，107，109，111-112，113，117，107，129，135，177，178，183；《申辩篇》（*Apology*），135；《斐多篇》（*Phaedo*），111；《斐德罗篇》（*Phaedrus*），15，111

普罗提诺（Plotinus），177

普鲁塔克：《平行生命》（Plutarch：*Parallel Lives*），136

诗（poetry），37，51，52，54，73，75，150，44

政治权力（political power），5-6，13，83，145；政治权力逻辑（logic of），151-156

政治（politics），198，200，12，14，130，135，137，152，154，155，178，189，191，199；自身再现与政治（auto-representation and），199，200；身份（identity），193，197，198，199，201，202；玩笑文化与政治（joke culture and），82，90

杰克逊·波洛克（Pollock, Jackson），55

后形而上学（post-metaphysics），107

后现代的（postmodern），2，41，62

"后现代态度"（'postmodern attitude'），2

后现代主义（postmodernism），51，54，118

实用主义（pragmatism），31

彼得·普朗格（Prange, Peter），99；

《女哲学家》（*Die Philosophin*），94，101

解决问题（problem-solving），146，148，151，153，155，156

马塞尔·普鲁斯特（Proust, Marcel），205；《追忆似水年华》（*The Remembrance of Things Past*），202

心智（psyche），38

纯粹（purity），7，124-125，126

极度欢喜（rapture），33，38

非神秘理性主义（rationalism, non-mystical），66

合理性（rationality），2，9，155，179；知识分子的合理性（of the intellect），12

理性（Reason），8，84，90，111，112，113，116，124，125

理性（reason），19，47，65，96，112，113，126；玩笑与理性（jokes and），84，86，90；理性的优先权（priority of），7-8；理性的合理性（rationality of），10；心灵与理性（soul and），110，111，112，113

相互的、互惠的（reciprocal），15

相互性（reciprocity），123

耶稣复活（resurrection），109-110

文艺复兴（Renaissance），1，2，7，15，51，52，106，119，135；充满斗争的文艺复兴史（competing histories of），3；文艺复兴的民主形式（democratic forms of），3；古希腊与文艺复兴（Greeks and），177，178；文艺复兴的现代性（modernity of），4，11

再现（representation），26；艺术再现（artistic），191，193；作为代表的再现（as delegation），190，191，193；真正再现（authentic），189；自律再现（auto），189-190，195，191，193，197，199，200；异质再现（hetero），189-199，195，191，193，194，197，198，199；不可靠的再现（inauthentic），189；文学与再现（literature and），193-196，189，193，202；多重身份与再现（multiple identities and），197-202；政治再现（political），191，197，192，193，198，202；自我再现（self），189-202

帕斯卡尔·雷伊（Rey, Pascale），99；《罗盘大师》（*The Master of the Compasses*），101

浪漫主义（romanticism），21，96，145，150，183，187，197

让-雅克·卢梭（Rousseau, Jean-Jacques），75，135，136，149，179，218；《新爱洛绮丝》（*Julie or the New Eloise*），19

神圣（the sacred），30，43；神圣的视觉呈现（visual presentation of），72

讽刺（satire），82

让-保罗·萨特（Sartre, Jean-Paul），169，126，179，187；《巴约拿》（*Bariona*），132

史蒂文·塞勒（Saylor, Steven），98；"玫瑰下的罗马"系列（"Sub Rosa" series），94，96，99，101

弗里德里希·威廉姆·约瑟夫·谢林（Schelling, Friedrich），182

约翰·克里斯托弗·弗里德里希·冯·席勒（Schiller, Friedrich），77，90，178，182，183，187；《希腊的群神》（"The Gods of Greece"），181-182

卡尔·施密特（Schmitt, Carl），100，114，26

沃尔特·斯科特（Scott, Walter），96；《修墓老人》（*Old Mortality*），94

雕刻（sculpture），54，72，115，117，44

自我：灵魂脱离肉体（self: disembodied），105，110；分割的自我（divided），107；同质自我（homogenous），127

自我放弃（self abandon），68

自我促进（self furthering），69

人类的自我图像（self image, human），4

自我辩解（self justification），191

自指（self reference），58，61-62，94

自我再现和他者再现（self representation, representation of the Other and），189-202

塞涅卡（Seneca），177

理查德·桑内特（Sennet, Richard），160

萧伯纳（Shaw, George Bernard），195

艾萨克·巴什维斯·辛格（Singer, I.B.），194

沙夫茨伯里：《论机智和幽默的自由》（Shaftesbury, Earl of: *Essay on the Freedom of Wit and Humour*），79，82

威廉·莎士比亚（Shakespeare, William），93，114，139，179，190，213；喜剧（comedies），81；莎士比亚与同化失败的戏剧（drama of failed assimlation and），159-174；《哈姆雷特》（Hamlet），2；《一报还一报》（Measure for Measure），167，168；《威尼斯商人》（Merchant of Venice），165-172，4，159，160，161，162，173；《仲夏夜之梦》（A Midsummer Night's Dream），161；《无事生非》（Much Ado about Nothing），161；《奥赛罗》（Othello），161，162-163，172-174，4，159，160，162，164，167；夏洛克（Shylock），162-163，164，165，167-174，159，160，161，162；《暴风雨》（The Tempest），161

格奥尔格·齐美尔：《大都会与精神生活》（Simmel，Georg："The Metropolis and Mental Life"），6

现代社会安排（social arrangement, modern），141-142，143，150

作为现代叙事的社会分配（social division, as modern narrative），5，6

社会地位的分配逻辑（social positions, logic of the allocation of），147-150

苏格拉底（Socrates），126，130，135，183，185；《斐德罗篇》（Phaedrus），107

索福克勒斯（Sophocles），182

灵魂（soul），7；肉体作为灵魂的表达（body as expression of），107，115-120；被灵魂囚禁的肉体（body in prison of），107，111-115，120，123，125；不朽的灵魂（immortal），105，109-111；灵魂被囚禁在身体的牢笼里（in prison of the body），107-111，120；灵魂的物质化与社会化（materialization and socialization of），115-116；物质和灵魂（matter and），115，117-118

灵魂-理性（soul-Reason），110

观众（spectator），68，70，71，78

巴鲁赫·斯宾诺莎（Spinoza，Baruch），32，110，119，125，43；《伦理学》（Ethics），126

精神性、灵性（spirituality），112，113，117，152

施皮罗·久尔吉（Spiro，György），98，101；《囚禁》（Captivity），96，98，101，102

约翰·斯坦贝克（Steinbeck，John），135

哈丽叶特·比切·斯托：《汤姆叔叔的小屋》（Stowe，Harriet Beecher：Uncle Tom's Cabin），190，192

绝对的陌生人（strangers：absolute），159-174，4，7，9，14，19；同化与陌生人（assimilation and），163，159，164，172；条件性陌生人（conditional），160-164，4；偶然的陌生人（contingent），7；作为陌生人的夏洛克和奥赛罗（Shylock and Othello as），173-174

理查德·施特劳斯（Strauss，Richard），76；《查拉图斯特拉如是说》（Thus Spoke Zarathustra），60

伊戈尔·菲德洛维奇·斯特拉文斯基（Stravinsky，Igor），49

庄严雄伟（sublime），58

乔纳森·斯威夫特：《格列佛游记》（Swift，Jonathan：Gulliver's Travels），94

技术（technology），114，144；作为现代

叙事的逻辑（as modern narrative），5；技术逻辑（logic of），145，146-147

终极目的（telos），206，77，95，107，116，117

思想（thinking）：直觉思想（intuitive），9；创造性思想（inventive），9；解决问题的思想（problem-solving），146；重复性思想（repetitive），9

时间（Time），207

列夫·尼古拉耶维奇·托尔斯泰（Tolstoy, Leo），96；《战争与和平》（*War and Peace*），93，102

极权主义（totalitarianism），1，2，5，6，154，156

先验、超越（transcendence），16，18，40

真实（the true），30，32，33，38，141；

概念（concept of），30；

思想（idea of），30，32

真（the true），30，32，33，38，141；真的概念（concept of），30；真的理念（idea of），30，32

真理（the Truth），108，112；真理的概念（concept of），30

真相（truth），12，30，42，97，125，144，152，156，195；真相的相关理论（correspondence theory of），30，144，146；历史真相（historical），4，144；长篇历史小说与真相（historical novel and），94；心灵与真相（soul and），108，110，112，113；相关真相（relevatory），94；真相的理论（theory of），30

丑陋的概念（ugliness, concept of），29

无自由（unfreedom），12

普遍主义（universalism），11，220

普遍化（universalization），49

功利主义（utilitarianism），31

价值取向（value orientation），美的价值取向（beautiful），30；美/丑的价值取向（beautiful/ugly），29，30，38，41，73；适用范畴与价值取向（category pairs and），29；好/坏的价值取向（good/bad），30；善/恶的价值取向（good/evil），30；神圣的/亵渎的价值取向（sacred/profane），30；正确/错误的价值取向（true/false），30

价值观（value perspectives），9

价值理性（value rationality），9

价值（values），9，10，18，24；艺术作品与价值（artwork and），19；第一序列的价值（first-order），9，11；第二序列的价值（second-order），9，11-12；价值理论（theory of），2

《米洛斯的维纳斯》（*Venus of Milo*），72

约翰内斯·维米尔：《读信的少女》（Vermeer, Johannes：*Young Woman Reading a Letter*），72

影音艺术（video art），54，57，58-55，59-60

暴力（violence），100-101，112-113，114，123，153，169，215，217，220

《圣母往见节》（*Visitation*），72

伏尔泰（Voltaire），179

威廉·理查德·瓦格纳（Wagner, Rich-

243

ard），48，133，183，44

安迪·沃霍尔（Warhol, Andy），55

马克思·韦伯（Weber, Max），9，47，144，197

大卫·魏斯：《物之理》（Weiss, David: The Way Things Go），60

西方传统中具身的形而上学（western tradition, metaphysics of embodiment in），105－127；超越二元主义与西方传统（beyond dualism and），121－127；肉体作为灵魂的表达与西方传统（body as expression of soul and），115－120；禁锢在灵魂中的肉体与西方传统（body in the prison of the soul and），111－115；形而上学，具身和离身的危机与西方传统（crisis of metaphysics, embodiment and disembodiment and），105－107；禁锢在肉体中的灵魂与西方传统（soul in the prison of the body and），107－111

意愿（Will），113

温克尔曼（Winckelmann, Johann），180－181，177，185

路德维希·约瑟夫·约翰·维特根斯坦（Wittgenstein, Ludwig），60

艺术作品（work of art），16－17，69，117；作为美的化身的艺术作品（as embodiment of beauty），35；情感和艺术作品（emotions and），68－71；艺术作品的评估（evaluation of），38；艺术作品的理想（ideal of），18；艺术作品的辩解（justification of），41；艺术作品的观念（reception of），16；与艺术作品的关系（relationship with），17，18，22；唯我主义与艺术作品（solipsism and），48，50。参见艺术作品（See also artwork）

《世界图像》（"world pictures"），10

耶鲁沙利米（Yerushalmi, Yosef Hayim），144

图书在版编目(CIP)数据

美学与现代性：阿格妮丝·赫勒论文选／(澳)约翰·伦德尔(John Rundell)编；傅其林等译.--北京：社会科学文献出版社，2021.5

书名原文：Aesthetics and Modernity: Essays by Agnes Heller

ISBN 978-7-5201-8159-4

Ⅰ.美… Ⅱ.①约… ②傅… Ⅲ.①美学-文集 Ⅳ.①B83-53

中国版本图书馆CIP数据核字(2021)第054997号

美学与现代性：阿格妮丝·赫勒论文选

编　　者／〔澳〕约翰·伦德尔（John Rundell）
译　　者／傅其林　等
审　　校／郝　涛

出 版 人／王利民
责任编辑／黄金平　张建中

出　　版／社会科学文献出版社·政法传媒分社（010）59367156
　　　　　地址：北京市北三环中路甲29号院华龙大厦　邮编：100029
　　　　　网址：www.ssap.com.cn

发　　行／市场营销中心（010）59367081　59367083
印　　装／三河市尚艺印装有限公司

规　　格／开　本：787mm×1092mm　1/16
　　　　　印　张：17　字　数：276千字
版　　次／2021年5月第1版　2021年5月第1次印刷
书　　号／ISBN 978-7-5201-8159-4
著作权合同
登 记 号／图字01-2018-2791号
定　　价／89.00元

本书如有印装质量问题，请与读者服务中心（010-59367028）联系

▲ 版权所有 翻印必究